KB194143

한국군사문제연구원 연구총서 2025-1

미 해군의 한국전쟁
항공작전

저자: 장호근
감수: 허남성·조덕현

미 해군 · 해병대 전투기의 공대지 항공작전을 중심으로

1950년 10월, 일본 사세보(Sasebo) 항에 정박 중인 USS *Valley Forge*와 USS *Leyte* (Wikipedia)

[부 록]

- 부록 Ⅰ: 한국전쟁 미 해군·해병대 주요 전투기
- 부록 Ⅱ: 한국전쟁 참전 미 해군 항공모함
- 부록 Ⅲ: 한국전쟁 유엔 참전국 항공작전

도서
출판 인재의 창

일 러 두 기

1950년 6월 25일 북한의 기습 남침으로 일어난 전쟁의 공식 명칭은 "6·25전쟁"이다.
그러나 참고한 영문 원본의 "Korean War" 표기를 존중하여 "한국전쟁"으로 직역했다.

The U.S. Navy's Air Operations During the Korean War

Focusing on the air-to-ground operations of the U.S. Navy and Marine fighter aircraft -

Chang, Ho-Kun, Maj.Gen(ret.) ROKAF, Ph.D.

[사진 설명] 1951년, USS *Boxer*에서 Air Group 101의 F4U Corsair 편대가 출격하고 있다. 이 중 3번기(위에서 세번째) "416"은 전쟁에서 살아남아 2016년에도 비행이 가능했다. (Wikipedia)

Window of Printing

책 머리에

저자는 서울 북촌 인근에서 태어난 서울 토박이다. 1950년 6월 25일 한국전쟁이 일어났을 때 초등학교 입학할 나이도 안 된 어린아이였다. 그 후 75년이 지났지만 지금도 그때의 기억은 또렷하다. 북한의 남침은 갑자기 터진 난리여서인지 우리 가족은 1950년 6월에는 피난 떠날 생각을 미처 못했던 것 같았다. 그러나 1951년 겨울 1·4후퇴 때 덕소 나루에서 얼어붙은 한강을 건너 남쪽으로 피난했다. 지금의 경기도 용인 부근 피난처에서 내가 눈으로 직접 본 북진하는 탱크들 그리고 산 너머에서 급상승과 급강하를 반복하며 폭격하는 비행기들의 모습이 지금도 기억이 생생하다.

저자는 30여 년 동안 한국공군에서 근무한 후, 서울 월드컵이 개최된 해인 2002년에 전역했다. 그리고 현역 시절 못다한 공부를 시작했다. 처음에는 조기경보(Early Warning)를 주제로 한 새로운 학술 분야인 예방외교(Preventive Diplomacy)에 몰두하기도 했었고, 그 후 국가정보(National Intelligence) 이론에 심취해 글을 쓰고 책을 출판하기도 했었다. 공교롭게도 이러한 이론들이 모두 한반도 안보에 관련된 내용이었다. 따라서 한국전쟁 발발 원인부터 전개 과정 그리고 결과와 영향까지 저자는 어느 정도 기초 지식은 갖추고 있었던 셈이다.

그러던 중 2010년대 말경에 우연히 한국전쟁 항공작전에 관한 미 공군의 역사자료를 접할 기회가 있었다. 공군 전투 조종사였던 저자로서는 70여 년 전의 전쟁이었지만, 한반도 상공에서 벌어졌던, 숨겨진 공중전 이야기와 지상 폭격 장면들이 매우 흥미로웠다. 그래서 자료를 모으고 나름대로 정리·분석하여 2023년에 단행본으로 『미 공군의 한국전쟁 항공작전』을 발간했다. 어린 시절에 저자가 겪은 한국전쟁을 군에서 경험한 후 내가 제일 잘 알고 있는 항공작전을 통해 전쟁을 경험하지 못한 독자들, 특히 젊은이들에게 미력하지만 알릴 수 있게 된 것에 보람을 느꼈다. 그리고 예상하지 못했던 전문가 서평에 조금 당황스럽기까지도 했다. 전쟁사와 전략의 전문가인 군사사학자로부터 구체적인 내용이 부족했던 한국전쟁 공군 전역에 관한 갈증을 풀어 주었다는 과찬을 받은 사실은 매우 영광스러운 일이었다.

하지만 저자는 한국전쟁 항공작전 분야에 계속 확대 연구가 필요하다는 점, 즉 아직도 잘 알려지지 않은 항공작전의 사례들이 많다는 것을 부정할 수 없었다. 다름이 아니라 미 해군의 항공작전이 궁금해서였다. 일본에 기지를 둔 미 항공모함 17척이 한국전쟁에 순차적으로 참전했다고 했다. 그런데 이 항모들이 한반도에 언제 전개했는지, 그리고 함재기들이 어떻게 항공작전을 수행했었는지는 잘 알려지지 않았다. 저자는 이것이 알고 싶었다. 바로 이런 이유가 이 책을 쓰게 된 직접적인 동기가 되었다. 또한, 군사사(military history) 전문학자도 이 분야의 연구가 필요하다는 조언을 해주어 더욱 힘을 얻게 되었다.

그러나 70여 년이 지난 전쟁으로 자료 수집에 어려움이 많았다. 한국전쟁의 미 해군 항공작전에 관한 한글 번역서부터 구한 후, 원문 영문서적을 찾아가면서 부족하지만 원하는 자료들을 만날 수 있었다. 또한, 인터넷을 통해 미 해군 역사 연구기관의 정리된 원문을 찾을 수 있어 많은 도움이 되었다. 그리고 또 다른 어려움은 해군 작전용어에 대한 저자의 부족함에 있었다. 미군의 경우 해군과 공군의 용어가 매우 다르다. 저자는 한국공군의 조종사로서 미 공군의 작전용어에는 익숙했지만 해군 용어에는 그렇지 못했다. 특히 해군 항모와 함재기에 대해서는 상식적인 수준의 지식 보유에 불과했다.

이런 이유로 논문 형식으로 본문을 서술하면서 주요 내용은 반드시 출처를 밝히려고 노력했고, 각주의 자세한 설명을 통해 독자의 이해를 돕고자 했다. 특히 관련 사진을 게재하여 군사 전문가가 아닌 일반 독자들도 군사 관련 역사책을 읽는 지루함을 덜려고 노력했다. 그래도 설명이 부족한 부분은 부록으로 정리했다. 예를 들면, 유엔 참전 6개국 즉, 호주, 캐나다, 그리스, 남아프리카연방(현재 남아프리카공화국), 태국, 영국해군 항모의 항공작전은 책 뒷부분에 부록으로 정리해 소개했다.

그리고 70여 년 전의 한국전쟁 자료를 정리하는 과정에서 같은 사건에 관련해 문헌 내용이 서로 상충하는 경우에는 미국의 Naval History and Heritage Command의 *Korean War Chronology*와 미 공군대학의 *The USAF in Korea: A Chronology 1950-1953*을 기준으로 하였다. 그리고 지상전의 전개 과정은 군사편찬연구소의 "6·25전쟁사 (2)~(7) 권"의 내용을 따랐다. 그리고 저자는 공군 예비역으로 해군 작전, 특히 용어에 대한 이해가 부족할 수 있어 계간 군사학술지 『군사논단』에 본문 내용을 2회에 걸쳐 게재한 바 있었고, 그밖에도 내용 일부를 학술지에 기고하여[1] 군사전문가와 관심있는 독자들의 조언을 받았다.

저자는 공군에서 전투 조종사로 30여 년을 근무했다. 그러나 부끄럽게도 나의 조국 한반도에서 일어난 한국전쟁에 대해 잘 알지 못했다. 특히 항공작전은 한국군이 아닌 미 해·공군이 주력이었던 유엔공군이 수행했기 때문에 더욱 관심 밖에 있었는지도 모르겠다. 이 점에 대해 매우 궁금하면서도 부끄러웠고 자책감까지 느꼈다. 다행스럽게도 2023년에 한국전쟁의 미 공군 항공작전 관련한 책을 출간했고, 이번에는 미 해군의 항공작전을 다룬 책을 연이어 출판하게 되어 한국전쟁 항공작전 전체를 파악하는 좋은 기회가 되었다. 동시에 "한국공군 전투 조종사가 한국전쟁 항공전사를 모르고 지내왔었다"라는 개인적인 자괴감에서도 어느 정도 벗어나는 계기가 되었다.

끝으로 이 책을 끝낼 수 있도록 건강을 허락해 주시고 지혜와 명철을 주신 하나님께 감사드린다. 그리고 이 책이 완성되기까지 전반적인 조언과 감수를 해주신 군사사학자 허남성 국방대학교 명예교수와 전 해군사관학교 해전사 교수 조덕현 박사에게 감사드린다. 또한, 해상작전 이해에 대해 큰 도움을 준 예비역 해군 중장 원태호 제독에게도 감사의 뜻을 전한다.

끝으로 이 책이 발간되기까지 수고해주신 '인쇄의 창' 관계자들에게 감사하며, 남편의 건강을 위해 항상 기도하며 용기를 북돋아 준 나의 영원한 동반자 김정례 권사에게 감사를 보낸다.

2025년 새해
서울의 옛 해군본부 자리, 한 아파트에서
장호근

---

1) 한국군사학회, "미 해군의 한국전쟁 항공작전(上/下)," 『군사논단』 통권 제118/119호, (서울: 한국군사학회, 2024); 장호근, "한국전쟁 항공작전과 합동성," 『항공우주력연구』 (서울: 공군발전협회, 2024).

이 책의 저자 장호근 장군을 처음 만난 것은 그가 2000년 가을 국방대학교 부총장으로 부임했을 때였다. 당시 본인은 교수부장 보직을 맡고 있어서 학교의 학사 및 행정 업무나 안보 관련 학술주제를 두고 저자와 자주 만나 의견을 주고받을 기회가 많았다. 그때 나는 저자가 탁월한 전투조종사의 경력을 쌓았던 한편, 주미 한국대사관 공군무관 및 한미연합사 정보참모부장을 역임하는 등 안보외교와 한미동맹 분야에서도 다양한 고위급 실무 경력을 겸비한 사실을 알게 되었다. 특히 내가 인상 깊게 느꼈던 것은 그가 늘 책에서 손을 떼지 않고 있었다는 사실이다.

그 후 저자가 전역한 후에도 우리는 안보 학술회의에서 종종 만나 국가안보에 관한 이야기를 나누곤 했었다. 저자의 학구열은 식을 줄을 모르고 타올라 전북대학교에서 정치학 박사 학위를 받았으며, 「예방외교」(2007), 「6·25전쟁과 정보실패」(2018) 등 독특하고도 교훈적인 저서들과 다수의 학술 논문들을 발표하였다. 그러던 중, 2023년에 저자가 발간한 책 한 권[2]을 전달받고 무릎을 탁 치게 되었다. 그 책은 한국전쟁 기간 미 공군의 항공작전을 알기 쉽게 잘 정리했고, 잘 알려지지 않은 숨은 이야기도 포함하고 있었다. 군사사(military history)를 전공한 나였지만 그동안 한국전쟁사를 접할 때마다 항공작전(air campaign)에 관한 국문 자료가 부족해 아쉬웠다.

사실 1950년 6월 25일 북한군의 기습 남침으로 시작되어 1953년 7월 27일 정전협정으로 휴전된 1,129일(3년 1개월 3일) 동안의 6·25전쟁은 압도적으로 지상전 위주의 전쟁이었다. 그럼에도 불구하고 전쟁의 전체 모습을 총체적으로 이해하려면 항공작전과 해상작전을 보다 더 심층적으로 파악하는 것이 필수적이다. 물론 개전 직후부터 공산측 해·공군에 대한 유엔군의 제공 제해권이 워낙 압도적이어서 해·공군의 작전 사례가 상대적으로 적은 측면도 있다. 그러나 유엔군의 병참 보급과 전투병력 수송을 전담했던 해군의 작전은 차치하고라도,

---

2) 장호근, 『미 공군의 한국전쟁 항공작전: 잘 알려지지 않은 숨은 이야기』 (서울: 인쇄의 창, 2023).

공군과 해군의 항공작전 지원이 없었다면 유엔군 전반의 지상작전이 제대로 수행되었을까? 특히 낙동강방어선과 중공군 개입 이후의 37도선 견지가 가능했을까? 그런데 저자의 2023년도 미 공군 항공작전 저서가 어느 정도 그 갈증을 풀어 주는 계기가 되었던 것이다. 그러면서도 한편으로는 미 해군 항공모함들의 항공작전에 대한 상세한 사료들이 발굴되지 않아 새로운 갈증이 증폭되었다. 특히 전쟁 초기에 한반도의 항공기지들은 워낙 열악하였고, 더구나 낙동강 방어선까지 밀린 상태에서는 일본의 기지로부터 출격한 항공기들이 항속거리 때문에 한반도 전선에 머물 수 있는 시간이 매우 제한적이었다. 그리하여 미국은 2선으로 물리려 했던 항공모함들까지 긴급히 동원하여 한반도 해역에서의 항공작전을 메울 수밖에 없었다.

마침내 바로 이번에 저자가 발굴해서 정리한 '미 해군의 항공모함 항공작전' 저서는 앞선 '미 공군 항공작전' 저서의 후속편으로서, 6·25전쟁의 항공작전에 대한 갈증을 대부분 해소시켜 준 역작이다. 이 책의 주요 내용은 부산방어작전, 인천상륙작전, 장진호전투와 흥남철수작전에서 미 해군 항공모함의 전개와 함께 미 해군·해병대 전투기의 항공지원을 비교적 상세하게 설명하고 있다. 그리고 전쟁 초기 미 해·공군의 지상군 항공지원에서 합동성(jointness)의 문제도 지적했다.

특히 부산방어작전과 장진호철수작전에서 함재기들의 지상군(미 육군/해병대) 항공지원 작전 양상을 실감나게 설명한 부분이 매우 인상적이었다. 그리고 전쟁 초기 미 해군과 공군 사이의 잘 알려지지 않았던 합동성 문제 제기도 새로웠다. 사실 당시 미 공군은 육군항공단에서 독립해 나온지가 그리 오래되지 않아서 아직도 교리 문제에 있어서 발전의 여지가 적지 않았다. 따라서 합동성을 위해서는 사전에 교리 정립과 부단한 훈련이 필요하다는 저자의 지적은 매우 적절하며, 우리 군에게도 시사하는 바가 적지 않다고 여겨진다.

한국전쟁도 발발한 지 벌써 75년이 되었다. 특히 이 책은 한국전쟁 미 해·공군의 항공작전과 관련된 새로운 내용의 출처를 철저히 밝히는 등 학술논문 형식으로 쓰여 있어 군사 전문가들에게도 일독을 권하고 싶다. 또한, 앞으로 이러한 책들이 더 많이 출판되어 한국전쟁의 항공작전에 대한 일반 독자들의 관심도 더욱 높아지기를 기대해 본다.

2025년 2월
국방대학교 명예교수
허남성 박사(군사사학)

Contens

미 해군의 한국전쟁 항공작전
- 미 해군·해병대 전투기의 공대지 항공작전을 중심으로 -

한국 공군 예비역 전투조종사가 발굴하여 정리한 한국전쟁 항공작전의
잘 알려지지 않은 숨은 사실과 그 밖의 기록들에 관한 새로운 이야기

책 머리에
추천의 글

제7장 항공작전의 합동성 문제

- 극동군사령부 합동참모 조직의 부재
- 미 해·공군의 협조·통제 문제
- 전술 항공의 중앙집권적 통제 문제
- 미 해·공군의 갈등 ▪ 끝나지 않은 논쟁

제8장 맺는 글

제1장

들어가는 글

제1장

들어가는 글

1950년 6월 25일 북한군의 기습 남침으로 발발한 한국전쟁은 1953년 7월 27일 휴전이 성립될 때까지 만 3년 1개월 3일 동안 계속되었다. 전쟁 기간 동안 각종 전투로 인해 한반도 전체의 약 80%에 달하는 지역에서 전개되어 전 국토가 유린당했다. 또한, 우리의 젊은이들을 비롯한 100만 명 이상의 한국군과 유엔군의 인명 피해를 가져왔고, 수백 만 명의 민간인 살상과 함께 헤아리기에도 힘든 많은 재산피해를 초래했다.[3]

정치적으로 볼 때 한국전쟁은 3단계로 나눌 수 있다. 첫 번째는 북한이 남침한 1950년 6월 25일부터 1950년 11월 2일까지로, 유엔군이 남한을 방어한 후 북한 인민군을 격퇴한 단계였다. 두 번째는 1950년 11월부터 1951년 7월까지로, 중공군이 개입하여 유엔군이 이에 대항해 싸워야만 했던 단계로서 이 기간 동안 전투가 가장 치열하게 전개되었다. 그리고 세 번째는 1951년 7월 10일부터 1953년 7월 27일까지로 정전협정이 체결되어 전쟁이 종료되는 단계였다.[4]

---

3) 한국군과 유엔군 약 115만 명의 인명 피해가 있었으며, 민간인은 약 100만 명이 희생되고 약 1,000만 명의 전쟁 이재민이 발생하였다. 공산군 측 병력도 약 165만 내지 200만 명이 손실되었다. 국방부 국방군사연구소, 『한국전쟁피해통계집』 (서울: 국방부 국방군사연구소, 1996), pp.28-29.

4) Air Force History and Museums, *Steadfast and Courageous: FEAF Bomber Command and the Air War in Korea, 1950-1953*, (Air Force History and Museums Program, 2000), p.1.

한국전쟁에서 유엔군에게 가장 위급했던 시기는 첫 번째 단계였다. 6월 25일 북한의 기습남침으로 시작된 전쟁이 7월 말에 이르러 낙동강을 주 전선으로 하는 '부산방어선(Pusan Perimeter)'을 형성했던 때였다. 이때 지상군은 유엔 공군의 항공지원으로 방어선을 계속 유지할 수 있었고 인천상륙작전의 발판을 마련할 수 있었다. 다음으로 위급했던 시기는 중공군의 개입으로 동부전선에서 미 보병과 해병대가 후퇴를 시작했을 때로 미 해군 전투기들이 수행한 근접항공지원과 미 공군의 전투공수로 해병대가 중공군의 포위망을 뚫고 후퇴에 성공한 장진호 전투였다. 그리고 1951년 여름부터는 전쟁이 위급하거나 치열하지는 않았지만, 전선이 교착된 상태로 지루한 전투가 계속된 시기가 있었다. 휴전 협상이 시작된 1951년 7월부터 공산군과 유엔군이 서로 협상에 유리한 위치를 점령하기 위해 하늘과 땅에서 일진일퇴의 공방전을 벌였다. 이때 미 공군은 한반도 북동쪽에서 미그기와 치열한 공중전을 치렀고, 미 해군·해병대 전투기들은 미 공군과 함께 합동으로 적의 전략 표적과 보급로를 차단하는 항공후방차단작전을 수행했다.

따라서 한국전쟁에서 미 해군·해병대의 항공작전을 주제로 한 이 책에서는 부산방어선 작전에서의 미 해군·해병대의 항공지원, 인천상륙작전에서의 미 공군과 해군·해병의 항공지원, 장진호 전투에서 근접항공지원작전 및 전투공수, 그리고 중공군 전쟁 개입 이후 유엔군의 항공후방차단작전에 초점을 맞춰 검토하고자 한다. 끝으로 미 해군·해병대와 공군의 항공기가 지상군을 지원하면서 전쟁 초기에 겪었던 합동성(jointness)의 문제에 대해서도 살펴보려고 한다.

그리고 독자들의 이해를 돕기 위해 본문에 등장하는 "한국전쟁 미 해군·해병대 주요 전투기"와 "한국전쟁 참전 미 해군 항공모함"의 주요 활약에 대해서는 간략하게 [부록 I]과 [부록 II]로 정리하고, 미국 이외의 유엔 참전국인 6개국의 공군·해군(항공모함) 전투기의 항공작전을 정리하여 "한국전쟁 유엔 참전국 항공작전"[부록 III]으로 첨부하고자 한다.

제2장

한국전쟁 발발과
유엔군(미군)의 항공작전

- 미 공군의 공중우세 확보

- F-51의 지상군 지원

- 유엔군/미 해군 항공모함 전력: TF77

- 전쟁 초기(6월-9월) 주요 해군(항모) 작전

  - 해상초계 임무 개시
  - 항공모함 한반도 이동과 초기 제한사항
  - 평양과 해주 비행장 공격
  - 원산 정유시설 공격
  - 한강철교 폭파 작전

제2장

한국전쟁 발발과 유엔군(미군)의 항공작전

1950년 6월 25일 대한민국을 불법 남침한 북한군은 한국군보다 압도적으로 강했다. 특히 항공력에서 우세했다.[5] 그러나 스트레이트마이어(George E. Stratemeyer) 중장이 지휘하는 미 극동공군(FEAF: Far East Air Force)이 일본에 주둔하고 있었다.[6] 미 극동공군 중에서 한반도에서 전쟁을 수행해야 할 부대는 일본에 주둔한 파트리지(Earle E. "Pat" Partridge) 소장의 제5공군이었다.

북한 인민군은 6월 28일 서울을 점령한 후, 미 공군과 해군의 저지에도 불구하고 파죽지세로 남하했다. 준비가 미흡했던 미 지상군의 소규모 전개는 이들을 막기에는 역부족이었다.[7] 7월 20일, 대전이 적군에 의해 점령되었다. 7월 말에 이르자 적은 한반도 남동지역을 제외한 전역을 확보해 낙동강을 주 전선으로 하는 '부산방어선(Pusan Perimeter)'을 형성했다.

---

[5] 북한 공군은 Yak-9 및 IL-10, 그리고 La-9/11 전투기 등을 포함하여 항공기 226대를 보유했으나, 남한은 L-4/5 경비행기 20대뿐이었다. 공군본부 『공군사: 공군 창군과 6·25전쟁(1집 개정판)』 (충남, 공군본부, 2010), p.70.

[6] 미 극동공군 예하에는 제8공군(Okinawa), 제20공군(Mariana Island), 제13공군(Philippine), 제5공군(Japan)이 있었다. 극동공군은 대부분 F-80 Shooting Star 전투기를 전폭기로 사용했지만, 전폭기의 역할을 제대로 수행하지 못했다. 당시 공대지 공격용 항공자산으로는 극동공군의 전략폭격기 B-29가 있었고, 제5공군의 B-26 폭격기, F-51, F-84, 그리고 F-82 야간전천후 전투기 등을 보유하고 있었다. Curtis A. Utz, "Assault from the Sea: The Amphibious Landing at Inchon," *The United States Navy in the Korean War* edited by Edward J, Marolda, (Annapolis Maryland: U.S. Naval Institute, 2007), p.61.

[7] 제2차 세계대전 이후 국방예산 감축으로 약화된 미군은 북한 인민군의 남진을 지연시키는데 급급했을 뿐, 중지시킬 수는 없었다. Utz, p.52.

■ 미 공군의 공중우세 확보

유엔군사령관 겸 극동군사령관 맥아더(Douglas MacArthur) 장군은 지상군의 전황이 더 악화하는 것을 막기 위해 미 극동공군 사령관 스트레이트마이어 장군에게 북한의 화학 공장, 정유소, 조차장, 조선소, 주요 교량과 같은 전략적이고 차단 효과가 큰 표적 공격에 B-29 Superfortress의 운용을 허락하기까지 했다. 전략 폭격기를 전술공군의 임무인 항공후방차단 작전에도 투입하기로 한 것이었다. 그리고 극동공군은 제5공군에게 공중우세를 수립하고 이를 유지하는 임무를 부여했다. 전쟁 초기 항공작전에서 미 극동공군은 사실상 북한 공군을 말살시켰다. 극동공군은 1950년 7월 20일부로 '공중우세(air superiority)'를 달성했고, 1개월 후 한반도 전역에 '제공권(air supremacy)'을 확보했다.[8]

그러나 1950년 11월 1일부터 공중전이 새로운 국면에 접어들었다. MiG-15가 한국전쟁의 공중전에 최초로 출현한 것이었다. 그 후 미 공군의 신예 전투기 F-86 Saber가 같은 해 12월에 한반도에 전개하여 작전을 개시했고, 한반도 서북부 압록강 부근 '미그 회랑(MiG Alley)'[9]에서 주로 미그기와 공중전을 벌였다. 반면에 제5공군의 주력 전투기였던 F-80 Shooting Star는 공대공 임무보다 항공후방차단작전과 같은 공대지 임무에 주로 투입되었다.

■ F-51의 지상군 지원

전쟁 발발 당시, 극동공군은 1,100여 대의 각종 항공기를 보유하고 있었다. 이 중에

---

8) 일반적으로, '공중우세'는 한 공군이 다른 공군에 비해 우월한 전투능력을 보유한 것을 의미한다. 따라서 이를 바탕으로 적 공군의 방해를 받지 않고 일시적 또는 국지적으로 공중 작전을 수행할 수 있는 것을 뜻한다. '제공권'은 한 단계 더 나아가 한 공군이 자신의 통제권 안에서, 시공간의 구애없이 적 공군을 완전히 제압할 수 있는 상태를 의미한다. William T. Y'blood, *MiG Alley: Flight for Air Superiority*, Air Force History and Museums Program, (Air University Press, 2000), p.6.

9) 1951년 11월 MiG-15 출현 이후, 중국 안둥(安東) 부근의 비행장에서 출격하는 MiG-15는 행동 반경이 짧아 북한 서북 지역, 신의주 부근에 자주 출몰했다. 따라서 자연스럽게 북한의 서북 지역이 공중전이 자주 발생하는 일정한 지역을 형성했다. 유엔군은 이를 "미그 회랑(MiG Alley)"이라고 불렀다. 장호근, 『미 공군의 한국전쟁 항공작전: 잘 알려지지 않은 숨은 이야기』(서울: 인쇄의창, 2023), p.21.

서 F-80 504대, F-51 47대, B-26/29가 100여 대였다. 그러나 극동공군이 보유한 항공기 중 가장 최신 기종은 F-80으로 그 숫자가 가장 많았지만 오래된 기종이었다. 따라서 F-80은 1950년 12월 F-86이 한반도에 전개하기 전이었던 전쟁 초기 단계에서는 공대공 임무와 공대지 임무를 모두 수행했다.

전쟁 초기, 극동공군은 제트 추진 F-80 Shooting Star를 연료 효율이 더 좋은 프로펠러 추진 F-51 Mustang으로 대체하기 시작했다. F-51은 F-80보다 전투행동반경이 길어 원거리에 있는 표적 상공에서 더 오래 작전할 수 있었고, 한반도 비행장의 열악한 상황에 더 잘 견딜 수 있었다. F-80의 경우, 지상군을 지원하기 위해, 무장과 연료를 모두 적재하면 전투행동반경이 225마일(약 360km) 정도로, 일본 내 공군기지에서 출격하여 한반도에서 작전하기에는 행동반경이 짧았다. 이런 이유로 제5공군사령관 파트리지 장군은 개전 초기부터 제5공군 전투비행부대가 남한 내 비행장으로 전개하여 작전을 수행하기를 희망하였다.10)

F-80 Shooting Star의 이륙하는 모습. (미 공군)

F-80 편대들이 일본에서 한국을 향해 비행하고 있다. (미 공군)

F-51 Mustang이 지상에서 이동(taxi)하고 있다. (미 공군)

그러나 북한군의 급격한 남진으로 유엔 지상군이 후퇴를 시작하자, 7월 초 남한 내에 사용 가능한 비행장은 대구(K-2)와 포항(K-3), 그리고 김해 기지(K-1)뿐이었다. 더구나 이들 공항의 활주로는 표면 상태가 나빴고, 길이도 제트 전투기가 이착륙할 수 있을 정도로 충분히 길지도 않아, F-80 전투기는 일본 기지에서 출격해야만 했다. 따라서 극동공군은, F-80 제트전투기를 개전 초기 한반도 작전 환경에 적합한 F-51 Mustang 프로펠러 전투기로 대체하여 전개하기로 했다.11)

---

10) 김인승, "한국형 항공모함 도입계획과 6·25전쟁기 해상항공작전의 함의," 『국방정책연구』 제35권 제4호, 2019년 겨울호(통권 제126호), p.118.
11) F-51은 F-80보다 속도가 느리고, 항공기 구조상 지상으로부터의 공격에 매우 취약하다는 단점

■ 유엔군/미 해군 항공모함 전력: TF77

미 해군의 항모는 2차대전 말에 최대 100척에 이르던 것이 1950년 6월에는 15척에 불과했다.[12] 한국전쟁 시 유엔군의 주요 항공전력은 미국의 극동공군과 극동해군의 제77기동부대(TF77: Task Force 77)[13] 및 주일 미 해병비행사단 전투기와 호주, 남아공, 영국 공군 항공기들이었다. 항모 전력으로는 TF77의 미 항공모함과 그 외에 유엔군의 일원으로 영국 항모 6척, 호주 항모 1척이 순차적으로 참전했다. 미 해군의 항공모함은 전쟁이 끝날 때

1950년 7월 21일, 미 항모 USS *Valley Forge*의 F9F Panther 전투기가 공격을 위해 이륙 준비를 하고 있다. (미 해군)

까지 총 17척이 교대로 참전하였다.[14] 이들 미 해군 항공전력의 주력인 미 해군·해병대 전투기는 미 극동공군과 "협조·통제(Coordination Control)"[15]한다는 애매한 관계로 전력을 운용하였다.

전쟁 발발 당시 한반도에 투입할 수 있는 미국의 항모는 벨리포지(USS *Valley Forge*, CV-45)[16]가 유일했다. 항해 속도가 느리고 함재기 수는 적었지만, 다행히 극동

이 있었으나, 짧고 거친 활주로에서도 이착륙할 수 있고 무장도 F-80보다 많이 했다. 무엇보다도 F-51은 F-80보다 체공 시간이 길어 장거리 비행이 가능했다. 일본의 미 공군기지 중 한반도에 가장 가까운 곳 중 하나인 이다즈케(Itazuke, 현재 일본 큐수 후쿠오카 공항)에서 출격할 경우, 한강 유역까지 도달하는 직선거리가 310마일(약 500km)이었고, 낙동강 전선까지는 약 150마일(약 240km) 정도였다. F-80이 이다즈케에서 이륙하여 낙동강 전선의 근접항공지원(CAS) 임무를 수행하기 위해 로켓과 폭탄을 최대로 탑재했을 때에는 표적 상공에서 공격을 위한 체공 시간(play time)이 약 15분 정도에 불과하였다. 위의 책, p.119.

12) Richard C. Knott, "Attack from the Sky: Naval Air Operation in the Korean War," *The United States Navy in the Korean War* edited by Edward J, Marolda, (Annapolis Maryland: U.S. Naval Institute, 2007), p.290.

13) 제77기동부대(TF77)는 제2차대전 말에 조직되어 2000년까지 수십 년간 유지된 미국 해군 제7함대의 항공모함 전투단 태스크포스이다. TF77은 전쟁 기간 중 근접항공지원, 항공차단작전 등 많은 공중 작전을 수행했다. "U.S. 7th Fleet," History (navy.mil), (검색일: 2024년 2월 1일).

14) Knott, p.393.

15) 장호근(2023), p.227; Wayne Thompson, and Bernard C. Nalty. *Within Limits: The U.S. Air Force and the Korean War*, (Air Force History and Museums Program, 1996), p.15.

의 영국 항모 트라이엄프(HMS *Triumph*)17)가 전쟁에 합류했다.18)

제7함대 전력으로 구성된 극동해군 TF77의 경우 가용한 함재기가 부족했을 뿐만 아니라, 일정 기간 작전을 수행한 후 일본으로 귀환해 재보급을 받아야 했기 때문에 한반도에서 지속 작전을 수행하기는 어려웠다.

■ **전쟁초기(6월-9월) 주요 해군(항모) 작전**

한반도의 지형은 해군작전에 다소의 이점을 주었다. 한반도 중앙을 가로지르는 산맥 때문에 북한 지상군 부대가 남진할 때, 동서 어느 쪽에서 내려오든 간에 바다로부터 멀리 떨어질 수가 없었다. 그들의 주 보급로(MSR: Main Supply Route) 한쪽 측면은 동해와 서해에 인접하여 해상으로부터 오는 공격에 취약하였다. 북한군이 점령한 해안 도로와 철도는 수상함, 상륙군, 그리고 특수부대의 공격 표적이 되었다.19)

• **해상초계 임무 개시**

전쟁이 발발하자 미 해군은 초계기 활동부터 강화하기 시작하였다. 6월 말 일본에 작전기지를 둔 초계비행대대의 PBM-5 Mariners 초계기20)가 활동을 개시했다. 그리고 7월 초 오키나와 버크너 만(Buckner Bay)의 초계비행대대도 중국 해안과 대만해협을 초계하기 시작했다.21) 이러한 초계기의 역할은 대부분 정찰이나 감시였다. 초계기가

---

16) 미국의 제7함대 소속의 에섹스(Essex)급 항모인 USS *Valley Forge*는 항해 속도가 33knots 정도였고, 제5항모비행전대(Carrier Air Group, CVG-5)의 5개 비행대대 함재기가 탑재되어 있었다. 기종은 F9F-2 Panther, F4U Corsair, AD-4 Skyraider로 총 86대의 전투기를 탑재했다. Thomas J. Cutler, "Sea Power and Defense of the Pusan Pocket-September 1950," *The United States Navy in the Korean War* edited by Edward J, Marolda, (Annapolis Maryland: U.S. Naval Institute, 2007), pp.14-15; Knott, pp.291-292.

17) 영국 극동해군(Naval Forces, Far East Command) 소속의 경항모인 HMS *Triumph*는 항해 속도가 23knots 정도였으며, Firefly와 Seafire 등 20여 대의 프로펠러 전투기를 탑재했다. (Wikipedia); 1950년 6월, 극동에 있던 트라이엄프는 구축함 2척, 그리고 프리킷함 3척과 함께 동남아에서 일본으로 항해 중이었다. Utz. pp.61-62.

18) Cutler, p.46.

19) *Ibid*, p.19.

20) PBM-5 Mariners는 1940년대 미국 Martin 항공사가 제작한 쌍발 프로펠러 7인승 초계기로 2차대전과 냉전 시대에 미 해군, 해안경비대 등에서 해상 정찰, 구조 및 구난, 수송용으로 운용했다. (Wikipedia).

대만해협에 출현한 것은 미국이 중공의 공격에 대응하기 위해 이 지역을 감시하고 있다는 경고 활동이었다. 그리고 소련의 잠수함 공격 때문에 초계 비행에는 대잠초계 임무가 반드시 포함되었다. PB4Y-2 Privateer 초계기[22]는 적의 레이다 주파수에 관한 전자정보도 수집하였다. 또한, 초계기는 기뢰를 탐지하여 파괴하는 임무를 수상함 세력들과 협조했다.[23] 극동해군 TF77은 북한이 잠수함 공격과 해상 공중공격을 감행할 의사와 능력이 없다고 확신한 이후에 비로소 육지에 접근하여 임무를 수행할 수 있었다.[24]

• 항공모함 한반도 이동과 초기 제한사항[25]

7월과 8월에 태평양함대의 함정들은 한반도로 향했다. 중순양함 헬레나(USS *Helena*, CA-75), 톨레도(USS *Toledo*, CA-133), 그리고 에식스(Essex)급 항모들이 포함되어 있었다.

7월 4일, 항모 시실리(USS *Sicily*, CVE-118)는 미국 캘리포니아 샌디에이고(San Diego)를 출항해 일본 요코스카(Yokosuka)로 향했고, 요코스카에서 제214해병비행대대(VMF212)의 F4U-4B Corsair 전투기를 탑재했다. 이 전투기들은 8월 3일 부산 방어선 서남부의 진주 공격에 참여했다.

1950년 7월 샌프란시스코 인근 알라미다(Alameda) 해군기지에서 USS *Boxer*에 한국 전역으로 보내는 미 공군 F-51 Mustang을 선적하고 있다. (Wikipedia)

---

21) 6월 27일, 일본에 작전기지를 둔 제47초계비행대대(Patrol Squadron, VP-47)의 PBM-5 Mariners 초계기가 활동을 개시했다. 7월 6일, 오키나와 버크너 만(Buckner Bay)의 제46초계비행대대(VP-46)도 중국 해안과 대만해협을 초계하기 시작했다. 7월 8일, 제6비행대대(VP-6)는 한국 동해안 해역을 수색하기 시작했고, 7월 16일, 제28초계비행대대(VP-28)도 중국 해안에 대한 정찰을 시도하였다. 그리고 8월 중순에 제42초계비행대대(VP-42)가 대만해협을 오가는 선박을 감시하기 시작하였다. Knott, p.292.

22) PB4Y-2 Privateer는 미국 Consolidated 항공사가 1943년에 제작한 장거리 초계기로 B-24의 파생형이다. 2차대전과 한국전쟁에서 미 해군과 해안경비대에서 운용했다. (Wikipedia).

23) Knott, p.292.

24) 장성규, 『6·25 전쟁기 미국의 항공전략』(서울: 도서출판 좋은땅, 2013), p.142.

25) Culter, pp.35-41; Utz, pp.64-65; Knott, pp.295-302.

7월 14일, 바둥스트레이트(USS *Badoeng Strait*, CVE-116)는 샌디에이고에서 제214해병비행대대(Marine Fighter Squadron 214, VMF 214) 전투기를 싣고 출발하여 일본 고베(Kobe)에 7월 31일 도착하였다. 이 항공단의 Corsair 전폭기들은 8월 6일 전투지역으로 발진했다. 또한, 7월 14일 박서(USS *Boxer*, CV-21)는 당시 미 공군이 절대적으로 필요했던 F-51 Mustang 145대를 수송했다. Boxer는 캘리포니아 알라미다(Alameda)를 출발하여 7월 22일 일본 요코스카에 도착했다. 8일 16시간이라는 태평양 횡단 항해 기록을 수립했다.

8월에 필리핀씨(USS *Philippine Sea*, CV-47)는 제11항모비행단(Panther 제트기 2개 대대 포함)을 탑재하고 있었고, USS *Valley Forge*와 10월에 교대하기로 예정되어 있었다. 그러나 계획이 당겨져 USS *Philippine Sea*는 8월 1일 오키나와 버크너 만에 도착했고, 8월 5일 한국 연해에서 USS *Valley Forge*와 합류했다.

1950년 7월 14일, 미 항모 *Badeong Strait*가 해병대 전투기를 탑재하고 샌디에이고 항구를 출발하고 있다. (미 해군)

그리고 전쟁이 장기화 양상을 띠게 되자, 예비 함정들이 현역으로 복귀하기 시작했다. 8월 28일, 2차대전 당시 마지막으로 건조된 프린스턴(USS *Princeton*, CV-37) 항모가 첫 번째로 재취역했다.

전쟁 초기 항공모함 작전은 주기적으로 중단되었다. 재보급 문제로 인해 일본의 모항으로 귀환해야만 했기 때문이었다. 함재기는 전투 기간 중 엄청난 양의 항공연료와 무기를 소모하였다.[26] 또한, 함께 작전하는 구축함들도 3일마다 연료 공급을 받아야만 했다. 2차대전 이후 함대 자산 삭감이 해상보급을 더욱 힘들게 하였으나, 연말이 되면서 유조선과 보급함이 점점 증가했고, 1951년 봄에는 해상보급이 충분히 회복되었다.[27]

---

26) 함재기는 지상 공군기보다 15배 높은 연료와 인력, 유지비가 필요하였다. 장성규, p.150.
27) Knott, p.299.

• 평양과 해주 비행장 공격

7월이 되어 중공과 소련의 전쟁 개입 위협이 일부 수그러들자, 1950년 7월 1일 저녁 제7함대 소속, 제77기동부대(TF77)는 오키나와 버크너 만을 출항했다. 그리고 북한지역의 표적 타격을 위해 한반도 서해 북부로 항진하라는 명령을 받았다. TF77의 유엔함대[28])에는 영국 항모 HMS *Triumph*와 그 호위함도 포함되어 있었다.[29])

7월 3일, TF77의 항모 2척은 순양함 2척과 구축함 10척을 동반하고 한반도 서해에 도착하였다. 그리고 북한의 수도 평양 부근의 비행장들을 첫 번째 표적으로 선정했다. 당시 도착한 해상 지점은 평양에서 약 200km 떨어진 곳으로 이 지점은 중국의 산둥반도 공군기지에서 약 150km, 소련 공군기지가 있는 여순 항에서 약 300km 정도 떨어져 있었다.[30])

3일 새벽 2척의 항공모함, USS *Valley Forge*와 HMS *Triumph*에서는 기동부대 자체 보호를 위해 초계기가 이륙을 시작하면서 모든 함재기가 출격했다. USS *Valley Forge*의 함재기들은 평양을 향했다. Corsair[31]) 16대와 Skyraider[32]) 12대가 이륙한 후 Panther 제트기[33]) 8대가 출격했다.[34]) 이들의 북한 표적은 평양 비행장, 철도, 그리

---

28) 유엔함대의 일원으로 영국 항공모함과 초계기는 전쟁 기간 항공작전에 크게 기여하였다. 영국 해군의 항모 글로리(HMS *Glory*), 트라이엄프(HMS *Triumph*), 그리고 테세우스(HMS *Theseus*)는 Seafire, Sea Fury, Firefly 함재기를 탑재했다. 이 함재기들은 총 22,000회 출격 하였다. 영국 공군은 선더랜드(Sunderland) 비행정으로 편성된 2개 초계비행대대도 제공하였다. 같은 기간에 호주 해군은 항모 시드니(HMAS *Sydney*)를 파견하였다. *Ibid*, pp.292-293.

29) Cutler, p.19; Knott, p.292.

30) Cutler. p.35; 한국전쟁이 발발했을 때, 다행스럽게도 북한 해군은 50여 척의 소형 주정만을 보유했고, 중국 해군도 "정크 돌격부대(junk assault force)"로 매우 하찮은 전력이었다. 소련의 태평양함대도 잠수함 세력을 제외하면 소련 해군 중에서 가장 약했고, 소규모로 연안 활동만을 주로하고 있었다. 미 해군이 태평양 전역에 걸쳐 있는 여러 기지를 중심으로 작전을 하는 것에 비해, 소련 해군의 경우 태평양 연안 기지로는 극동해군의 부동항 블라디보스토크 단 한 곳뿐이었다. Cutler, p.16.

31) 보우트(Vought) 미 항공사의 F4U Corsair는 제2차대전과 한국전쟁에서 운용된 미국의 프로펠러 전투기이다. 이 전투기는 1944년부터 해군의 항공모함에 배치되어 함재기로 활약했으며, 한국전쟁에서는 주로 근접항공지원 전투기로 운용되었다. (Wikipedia).

32) Douglas 미 항공사의 A-1 Skyraider(1962년 이전 공식 명칭은 AD)는 프로펠러 엔진의 단좌형 공격기로 세계 제2차대전 때, 미 해군 항공모함의 장거리 고성능 어뢰 폭격기로 개발되었다. 이 항공기는 한국전쟁과 베트남 전쟁을 포함하여 1946년에서 1970년대 초까지 미 해군·해병대와 공군에서 장기간 운용되었다. 전자전 장비 탑재, 어뢰 공격 등 다양한 파생형이 있었다. 한국전쟁에서는 미 해군 함재기로 그리고 미 해병대의 주력 공격기로 운용되었다. (Wikipedia).

고 인근의 임기표적(Target of Opportunity)[35]이었다. 영국 항모의 함재기들은 평양 남쪽 약 100km에 있는 해주 비행장을 공격하기 위해 출격했다. Firefly[36] 12대와 Seafire[37] 9대가 로켓으로 무장했다.

1950년 3월, 필리핀 수빅만을 출항하는 영국 항모 HMS *Triumph* 갑판에 Seafire, Firefly 함재기가 보인다. (Wikipedia)

북한의 Yak-9 전투기[38]들이 요격을 시도해왔으나 제51비행대대(VF-51) Panther 전투기 2대가 이를 격추했다. 이것은 미 해군의 제트전투기가 적기를 격추한 최초의 사례였다. 계속해서 Panther 전투기들은 지상의 적 항공기 3대를 파괴했다. 이어서 프로펠러 함재기들은 격납고, 연료 저장 탱크 등을 폭파했고, 활주로에 폭탄 폭파구를 만들었다. 그리고 인근 철도 정비창에도 피해를 주었다. 이 공격은 7월 3일 오후에 이어서 4일에도 계속되었다. 7월 3일 오후 USS *Valley Forge* 함재기들은 평양을 재차 공격했다. 이번에는 철도, 도로, 교량을 집중적으로 폭격하여 파괴했다. 7월 4일, Skyraider는 전날 남아 있던 기관차나 철도시설을 폭격하여 큰 피해를 입혔고, 대동강의 경간(bridge span)에 폭탄을 투하하여 붕괴시켰다.

북한의 수도 평양의 비행장과 철도시설들을 공격했던 2일 동안의 폭격은 큰 성공이

---

33) Grumman 미 항공사의 F9F Panther는 초기 항공모함의 제트함재기로 설계되고 생산되었다. Panther는 미 해군의 최초 제트전투기였고, Grumman 항공사의 첫 번째 제트기이기도 했다. 1949년 처음으로 항모에서 비행을 시작한 단발 제트엔진 직선익(straight-wing) 주간전투기로 4문의 20mm 기관포와 공대지 무장이 가능했다. 한국전쟁 기간에 미 해군과 해병대에서 공대공 전투기와 공대지 공격기로 광범위하게 운용되었다. (Wikipedia).

34) 이날 USS *Valley Forge*의 Skyraider 전투기는 첫 출격이었다. 특히 Panther 제트 전투기 출격은 해군 제트기가 전투에 참여한 최초의 사례로 기록되었다. Cutler. p.35.

35) 사전에 공격 요청이 없고 계획되지도 않은 표적을 전투 중 발견하여 가용한 무기로 공격하는 임무 형태다. 공군의 무장정찰(armed reconnaissance)과 유사하다.

36) Firefly는 제2차 세계대전 후반에 등장한 영국 해군의 복좌 프로펠러 함재기로서, 전투기, 공격기, 정찰기로 운용되었다. 영국 Fairey 항공사에서 개발했으며, 1943년 후반부터 실전에 투입되었다. (Wikipedia).

37) Seafire는 영국 Supermarine 항공사가 제작한 단발 프로펠러 단좌 함재기로 영국 공군 Spitfire의 함재기 파생형이다. 1942년부터 영국 해군에서 운용했다. 한국전쟁에서는 영국 항공모함 HMS *Triumph*에서 1950년 9월까지 운용되었다. (Wikipedia).

38) Yak-9은 소련에서 제작한 단발 프로펠러 엔진의 전투기이다. 북한 공군도 보유했었다. 공군본부(2010), p.70.

었다. 미국과 영국의 해군들이 조화를 잘 이루면서 작전을 성공시켜 비행장과 그 밖에 시설들을 완파하고 적 항공기 11대를 파괴해, 평양의 철도시설과 교량을 거의 복구 불능으로 만드는 전과를 가져왔다. 그러나 이날 작전 중에 Skyraider 4대가 지상 대공 포에 의해 피해를 입었다. 이 중 1대가 모함에 착륙 중, 갑판 위의 Skyraider 1대와 Corsair 2대에 큰 피해를 주었고, 다른 함재기들에도 손상을 주었다. 이날 이후 7월 한 달 동안 공격을 계속하여 북한 항공기 38대를 완파했고, 27대에 손상을 입혔다. 이 중 2대를 제외하고는 모두 지상에서 이륙하기 전에 공격을 받아 파괴되고 파손되었다.[39]

F4U는 Corsair 프로펠러 전투기.
(Public Domain)

F9F Panther 제트전투기.
(Wikipedia)

AD-4(AD) Skyraider 프로펠러 전투기.
(NAVER)

그러나 7월 3일과 4일, 미 해군 함재기와 미 제5공군 B-29 폭격기의 해주와 평양 공격에서 공격 계획이 사전 협조가 안 되어 제5공군의 B-29 폭격기가 평양 공격을 취소해야 하는 사건이 발생했다. 이로 인해 최전방 근접표적 폭격에 대해 좀 더 엄밀한 조정·통제를 할 필요가 있다는 사실을 깨닫게 되었다.[40]

이와 같이 북한군의 남침이 시작된 지 며칠 만에 서태평양의 미 해군은 전투에 투입되었다. 이런 전투는 한국전쟁 3년 내내 지속되었다. 미 해군은 동해안 공격을, 영국 해군은 서해안 폭격을 처음에 주로 담당하였다. 그러나 대만해협에서의 분쟁 가능성에 대비하여 TF77은 평양 공습 직후에 오키나와 버크너 만으로 귀환했다.[41]

---

39) Cutler. pp.35-36; Knott, p.293; Malcolm W. Cagle and Frank A. Manson, *The Sea War in Korea,* (Annapolis, MD: United States Naval Institute Press, 1957), pp.37-38.

40) Wayne Thompson, and Bernard C. Nalty. *Within Limits: The U.S. Air Force and the Korean War,* (Air Force History and Museums Program, 1996), p.15.

• 원산 정유시설 공격[42]

그 후 1950년 7월 16일, TF77의 항모 2척은 오키나와에서 출항하여 이번에는 한국 동해로 향했다. 함재기들은 주로 북한의 정유시설을 공격했다. 원산 정유시설이 1차 목표였다.

1950년 7월 18일, USS *Valley Forge*의 함재기 폭격으로 불타고 있는 원산 정유 공장.
(Naval History and Heritage Command)

7월 18일, USS *Valley Forge*는 북한의 동해안에 투입되었다. 이날 주간에 함재기들은 평양을 공격하였고, 저녁에는 원산의 정유공장을 급습하였다. Corsair 10대가 로켓과 기총으로 적의 방어를 제압하고, Skyraider 11대가 500파운드와 1,000파운드 폭탄을 정유공장과 유류저장 탱크에 투하하여 표적을 폭파하고 불태웠다. 수천 톤의 정제유류가 소각되었는데 그 연기는 60마일 밖에서도 볼 수 있었다. 유류 공장은 완전히 파괴되었고, 며칠 동안 불에 탔으며 함재기들의 공습은 북한의 정유시설 생산을 종식시켰다.

7월 20일, TF77의 항모는 남쪽으로 향했으며 서해작전을 위해 쓰시마 해협을 통과했다. 7월 22일 아침, 기동부대가 재보급을 위해 일본으로 귀항하기 전에 Skyraider와 Corsair 함재기들은 해주와 인천 부근의 표적을 공격하였다.

• 한강철교 폭파 작전

1950년 8월, 극동공군 폭격사령부에 부여된 교량 표적 가운데 한강철교(West Bridge over the Han at Seoul)만큼 강한 것은 없었다. 일반적인 교량은 500파운드의 폭탄으로 파괴할 수 있었다. 그러나 한강철교는 경간(span)이 강철로 제작되어 B-29 폭격기가 1,000파운드 이상의 폭탄으로도 파괴할 수 없었다. 폭격기 승무원들은 한강철교를 "오뚜기 철교(plastic bridge)"라고 불렀다. 8월 19일 극동공군 폭격사령부 제19 폭격전대 B-29 9대가 출격하여 1,000파운드 폭탄을 54톤이나 투하하여 명중시켰으나

---

41) Cutler, p.37.
42) *Ibid*, p.39; Knott, p.294.

완전히 파괴하지 못해 다음날 재출격하기로 했다.

　TF77은 제5공군의 요청으로 이 공격에 참여했다. TF77 함재기 조종사들은 이미 두 차례에 걸쳐 후방차단작전의 하나로 한강철교를 폭격한 경험이 있었다. 8월 19일 15시경 항모 USS *Valley Forge*와 USS *Philippine Sea*에서 Corsair 전투기와 Skyraider 전폭기 37대가 출격하여 한강철교를 폭격했다. 해군 함재기들은 경간 높이의 저고도로 비행하면서 8회를 명중시켰으나 완전히 파괴하지는 못했다. 그러나 앞으로 상당 기간 사용하지 못할 것이라고 보고했다.

1950년 8월 20일, 한강 복선 철교 파괴 모습. (군사편찬연구소, 2008)

　8월 20일, 한강철교 폭격을 위해 다시 출격한 제19폭격전대 승무원들은 철교 경간 2개가 물속에 잠겨있는 것을 확인하였다. 그리고 3번째 경간을 공격해 파괴했다. 맥아더 장군은 임무성공을 극찬했다.[43]

USS *Boxer* 비행갑판에서 이동 중인 F9F Panther 제트전투기. (Korean War Chronology)

　전쟁 초기 위와 같은 해군의 활동, 특히 전쟁 발발 후, 첫 번째 공습이었던 평양 공격은 유엔 항모 함재기들이 적의 수도를 아무 저항도 없이 공격할 수 있었다는 데 의미가 있었다. 또한, 한반도 모든 지역이 항모의 공격권에 있다는 것을 보여 준 사례였다.[44] 북한 공군은 괴멸되었고, 더 나아가 이 공격은 소련의 한반도 항공전 개입을 단념하게 했다. 그리고 해군의 원산 정유시설 파괴는 북한군의 전투 장비 운영에 심각한 타격을 주었다. 이처럼 한국전쟁 초기부터 미국과 영국의 항모 함재기들은 수상함들과 협력하여 남쪽으로 진격하는 북한군과 그들의 보급 수송대열을 저지하는 데 온 힘을

---

43) Air Force History and Museums(2000), p.17; 국방부 군사편찬연구소, 『6·25전쟁사(5) 낙동강선 방어작전』(서울: 국방부 군사편찬연구소, 2008), pp.709-711; A. Timothy Warnock, *The USAF in Korea: A Chronology 1950-1953*, the Korean War Fiftieth Anniversary Commemorative Edition, (Air University Press 2000), p.13.

44) Cutler, p.37.

쏟았다. 그리고 한강철교 폭격은 합동작전의 좋은 예가 되기도 했다.

전쟁 초기였던 7월과 8월, 샌디에이고에 정박 중인 미 항모 USS *Boxer*와 USS *Philippine Sea* 그리고 태평양함대 소속의 항모 USS *Sicily*와 USS *Badoeng Strait*, 총 4척의 항모가 TF77에 배속되었다. 따라서 TF77의 역할이 점차 증가하게 되었다.[45]

미 극동해군은 미 제7함대에 대한 작전 통제와 함께 전쟁 수행에 필요한 기동조직으로 부대구조를 개편하였다. 전쟁 발발 당시 미 극동해군의 예하에는 수척의 전투함으로 편성된 제96기동부대(TF96)와 상륙부대인 제90기동부대(TF90) 그리고 일본선박통제국((SCAJAP: Shipping Control Administration, Japan)의 선박들이 있었다. 일본인들에 의해 운용되었던 SCAJAP의 선박들은 미 해군 사령관의 통제하에 태평양지역 미군의 군수지원과 일본군 전쟁포로 송환에 사용되었다.

그리고 미 극동해군은 미국으로부터 증원 전력이 도착함에 따라 전쟁 초기부터 1950년 말까지 3회에 걸쳐 기동조직을 재편성하였는데. 1950년 9월 12일 세 번째 재편성의 일환으로 제96.5 기동전대를 제95기동부대로 승격시켜 [도표 1]과 같이 기동조직을 재편하였다.[46]

[도표 1] 미 극동해군의 지휘체계 (1950. 9. 12)

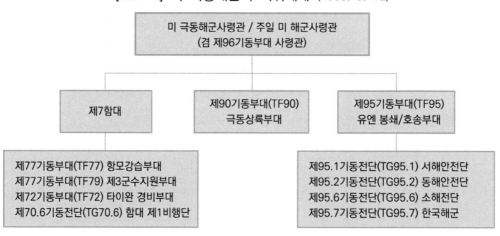

(출처) 군사편찬연구소, 『6·25전쟁사(7) 중공군의 참전과 유엔군의 철수』 (2010), p.587.

---

45) Knott, pp.299, 301; Cutler, pp.37, 45.
46) 국방부 군사편찬연구소, 『6·25전쟁사(7) 중공군 참전과 유엔군의 철수』 (서울: 국방부 군사편찬연구소, 2010), p.586.

부산방어선(Pusan Perimeter)과 근접항공지원

제3장

부산방어선과 근접항공지원

한국전쟁 발발 후 북한은 무기와 훈련이 부실한 한국군을 연이어 격파하고 3일 만인 6월 28일 서울을, 7월 5일에는 오산 전투에서 미군까지 격파했다. 그리고 7월 24일 대전을, 7월 말에는 목포와 진주를 그리고 8월 초에는 김천과 포항을 함락시켰다. 전쟁 초기에 유엔 항공력이 거의 완벽하게 공중을 지배하고 있었지만, 지상의 패배를 막지 못했으며 적의 전장을 고립시키거나 적의 대규모 병력 집결을 와해시키지도 못했다.

전쟁이 7월 말에 이르자 적은 한반도 남동지역을 제외한 전역을 점령해 낙동강을 주 전선으로 하여 '부산방어선(Pusan Perimeter)'을 형성했다. 유엔군사령부는 유엔군이 한반도에서 버텨낼 수 있을지, 아니면 해상으로 쫓겨나야 할지 힘든 문제에 직면했다. 당시 평가로는 북한군이 수적으로 우세했지만, 실제로 유엔군의 전투력이 적 전투력을 약간 상회하고 있었던 것처럼 보였다. 유엔군은 해상과 공중에서만은 중요한 이점을 지니고 있었다. 만약 미 공군과 미 해군·해병대의 항공기 그리고 함포 지원함이 적절히 배치되어 적의 수적 우위를 상쇄할 수만 있다면, 낙동강 전선을 사수하는 것도 가능할 것 같았다. 유엔 지상군은 어느 때보다도 항공지원이 절실히 필요했다.[47]

그러나 미 공군의 근본적인 문제는 남한 내의 지상 공군기지 사용이 불가능하게 된데 있었다. 북한군의 급속한 남진으로 인해 당시 미 공군이 주둔하던 남한 내의 비행장

---

47) James A. Field, Jr. *History of United States Naval Operations: Korea,* (U.S. GPO 1962), p.131.

이 예상보다 빨리 위협받게 되어 거의 모든 항공지원을 위해서는 일본에서 출격해야만 했다. 미 공군은 위기에 빠진 지상군을 지원하기 위해 전략자산인 B-29 전략 폭격기를 전술공군의 임무인 항공후방차단작전에 투입하여 간접적으로 지상군을 지원하는 노력을 시도하기까지 했다.

또한, 위급함을 느낀 미 제8군은 7월 23일 TF77에 "근접 및 일반 항공지원"을 요청하는 긴급 전문을 많은 상급부대에 동시에 발송하였다. 이에 제7함대사령관 스트러블(Arthur D. Struble) 제독은 USS *Valley Forge*와 HMS *Triumph* 항공모함을 동해로 급파했다. 이 갑작스러운 항공지원 요청으로 TF77의 지상군에 대한 근접항공지원이 시작되었고, 이는 두 달 가까이 계속되어 인천상륙작전 때까지 대부분의 항모 함재기들은 이 작전에 시간과 노력을 소모하게 되었다. 7월 25일 오전 8시 항모에서 이륙한 함재기들은 20분 만에 전선에 도착하여 근접항공지원을 시작했다. 당시 근접항공작전에서 함재기들은 무장탑재 능력과 반응의 신속성 측면에서 공군의 전투기에 비해 우위를 보였다.[48]

남한의 공군기지 부족 이외에 또 다른 내적인 문제는 미 해군과 공군의 근접항공지원 체계(CAS System)의 차이에 있었다. 미군은 제2차 세계대전 당시 육군과 해군이라는 구분에 얽매어 합동작전을 잘못 수행해 손실이 적지 않았다.[49] 또한, 미 공군과 미 해군은 근접항공 수행체계에도 교리상에 근본적인 차이가 있었지만, 종전 후 미 공군이 1947년 독립하고, 1950년 한국전쟁이 발발하기 전까지 이를 해소하기 위한 특별한 노력을 기울이지 않았다.[50]

이러한 상황에서 미 해군과 공군은 부산지역 방어를 위해 근접항공지원을 합동으로

---

48) Knott, p.296; 김인승, p.123: Cagle·Manson, p.47.

49) 예를 들면, 태평양 전쟁에서 육군인 맥아더(Douglas McArthur) 장군과 해군인 니미츠(Chester W. Nimitz) 제독 간에 일본을 공격하는 방향에 있어서 근본적인 차이가 노출되었고, 이를 효과적으로 통합하지 못한 채 2개 방향으로 일본을 공격했다. 따라서 미군의 노력이 분산되어 미군은 필요치 않을 수도 있었던 다수의 전투를 수행하거나 희생을 치러야만 했다. 박휘락. "한국군의 합동성 수준과 과제," 『군사논단』 제68호 2011년 겨울. p.98. 2차대전 말 미 공군은 독립하기 이전 육군항공군(US Army Air Force)이었다.

50) 최용희·정경두, "합동성 제고를 위한 6·25전쟁 초기 미 해군의 지상군 화력 지원 실태분석," 『군사연구』 제145집, (충남: 육군본부, 2018), p.89.

수행해야만 했다. 여기서는 해공군 근접항공지원의 기본적인 문제가 무엇이었나를 우선 알아보고, 남한 내의 비행장 현황을 비롯하여 부산방어선 지역별로 항공작전의 활동을 고찰하고자 한다.

■ 미 해·공군의 근접항공지원체계(CAS System)의 차이

전쟁 초기 미 해군과 공군의 근접항공지원체계(CAS System)의 기본적인 차이점을 크게 나누면, 첫째, 항공력 운용에 대한 철학(philosophy)의 차이, 둘째, 항공기 운용·통제 기술(technique)과 방법(type)의 차이, 그리고 셋째, 근접항공이라는 용어의 의미 (semantic)에 대한 인식에 차이가 있었다.[51] 이런 점을 좀 더 구체적으로 설명하면 아래와 같다.

첫째로 미 해·공군의 차이점의 근본은 CAS에 대한 철학(philosophy)과 CAS에 대한 개념이 서로 상이했다.

① 미 공군과 해군은 지원대상 즉, 목적과 목표가 서로 달랐다.

공군은 항공력 사용의 가장 중요한 목표를 적이 전쟁을 할 수 없도록 전쟁 수행 잠재적 능력과 자원을 공격하는 전략폭격으로 보았다. 다음으로 전쟁지역에서 적군을 고립시키는 것, 그리고 전장에서 적군을 공격하는 것이었다. 이 중에서도 가장 중요한 개념의 차이는 공군은 해군과는 달리 항공기 통제를 지상의 지휘관들에게 맡기지 않는 다는 것이었다. 지상군은 항공기의 성능과 운용방법을 잘 알지 못해 항공력을 효율적으로 활용할 수 없기 때문이라는 것이 이유였다. 또한, 공군이 주장하는 전쟁 승패의 결정적인 요소가 전략폭격이라는 개념은 해군에게 충분히 받아들여지지 않았다.[52]

따라서 미 공군과 해군은 지원대상이 서로 달랐다. 공군의 수행체계는 지상군의 일반적인 지상 작전을 지원하는 것이 목적이었다. 반면에 해군의 체계는 해병대 상륙작전을 지원하는 것이 목적이었다. 즉, 미 공군과 해군은 각자 자군의 임무 수행에 적합한 근접항공지원체계를 채택함으로써 차이가 발생하게 되었다.[53]

---

51) Malcolm W. Cagle and Frank A. Manson, *The Sea War in Korea*, (Annapolis MD: United States Naval Institute Press, 1957), p.71.

52) *Ibid.*

　　이런 이유로 인해 공군은 기본적으로 지상군 포병 화력의 가용범위를 고려하여 근접항공지원의 작전지역을 판단하였다. 지상군에는 전선 전방 수 킬로미터(km) 이내의 지역에 화력을 지원하는 포병부대가 편성되어 있었기 때문에 공군의 근접항공지원은 포병사격의 사정거리 밖의 표적을 공격할 때 이루어지는 것이 원칙이었다. 원거리 표적은 우군 지역에 도달하기까지 적지 않은 시간이 소요되었으므로 긴박한 상황이 아니며, 항공기의 요청에서 표적 도착까지 40분 정도가 소요되는 근접항공지원이 문제가 되지 않는다고 생각했다. 이러한 개념을 바탕으로 미 공군은 부족한 항공전력을 효율적으로 활용하기 위하여 항공기의 공중 대기보다 지상대기와 긴급출동을 합리적이라고 생각했다.

　　반면에 해군의 해병대 상륙부대는 육군과 비교 시 포병전력이 상대적으로 부족하여 상륙부대가 1,000야드 이내의 표적을 파괴하기 위해서도 근접항공지원을 요청했다. 근접한 표적은 지상 작전에 미치는 영향이 크고 긴급조치가 필요하여 최단 시간에 근접항공지원이 이루어져야 한다고 해군의 해병대는 주장했다. 따라서 미 해군의 수행체계는 항공기가 전투지역 상공에 대기하고 있어야만 적시에 화력 지원이 가능하였다.[54]

　　② 전술항공통제반(TACP) 임무 수행 위치도 CAS에 대한 개념의 차이로 서로 달랐다.

　　미 공군의 수행체계 상에서 전방항공통제관(FAC)은 전투지역 전방에 배치되더라도 적 후방 표적을 육안으로 관측할 수 없었다. 이처럼 육안으로 표적을 확인할 수 없는 임무는 공중 전방항공통제관(A/FAC)이 유도하여 근접항공지원이 이루어지도록 규정되어 있었다. 반면에 미 해군의 체계는 아주 근접한 표적을 대상으로 임무를 수행하기 때문에 전투지역 전방의 부대까지 전술항공통제반을 편성하였다. 이로 인해 해병대의 대대급 이상 모든 제대는 항공기를 통제할 수 있는 여건을 갖추어야 했다.[55]

　　두 번째 큰 차이점은 상이한 개념에 의해 CAS를 수행하기 위한 사전 훈련과 항공기 운용 방식(type)과 절차에 있었다. 해군은 이를 기술(technique)의 차이라고도 했다.

---

53) 최용희·정경두, p.88.
54) 위의 글, pp.90-91.
55) 위의 글, p.91.

전술항공통제반(TACP)의 전방항공통제관
(FAC)이 저고도로 비행하는 T-6 Mosquito
공중 항공통제관(A/FAC)에게 적의 위치정보
를 전달하고 있다. (미 공군)

TACP 무전기 차량
(radio jeep).
(퍼블릭 도메인)

TACP 지프 차량 내부에
탑재된 공지통신 무전기.
(퍼블릭 도메인)

① 기본적으로 양측의 이런 차이는 전술항공통제반(TACP)의 역할과 절차에서 찾아볼 수 있다.

공군은 전술항공지원을 위해 지상군 부대에 전술항공통제반(TACP: Tactical Air Control Party)[56]을 파견해 지상군과 공동으로 임무를 수행했다. 공군 TACP가 CAS 공격을 요청하면, 합동작전본부(JOC: Joint Operation Center)는 표적에 공격할 비행부대를 지정했다. 따라서 항공지원 시, 공격기는 지상의 육군 통제관과 접촉 없이 지상의 공군 요원인 전방항공통제관(FAC: Forward Air Controller) 또는 공중전방항공통제관(Airbone FAC, T-6, Mosquito)과 직접 교신했다. 합동작전본부(JOC)는 공군 전투작전반과 육군공지작전반으로 구성된 합동기구로 공군의 통신 센터였다. 공군의 교리는 폭탄선(bombline) 내에서 적을 공격하는 일차적인 무기를 야포로 판단했다. 공군 체계에서 T-6 Mosquito 공중항공통제기(A/FAC)가 대부분의 CAS 항공기를 통제했다. 따라서 공군이 모든 지상군 지원 항공기를 통제함으로써 공군의 방법은 단지 통합된 화력 지원을 시작하는 것에 불과하다고 해군은 주장했다.[57]

요청 절차에 있어 공군 체계는 공중통제관이나 지상의 전술항공통제반(TACP)이

---

56) 전쟁 당시 미 제5공군은 합동작전본부(JOC)에 전술항공통제반(TACP)을 편성했다. 각 TACP는 지상의 전방항공통제관(FAC) 임무를 수행하는 경험 많은 숙련된 조종사, 그리고 AN/ARC-1 무전 통신장비를 장착한 지프(jeep)와 무전병으로 구성되었다. 장호근(2023), p.225.

57) John D. Southard, *Working Toward Cohesion: The Marine Air-Ground Team in Korea 1950*, (A doctoral dissertation, Texas Christian University, 2006), p.49.

한국전쟁 당시, 미 제5공군의 제6147전술통제전대 소속의 T-6 Mosquito는 전방 지역에 대한 공중 전방항 공통제(Airbone FAC) 항공기로 사용되었다. (미 공군)

표적을 획득하고 공격을 유도하는 방식으로 먼저, 지상군에 파견된 공군의 TACP가 지상군 부대를 통해 근접항공지원작전을 주도한다. 그리고 전방 기동부대의 TACP에서 근접항공지원 요청을 사단사령부로 통보하면 사단에서 검토를 거쳐 군단사령부로 해당 요청이 통보되고 군단사령부 역시 이를 검토하여 합동작전본부(JOC)로 통보한다. 항공기 지원이 타당하여 승인되면 JOC는 비상대기 중인 전술기에 출동을 명령하고, 이를 전술항공지시본부(TADC)에 통보한다. 출동한 항공기 조종사는 표적 상공의 FAC 또는 A/FAC(T-6, Mosquito 항공기)와 접촉하여 추가지시를 받고, 지시에 따라 폭탄을 투하하고 임무를 종료하는 체계였다.[58] 제2차 세계대전 당시 AT-6로 알려진 미국 노스아메리칸(North American) 항공사의 T-6 훈련기가 공중 전방항공통제관으로 사용되었으며, 호출부호가 모스키토(Mosquito)였다. 그리고 무전송신의 문제를 극복하기 위해 미 공군은 C-47 Skytrain 수송기를 이용하기도 했다. 이 항공기는 20개의 VHF 채널이 가능한 무전 통신장비를 탑재했다. 전선에서 20마일 정도 후방 상공에서 지상의 FAC와 전투기 간에 무전을 중계했다. 호출부호가 멜로우(Mellow)였다.[59]

그리고 임무 수행을 완료한 후, 비행편대장은 JOC에 결과를 보고했다. 공군 CAS 체계에서는 요청에서 실제 공격까지 45분에서 90분의 시간이 걸렸다. 또한, JOC는 항공지원 요청의 순위를 정하고 가장 중요한 CAS 공격을 먼저 승인했다. 따라서 우선순위가 낮은 요청은 1일이 지연되는 결과를 가져오기도 했다. 전체적으로 CAS를 요청하고 접수하는 공군의 절차는 여러 공군 기관들이 관련되었다. JOC는 CAS 요청을 공군 TACC로도 전달했다. TACC는 JOC과 인접해 위치하면서 전역에서 임무를 수행하는 모든 항공기를 통제하는 중심축(main hub)이었다.[60]

---

58) 최용희·정경두, p.89.
59) 장호근(2023), p.226; 한국전쟁 중 미 공군의 JOC와 FAC 및 A/FAC에 대해서는 장호근 (2023), pp.224-227을 참고.
60) Southard, pp.50-51.

반면에 해군의 수행체계는 근접항공 지원의 표적선택과 공격 지시를 지상군에 위임하는 방법으로 공군의 방식과는 확연히 다른 개념이다. 지상의 전술항공통제관(TAC: Tactical Air Controller)은 전방관측자로부터 근접항공지원 요청을 받으면 비행전대 중 한 곳과 접촉한다. 비행전대는 임무 가능한 조종사와 접촉하여 우군과 적군 사이 전선의 위치, 폭격선(bomb line)의 위치, 기상, 전방항공통제관의 호출부호 등 간략한 브리핑을 제공한다. 이후 조종사는 특정 작전지역의 전술항

한국 전선에서 공중 전방항공통제관 (A/FAC)과 무전 통화 중인 지상의 미 공군 전방항공통제관(FAC). (Wikipedia)

공통제본부(TACC)를 통해서 지상통제관과 연결되며, 지상통제관이 직접 항공기의 공격을 통제했다.[61]

일반적으로 해병대 상륙부대는 육군과 비교 시 포병전력이 상대적으로 부족하여 상륙부대가 1,000야드 이내의 표적을 파괴하기 위해서도 근접항공지원을 요청했다. 그리고 해군 체계의 경우, 지상 통제관이 지상군 지휘관의 요청에 따라 화력을 지원하기 때문에 지상군이 원하는 표적에 신속히 전술폭격이 이루어질 수 있었다. 이를 위해 해군·해병대 항공기 조종사는 지상의 특성과 지상군의 장단점을 잘 알아야 했고, 적의 군사시설, 지형평가능력, 지상군 무기체계의 세부 성능과 제한사항 등을 숙지해야 했다. 그리고 해군·해병대 항공기는 전투지역 상공 대기로 반응시간을 줄임으로써 적시에 지원할 수 있었다. 일반적으로 근접항공지원 요청 후 임무 수행까지 약 5-10분이 소요되었다. 반면에 공군은 40분이 소요되는 근접항공지원이 문제가 되지 않는다고 인식했다. 따라서 미 해군의 체계는 항공기가 전투지역 상공에 대기하고 있어야만 적시에 화력을 지원할 수 있었다.[62]

② 그리고 항공기 통제 능력에도 차이점이 있었다.

이런 차이점은 지상군에 파견된 항공통제반(TACP)의 수를 보면 알 수 있었다. 해병은 전술항공통제반(TACP)이 1개 사단에 13개가 있었다. 각 대대(9개) 및 연대(4개)에

61) 최용희·정경두, pp.89-90; Southard, pp.62-64.
62) 최용희·정경두, pp.90-91.

배치되어 있어 항공기를 적절히 통제할 수 있었다. 반면에 공군은 각 연대에 전술항공통제반(TACP)이 1개씩으로 사단에 총 4개뿐이었다. 이 통제반의 숫자는 통제 능력 차이를 보여준다. 해군·해병대체계는 지휘관의 필요와 판단에 따라 즉시 운용할 수 있도록 조종사가 전선에 상주했다. 그러나 공군·육군체계은 주로 통제 항공기가 전선 인접 상공에서 통제하는 방식으로 지상과 밀접한 연락은 상실되었고 중앙통제소의 통제가 강조되었다.[63]

③ 조종사 사전 훈련도 서로 상이했다.

해군·해병대 시각에서 보았을 때, 항공지원은 우군 지상군에 인접해야 도울 수 있었기 때문에 조종사들은 전선의 특성과 지상군의 장단점에 대해 알 수 있도록 사전에 훈련을 받아야 한다는 것이었다. 해병 조종사들은 이 훈련을 받았으나 해군 조종사는 미흡했고 공군 조종사들은 이런 훈련을 전혀 받지 않았다. 이것은 교리상의 차이로도 볼 수 있었으나 공군 조종사가 CAS 임무 훈련을 받지 않은 이유는 다른 데에도 있었다. 한국전쟁 발발 이전에 미 공군의 예산 부족은 비행 훈련 연습에 제한을 가져왔다. 공군이 수행한 훈련은 CAS보다도 차단 훈련(interception exercises)과 제공 임무(counter air mission)에 집중되었다.[64]

세 번째 차이점은 '근접'이라는 의미(semantic)에 대한 인식의 차이였다.

용어 자체에 대한 인식으로 CAS의 의미를 각각 다르게 이해하고 있었다. 근접(가깝다)이라는 뜻을 해군·해병대는 50-100야드, 멀어야 1,600야드로 인식했으나, 공군은 평균 3-4마일 (5-6km)을 의미했다. 그래서 공군이 지원하는 공중지원을 해군·해병대는 종심 지원 또는 종심 공격(deep support/deep attack)이라고 했다.[65]

1951년 한국 전선의 미 해병대 전방항공통제관(FAC)이 Corsair 전투기의 폭격 후 그 결과를 관측하고 있다. (Wikipedia)

---

63) Cagle·Manson, p.72; 최용희·정경두, p.90; Southard, p.50.

64) Southard, p.52; Cagle·Manson, p.72.

65) Cagle·Manson, pp.72-73; 최용희·정경두, p.90; Southard, p.51.

앞에서 살펴본 바와 같이 공군과 해군의 근접항공 수행체계에는 상당한 차이점이 있었다. 자군의 근접항공 지원체계에 익숙했던 미 해군은 한국전쟁 기간 공군의 수행체계 아래서 근접항공지원작전을 수행하면서 적지 않은 문제에 직면하게 되었다. 전쟁 초기, 특히 부산 방어작전에서 발생했던 합동성에 관한 문제는 제7장 "항공작전의 합동성 문제"에서 다시 논의하려고 한다.

■ 부산방어선 내의 열악한 비행 환경

7월에 형성된 부산방어선(Pusan Perimeter) 내에는 비행장 3곳이 있었는데, 3곳 모두 환경이 열악했다. 부산 인근의 김해 기지(K-1)는 7월에 C-54의 이착륙으로 인해 활주로가 손상된 상태였고 거의 물에 잠긴 상태였다. 부산에서 북쪽으로 50마일 정도 떨어진 대구 기지(K-2)에는 4,800피트 길이의 비포장 활주로가 있었다. 그러나 곳곳에 웅덩이가 파여 진흙 위에다가 구멍 난

1951년 12월, PSP가 깔린 수영 기지(K-9) 활주로 모습. (Daum)

유공 철판(PSP: Pierced Steel Planking)을 깔았지만, 제트기나 대형 항공기가 이착륙할 수는 없었다. 부산에서 북쪽으로 55마일 떨어진 동해안의 포항 기지(K-3)는 7월 중순에 건설했지만, 역시 제트기나 대형 항공기가 이착륙하기에는 적합하지 못했다. 이러한 문제점을 해결하기 위해 공병들은 이전에 일본이 사용했던 부산에서 동쪽으로 9마일 정도 떨어진 수영 기지(K-9)를 개선할 방안을 찾기 시작했다. 하지만 수영 기지를 활용하기 위해서도 최소 9월 중순까지 기다려야 했다.[66]

1950년 8월, 북한군은 부산 인근의 유엔군 방어선을 향해 3개 방면, 즉 서쪽에서는 마산으로, 북서쪽에서는 대구로, 그리고 북쪽에서는 포항 방향으로 진격했다. 북한군은

---

66) 1950년 7월 1일과 2일 사이에 미 육군 제24사단 선발대(406명)와 대대장 스미스(Charles B. Smith) 중령이 탑승한 미 공군 C-54 Skymaster가 일본의 이타즈케(Itazuke) 공군기지를 이륙하여 김해 기지(K-1)에 착륙했다. C-54가 착륙한 이후 김해 기지 활주로 일부가 파손되었다. 나머지 부대원은 C-47 Skytrain 수송기로 한국에 공수되었다. 장호근(2023), p.168.

심지어 유엔군이 방어선을 구축한 낙동강 건너편에 교두보를 설치하기까지 했다. 미군은 부산방어선의 서남단을 안정시키기 위해, 마산 서쪽에서 진주 방향으로 진격을 시작하여 전쟁 중 처음으로 지상 공세를 개시했다. 미 공군 전력이 포항과 대구에 전개했지만, 북한군의 접근으로 두 기지에서 즉시 대피해야만 했다.[67]

■ 근접항공지원작전 강화

　　한국전쟁이 일어난 초기의 82일(1950년 6월 25일에서 인천상륙작전을 실시한 9월 15일까지)은 유엔군이 후퇴만 했던 위급한 시기였다. 이때 유엔군의 군사목표는 부산방어선(Pusan Perimeter) 사수였다. 이때 아래 4가지 형태의 작전은 한국전 초기의 한국 방어에 결정적인 역할을 하였다.[68]

　　① TF77의 근접항공지원, 정찰, 폭격 등 함재기의 지원
　　② 한반도 동해안을 따라 실시한 순양함과 구축함의 함포 공격
　　③ 적시에 수행된 미 제1기갑사단의 포항 상륙과 국군 제3사단의 해상 탈출
　　④ 미 제1해병사단의 신속한 적시 전개

　　위와 같은 작전에서 TF77의 함재기들이 수행한 CAS 임무에 대해 살펴보려고 한다.

　　8월 초, 북한군이 부산방어선을 돌파하기 위해 총공세를 펼치자 맥아더 사령관은 제7함대를 포함하여 모든 항공자산을 근접항공지원에 집중하도록 명령했다. 이에 따라 제7함대사령관은 항공모함 USS *Valley Forge*와 HMS *Triumph* 중에서 최소한 1척은 한국 연안에 주둔해 있도록 지시했다. 그리고 거의 같은 시기에 미 항모 필리핀씨(USS *Philippine Sea*, CV-47)가 TF77에 합류했다. 서해에는 호주, 캐나다, 네덜란드 전함도 전개했다. 이 항공지원에서는 육군과 공군의 허락 하에 해군·해병대 근접항공지원 개념을 적용하였다. 맥아더 장군도 현실을 인정한 것이었다. 부산방어선의 위기는 근접항공지원을 최우선 순위로 만들었다. 해군전술항공통제관들(Navy Tactical Air

---

67) Warnock, p.9.
68) Cagle·Manson, p.33.

Controllers)과 공군전방항공통제관들(Air Force Forward Air Controllers)의 직접 접촉으로 특히 통신문제가 해결되었다. 이는 치열한 전투가 벌어진 부산방어선을 사수 하기 위해 임시로 긴급 편성된 제1해병여단(1st Provisional Marine Brigade)을 지원 하는 작전이었기 때문이었다.[69]

8월 3일, USS *Sicily*는 일본에 선편으로 도착 한 제214해병비행대대(VMF-214)의 Corsair 전 투기를 탑재하고 일본에서 곧바로 제8군의 지원 에 나섰다. 이는 제8군 지원에 나선 첫 번째 해병 대 전투기였다. 제1해병여단은 미 항모 USS *Sicily*와 USS *Badoeng Strait*로부터 근접항공 지원을 받았다. 8월5일에는 USS *Philippine Sea*의 함재기들이 목포와 이리의 표적들을 공격 하였다.[70]

1950년 초 VMF-214의 모함인 USS *Sicily*.
(Korean War Chronology)

8월 전반기에 위에서 언급한 2척의 항모에서 제1해병여단을 직접 지원하기 위해 함재기들이 1,400여 회 출격했다. 이런 공격들은 전쟁이 시작된 후 계속된 몇 차례 공격 중의 하나였지만, 이런 항공지원으로 부산방어선에서 우군이 교두보 붕괴를 막을 수 있었고 우군의 진격에도 도움을 주었다. 8월과 9월에 부산을 방어하는데, 가장 중요 한 역할을 한 것은 호위항모 USS *Sicily*와 USS *Badoeng Strait*에서 이륙한 해병 조종 사들이었다.

9월 1일, 낙동강 전선에서 북한군의 마지막 총공세가 개시되자, 근접항공지원체제의 복잡성에도 불구하고 USS *Valley Forge*와 USS *Philippine Sea*의 함재기는 263회의 출격을 기록하여 북한군의 공세 저지에 일조했다. 9월 4일에 이르자, 적의 강력한 공격 이 둔화되었다.[71]

69) Cutler, pp.43-47; Knott, pp.299-302.
70) Field, p.134.
71) Utz, pp.65-67; Cagle·Manson, p.60.

■ 서남부 방어선 전투: 창녕·영산 및 마산 서부지역

부산방어선 서부 전투는 창녕·영산 전투와 마산 서부지역 전투로 구분할 수 있다. 창녕·영산 전투는 1950년 8월 5일부터 9월 6일까지 미군 2개 사단(제24·제2사단)과 북한군 3개 사단이 치열하게 싸운 33일간의 공방전이다.[72] 이 전투에서 미군은 대구·부산 간 퇴로를 차단하려는 북한군의 기도를 좌절시켰을 뿐만 아니라, 이곳에 투입된 북한 3개 사단을 재기불능 상태로 만들었다.

마산 서부지역 전투는 1950년 8월 2일부터 9월 14일까지 한국군과 미군으로 증강된 미 제25사단과 북한군 2개 사단(제6사단, 제7사단)이 진주·마산지역에서 치열하게 싸운 44일간의 공방전이다. 이 전투에서 미군은 마산을 거쳐 단숨에 부산을 점령하려는 북한군의 기도를 차단하였을 뿐만 아니라 이곳에 투입된 북한군 2개 사단에 막대한 타격을 주어 마산 서쪽의 위협을 제거하였다.[73]

이 지역 전투에서 TF77의 고속항모들이 공군 주도로 근접항공 지원을 실시하고 있는 동안에 호위항모 USS *Sicily*와 USS *Badoeng Strait*의 해병비행전대 함재기들은 해군·해병 근접지원방식으로 제1해병여단을 비롯한 지상군에게 성공적인 근접항공지원을 했다. 주요사건을 일자 및 전투 별로 간략히 정리하면 다음과 같다.[74]

1950년 7월이 끝나면서 제77기동부대(TF77)는 보급을 위해 오키나와로 철수했으며, 부산방어선에 대한 해군의 항공지원 책임은 호위항모에게로 이관되었다. 항공모함 중에서 USS *Sicily*가 최초로 활동하기 시작했다.

USS *Sicily*는 괌에 제21대잠전대를 내려놓고 7월 27일 일본에 도착했다. 그리고 31일 USS *Badoeng Strait*가 있는 고베(Kobe)로 가서 214대대 전투기를 서둘러

---

72) 이 전투를 1950년 8월 5일부터 8월 18일까지를 '1차전'으로, 8월 31일부터 9월 9일까지를 '2차전'으로 구분하기도 한다. "창녕·영산전투," 창녕·영산전투 - 나무위키.pdf, (검색일: 2024년 1월 1일).

73) 군사편찬연구소(2008), pp.272-273.

74) 위의 책, pp.272-312; Field, pp.131-170; Cagle·Manson, pp.59-63.

탑재했다. 그리고 31일 그날 오후 4시에 8대의 전투기를 출격시켰다. 이 항공기들은 JOC에 보고하자 낙동강 서부 특히 진주 지역을 공격하라는 임무를 받았다.

7월 31일, USS *Badoeng Strait*는 제214 및 제323해병비행대대(VMF-214, VMF-323)를 탑재하고 일본 고베에 도착하였다. 이 작은 항모는 F4U 70대, 정찰기 8대, 헬기 6대 그리고 관련 요원과 장비들로 매우 혼잡했다.

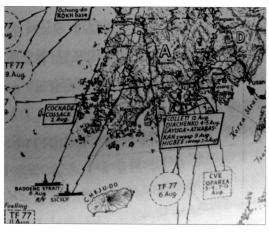

1950.8.2.-8.13 TF77의 부산방어선 화력지원 현황도, 좌하단 원 안에 8월 6일의 USS *Badeng Strait*와 USS *Sicily* 위치, 그리고 8월 11일의 TF77 위치가 표시되어 있다. (Field, p.136.)

1950년 8월 3일, 일본에서 출격한 제214해병비행대대의 Corsair 해병 전투기들은 그날 오후에 진주 부근의 북한군 집결지를 향해 최초 공습을 시작했다. 그 후 함재기들은 한국 연안에서 USS *Sicily*와 합류하여 부산에 막 도착한 제1해병(임시편성)여단을 지원하기 시작했다. 제1여단은 USS *Sicily*와 *Badoeng Strait*로부터 근접항공지원을 받았다.

1950년 8월 4일 오후, TF77은 지상군 항공지원을 위해 오키나와 버크너 만을 출발하여 북쪽으로 향했다. 5일 아침에 한국의 남쪽 해역에 도착하여 함재기를 출격시키기 시작했다. 처음으로 작전에 참여한 USS *Philippine Sea*의 조종사들은 군산 동쪽의 이리 부근 철도와 교량을 공격했다. USS *Valley Forge*의 함재기들도 부산방어선 북부 지역의 병력 집결지, 보급품, 교량을 집중적으로 공격했다. Corsair 2대는 대구 서쪽의 병력을 그리고 Skyraider 5대는 중부 전선의 적 예비대 병력을 공격하여 엄청난 사상자를 내게 했다.

미 제8군은 1950년 8월 5일부터 10일 사이에 진주를 목표로 역습하는 계획을 수립하였다. 이 작전의 주요 목적은 적 병력 일부를 마산 서부지역으로 투입하도록 강요하여 대구 정면을 향한 적의 압박을 제거하려는 것이었다. 제8군사령관은 미 공군의 주력을 마산과 남강에 집중해 지원하여 달라고 요청하였다.

1950년 8월 6일, TF77은 여전히 한국 남쪽 해역에 머물면서 합동작전본부(JOC)가 지정해주는 표적, 그리고 여수에서 황간 북부까지의 교량과 도로상의 표적들을 공격했다. 다시 한번 USS *Philippine Sea*는 병참선 파괴에 집중했고, USS *Valley Forge*는 JOC의 통제 아래 Corsair 24대, Skyraider 22대를 출격시켜, 진주의 적 병력 집결지를 공격했다. 특히 왜관과 김천 부근의 병참선 공격에 집중했다.

USS *Sicily*와 USS *Badoeng Strait*의 해병비행대대는 8월 8일까지 적 활동을 저지하는 지원을 했고, 인천지역에 대한 사전 공격과 공군의 통제하에 근접항공지원도 수행했다. 이 기동전단의 첫 임무는 제1해병여단에 대한 근접항공지원이었다. 제1해병여단은 8월 7일 도착하여 킨특수임무부대(Task Force Kean) 일원으로 육군 통제하에 진주 남측을 담당하는 부산지역작전에 투입되었다.

이렇게 시작된 전투는 진동리에서 진주 간의 '체크 정찰대'의 활동, 그리고 북한군 제6사단의 공격에 대응하여, 마산-진주 축선에서 반격한 제8군의 '킨특수임무부대의 반격작전'까지 연결되었다. 그리고 이들 전투에 항공력 지원이 집중되었다. 그 후 고성을 향해 공격하고 있던 미 제5해병연대는 미 항공모함의 함재기로부터 공중지원을 받았고, 봉암리와 고성 인근 전투에서도 유엔 공군의 지원을 받아 작전을 수행했다.

1950년, *Philippine Sea*의 비행갑판에서 무장 정비사가 폭탄을 이동하고 있다. 그 뒤에 AD-4 Skyraider 공격기가 보인다. (미 해군)

제1해병여단의 해병 전술항공통제반(TACP) 요원들은 몇 주일 전, 캘리포니아의 팬들튼 해병 기지(Camp Pendleton)에서 바로 이들 해병 조종사들과 근접항공지원 훈련을 했던 요원들이었다. 6일 동안 해병여단은 해병비행대대 Corsair 전투기의 지원을 받으며 서쪽으로 공격하면서 전진했다. 이때 해병 전투기들은 해군·해병 근접항공지원의 팀웍을 과시했다. 평균 6대의 항공기들이 주간 내내 여단 상공을 선회하면서 지상의 해병여단을 지원하였다. Corsair 함재기는 일반적으로 500파운드 폭탄이나 네이팜탄, 8발의 로켓, 기관총으로 무장하였다.

그리고 사천 동남쪽에서도 북한군의 공격을 받자 제5해병연대는 항모 함재기의 근접지원을 받으면서 역습을 시행하여 적을 제압하였다. 이 전투에서 미 해병대 함재기들은 평소 해병대 지상 병력과 함께 시행한 상륙전의 기량을 유감없이 발휘하여 정확한 지원사격을 하였다.

1950년 8월 10일, USS *Sicily*는 사세보 항에서 2일간 재보급을 받고 있었다. USS *Badoeng Strait*는 함재기를 44회 출격시켰다. Corsair 함재기들은 고성으로 진입하기 위한 배둔리 점령 작전을 지원했다.

8월 25일, TF77은 38도선 이북의 항공차단 임무로 전환을 건의하였으나 8월 말 북한군이 대규모 낙동강 도하작전을 시도하자 다시 근접항공지원으로 임무를 전환했다.

북한군은 창녕에서 8월의 1차 공세가 실패로 끝나자 공세를 멈추고 부대를 재편성하여 전력을 가다듬었다. 8월 31일 늦은 밤 적은 대규모 활동을 시작했다. 포항에서 함안까지 부산방어선 모든 전선에서 적의 맹공격이 시작되었고, 대규모 병력이 전선에 투입되었다. 모든 공중지원이 긴박하게 요청되었다.

1950년 9월 1일 아침 함안이 피탈되었다. 미 제25사단의 제1대대가 반격하기 전에 온종일 전투기가 출격하여 북한군 진지를 강타하였다. 미 공군 전투기들은 320km나 떨어진 일본 기지에서 출격했고, 한국 전선으로 항해 중인 항공모함 USS *Valley Forge*와 USS *Philippine Sea*에서는 함재기가 출격하여 공중지원을 했다. 9월 1일 오전, 서해에서 USS *Valley Forge*와 USS *Philippine Sea*의 함재기들은 서울 북쪽의 수송수단, 평양 인근 철교 조차장, 진남포 항만 시설 등을 공격한 후 귀환했다. 이날 정오쯤 JOC에서 TF77에 긴급히 요청했다. 그리고 오후에 Skyraider 12대와 Corsair 16대가 다시 출격했다. 오전에 임무를 취소하고 소환된(recalled) 함재기들의 공격이었다. 9월 1일, TF77이 남쪽으로 이동하고 항모 강습비행대대가 부산방어선을 지원하고 있을 때, 해병여단은 밀양과 낙동강 돌출부(bulge)를 향해 북으로 이동하고 있었다.

미 제1해병여단은 1일에는 밀양을 향해 북쪽으로, 2일에는 영산을 향해 서쪽으로 이동을 개시했다. 그리고 낙동강 돌출지역을 다시 공격하기 시작했다. 그러나 공중항공 통제기가 도착할 때까지 기다렸다. 2일 오후에는 통제기가 없었고, 3일은 TF77이 목포 서쪽에서 연료 보급을 받는 날이었다. 그리고 호위항모 2척(USS *Sicily*와 USS *Badoeng Strait*)도 모두 사세보에 있었다.

영산에서 3일 아침 적이 먼저 맹공을 시작했다. 지세가 험해 전투가 힘들었으나 정오쯤 해병대는 첫 번째 목표물을 수중에 넣었다. 근접지원을 위한 어떤 항공기도 해병대 상공에는 없었다. 일본을 통과하는 태풍의 영향 때문이었다.

9월 3일 제8군도 어려움에 부닥쳐 있었다. 그래서 제8군은 오전에 극동군사령부에 고속항모의 조기 귀환 및 지원을 요청했다. 이 요청에 대한 응답으로 극동해군은 목포 남쪽 해상에서 연료 보급 중인 TF77에 '제8군에 모든 지원을 다 하라'고 지시했다. 왜냐하면, 해병대 전투기들이 일본 지상기지의 악천후로 이륙할 수 없었기 때문이었다. 이날 오후 비교적 양호한 무전통신과 항공기 통제 상태에서 USS *Philippine Sea*의 함재기 22대가 마산 인근의 미 지상군 상공에서 임무를 수행했고, USS *Valley Forge*의 함재기 24대(6기로 구성된 4개 편대)는 광주와 삼천포를 공격했다. 일부는 악천후에도 불구하고 마산 인근을 공격하여 상당한 전과를 수립했다. 이곳에서 Corsair 6대는 적의 탱크 2대와 야포 25문을 파괴했고, 다른 2대는 적 탱크를 파괴한 후 병력 집결지에 기총 공격을 퍼부었다.

영산에서는 해병대가 공중지원이 없었지만, 9월 3일 오후에 서쪽으로 계속 진격했다. 해병대의 공격을 시작으로 역습에 나선 미군은 4일 영산을 탈환하고 5일에는 해병대가 적이 점령했던 능선을 되찾으면서 낙동강 전선 붕괴 위기를 넘겼다. 해병대가 서쪽으로 적을 밀어붙이는 동안, 9월 5일 TF77은 다시 북쪽으로 이동하여 서해로 진입했다

전투 결과, 1950년 8월 19일 미 지상군은 공중지원을 받아 북한군을 영산 교두보에서 낙동강 건너로 몰아내 제1차 낙동강 돌출부(bulge) 전투를 끝냈다. 제1차 영산 전투를 통해 공지합동작전의 중요성이 다시 한번 부각되었다. 영산이 위태롭게 되었을 때 포병의 화력지원도 효과적이었으나, 결정적인 역할을 한 것은 미 공군의 근접항공지원이었다. 작전 기간 중 유엔 공군은 1만 회에 달하는 출격을 하였다. 항공폭격 유도를 위해 전술항공통제본부(TACC) 및 전술항공통제반(TACP)을 운용하여 지상군 부대와 유기적인 협조체제를 유지하면서 근접항공지원을 효과적으로 실시하였다. 미 제8군사령관 워커(Walton H. Walker) 중장은 "미 제5공군의 협력이 없었다면 부산방어선의 확보는 불가능하였을 것이다"라고 기자들의 질문에 답했다. 특히 영산 전투에서 미 공군의 역할은 지대하였다.[75] 그러나 제2차 전투 시에는 태풍으로 인한 기상 악화로 인해 미 해병대는 TF77 함재기의 항공지원을 받을 수 없었다.

1950년 8월 5일부터 9월 3일까지 TF77의 함재기들은 JOC 통제 아래 총 2,481회

---

75) 군사편찬연구소(2008), pp.316-317; Warnock, pp.12-13.

의 공군식 근접항공지원을 실시했다. 그중 TACP(FAC, A/FAC)의 통제로 583회, 나머지 1,888회는 직접 인민군 부대, 탱크와 보급물자를 공격하는 무장 정찰 형태로 수행한 것이었다. 해군 항공기의 2,481회 출격과 더불어 해병 항공기의 1,359회 출격은 적군과 장비에 막대한 피해를 주어 부산지역으로 급속히 진군하는 적을 저지할 수 있었다. 적은 이러한 항공기 공격으로 주간에는 활동을 중단하여야만 했다. Corsair와 Skyraider 해군 항공기들의 중무장 공격은 전선에서 항상 환영을 받았다. 8월 대구에서 포로들을 심문할 때 "어떤 무기가 가장 두려웠느냐?"는 질문에 그

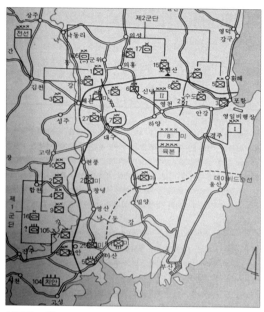

북한군 9월 공세 적아 배치상황도: 1950.8.31. (군사편찬연구소. 2008, p.51.)

들은 '파란 항공기들(blue planes)'이라고 대답했다.[76]

1950년 7월 초, 한반도 전체를 잃을 수 있는 위기에 처했을 때 맥아더 장군은 미 제8군이 안정되면 일본 고베(Kobe)에 있는 미 제1해병여단을 전선의 배후에 상륙시켜 적군을 공격하기 위한 계획을 수립하고 있었다. 그러나 부산지역 상황의 악화로 해병여단을 부산지역 방어에 투입할 수밖에 없었다. 8월 2일 해병여단은 부산으로 이동하여 8월 7일 낙동강 방어선에서 고전하고 있는 제8군의 부담을 덜기 위해 진주 지역을 방어하라는 명령을 받았다. 해병여단은 진주 지역으로 이동하여 6일 동안의 전투에서 20마일을 전진했다. 이것은 한국전쟁이 시작된 이후에 처음으로 성공한 반격이었다. 이때 해병여단은 적의 기동화부대를 전멸시켰으며 적 차량 대부분과 무기들을 노획하거나 파괴했으며 1,900명의 적을 사살했다. 이것은 부산지역을 방어하는 데 도움을 준 것 이상의 의미가 있었다. 한국에서 전투 중인 군인에게 정신적으로 힘을 주고 사기를

---

76) Cagle·Manson, pp.66-67.

올려주는 계기가 되었다. 그 후 해병여단은 제24사단의 2개 연대와 함께 영산 전투에 투입되어 낙동강 건너에 교두보를 확보한 북한군을 격퇴했다. 그리고 부산 방어를 위해 적의 공격 주력 중심부를 공격하는 임무를 수행했다.[77]

■ 동부 방어선 전투: 영덕 포항 지역

부산방어선 동부지역의 영덕·포항전투는 1950년 8월 1일부터 9월 14일까지 동해안의 영덕·포항 일대에서 국군 제3사단이 부산으로 진격하는 북한군 제2군단 예하 제5사단의 기도를 저지하고 반격작전의 발판을 마련한 전투였다. 동부지역 작전은 작전적 측면에서 유엔군의 육·해·공 합동작전으로 화력을 통합하여 성공시킨 대표적이 사례이자 한미 연합작전 체제의 터전을 마련한 전투로 평가되고 있다.[78]

1950년 8월 둘째 주가 끝나가고 있을 때, 부산방어선의 중요 작전지역은 영산 서쪽의 낙동강 전선, 대구의 북서부, 그리고 포항 근처의 동해안이었다. 당시 한국군 제3사단이 방어하고 있던 포항에서 위기가 발생했다. 8월 10일에는 한국군 제3사단이 포항 북쪽 10마일의 청하(淸河)로 피할 수밖에 없었다. 그리고 제3사단의 내륙에 있던 부대들이 철수 중에 고립되어 사단이 전멸될 위기에 빠지게 되었다. 포항을 방어하는 데는 전투기의 근접 항공지원과 해군의 함포사격 이외에는 아무 것도 없었다. 이때 워커(Walker) 장군이 해군에 제3사단 철수 지원을 요청하는 전문을 보냈다. 15일 오후 일본 사세보(Sasebo)에서 TF77이 출항하여 포위당한 사단에 추가지원을 하면서 차단 작전을 위해 동해 북부로 향했다. 그리고 16일 TF77은 적의 교량과 보급 집적소에 대한 차단 작전을 수행했다. 그러나 부산방어선의 압박이 심해지자, 근접항공지원 작전으로 임무를 전환하였다. USS *Philippine Sea*에서 이륙한 AD Skyraider 8대와 F4U Corsair 7대가 공중에서 임무가 전환되었다. (임무 전환 시에 통신에 문제가 있었으나 요청한 지원을 할 수가 있었다) 그리고 이날 11시 15분에는 제5공군의 요청으로 모든 공격이 근접지원으로 전환되었다.

---

77) *Ibid,* pp.67-68.
78) 군사편찬연구소(2008), p.542, 577.

8월 16일 오후 2시 45분, 청하의 우군 제3사단에서 철수 결정 정보가 도착하자 TF77의 주요 목표는 한국군 사단 보호가 되었다. USS *Valley Forge*의 함재기 2대가 대구 인근의 트럭, 보급품, 그리고 유류저장소를 공격했으나 활동 중점은 포항에 있었다. USS *Philippine Sea*에서 출격한 함재기 15대가 정오에 북한군 병력 집결지에 폭탄을 퍼붓고 기총소사를 했다. 12시 30분에서 오후 5시 30분 사이에는 USS *Valley Forge*에서 Skyraider 12대와 Corsair 11대를 포항지역으로 출격시켰다. 임무 결과는 아주 양호했다. 한국군 사단은 항공지원이 가능한 지역 내에 머물러 있었고 저녁 무렵 후퇴 준비가 이루어졌다.

8월 16일 밤 헬레나(USS *Helena*) 순양함과 호위 구축함 2척, 그리고 상륙함 4척이 출발했다. 상륙함(LST)들이 해변에 있는 지프 차량의 전조등(head light)를 보고 해변에 상륙하여 한국군을 탑승시켰다. 오전 04시 15분에 4척의 LST가 해안을 떠나기 시작했다. LST들은 군사 고문단 요원 23명, 한국군 제3사단 장교 327명, 사병 5,480명, 피난민 1,260명 그리고 차량 100대를 선적하고 바다를 향해 출발하였다. 다음 날 한국군 제3사단은 구룡포에 재상륙하여 전투에 재투입되었다. 8월 18일, 적은 포항 외곽으로 후퇴하였다.[79)]

1950년 8월의 마지막 10일 동안 부산방어선은 소강상태에 놓여 있었다. 서남쪽에서 패배하고, 또 낙동강 돌출부에서 패배하자 북한군은 주요 부대들을 해체하여 재편할 수밖에 없었다. 왜관과 포항 주변의 전장에서 적의 인명 피해는 심각했다. 8월 말이 되자 부산방어선에서 수행한 근접항공지원이 어느 정도 효과가 있었다. 실제적인 위급 상황을 제외하고 고속항공모함은 근접항공지원을 중지하였으며, TF77은 항공후방차단 임무로 전환하여 운용되었다.

8월 25일, TF77이 사세보 항에서 재보급 후 동해로 출항했다. 그날 USS *Valley Forge*의 Corsair와 Skyraider 함재기 3개 편대는 병력, 탱크, 트럭을 공격하여 훌륭한 전과를 올렸다. USS *Philippine Sea*의 제2비행전대(Air Group II)는 포항 북쪽의

---

79) Field, pp.146-149, 245-246; Cagle·Manson, pp.69-70.

적 병력을 소탕하는 것으로 공격을 시작했다. 그리고 Corsair와 Skyraider 함재기들은 낙동강 서쪽의 차량 집결지를 공습했다. 이런 공격은 포항 북서쪽 적 대대 병력에 기총소사로 이어졌다. 이 작전에서 지상 항공 통제사의 유능한 유도로 우군 지상군 100야드 이내에서도 전투기 기총사격이 이루어졌다. 이러한 성공적인 작전은 일상적인 일이 되어가고 있었다. 그 후 항공모함들은 야간에 북쪽으로 항해했고, 8월 27일 원산·청진 간에 해안의 수송단과 기타 표적, 그리고 원산항에 있는 선박들에 대해 공격하기 시작했다. 그러나 임무 결과가 좋았지만, 부적절한 통신, 형편없는 통신 군기, 그리고 효과적이지 못한 임무 통제 문제를 조종사들은 여전히 지적했다.[80]

부산방어선 작전에서 해군 항공기는 공군의 통제 아래에서 비효율적인 임무를 수행했다. 이런 문제는 CAS 항공기를 운용하는 통신 수단과 방법에서 기인한 것이었다.[81]

해군은 JOC와 항모 기동부대 사이의 미흡한 통신망이 비효율적인 임무를 만들었다고 보고했다. JOC의 무전 장비의 유효거리가 3마일로 제한되어서 해군 항공기들은 통신상태를 유지하기 위해 3마일 이내로 비행해야만 했다. 이러한 제한된 통신 거리 때문에 해군 항공기들은 다음 CAS 임무를 위해 JOC에 항상 전달하는 임무 준비 완료 (on station) 보고를 놓치곤 했다. 함재기들이 출격해도 지정된 공군 TACP와 무선 접촉이 불가능 경우도 많았다. 접촉되어도 실제 표적을 육안으로 보지 못한 공군 TACP가 표적 공격을 지시했다. 따라서 해군 항공기들은 지리좌표(경도와 위도) 그리고 지형 지물에 의존할 수밖에 없었다고 불평했다. 해군·해병대는 일본에 기지를 둔 공군 F-80보다도 TF77의 함재기 운용을 당연히 선호했다. 그리고 전선에 초근접 작전이 더욱 효과적인 CAS라고 믿었다.[82]

---

80) Field, pp.155-161.

81) Southard, pp.52-53.

82) JOC는 공군의 작전에만 적합한 4개 채널 VHF 무전기를 보유했다. 따라서 이것은 해·공군 합동작전을 위한 것이 아니었다. 이 무전기 채널은 과포화 상태가 되었고 통신은 자주 중단되었다. *Ibid*, p.58.

■ 왜관 북부 B-29의 융단폭격

　왜관·다부동·대구 북방 전투는 1950년 8월 1일부터 9월 14일 인천상륙작전 직전까지, 대구를 점령하려는 북한군 4개 사단과 이를 방어하는 미 제1기병사단이 싸운 치열한 전투였다. 왜관은 경부국도와 철도가 통과하는 전략적 요충지로서 대구의 관문 역할을 하였다. 따라서 적아 모두 이 지역의 확보는 전쟁의 승패를 결정짓는 중요한 열쇠였다.[83]

　북한군은 8월 15일부터 총공격을 재개했다. 낙동강 방어선 모든 전선에서 인민군의 총공세로 인해 미 제8군은 왜관 정면의 적에 대한 별다른 대비책이 없었다. 이에 미 측에서는 융단폭격을 생각하고, 이를 맥아더 사령관에게 건의했다. 맥아더 사령관은 극동공군사령관 스트레이트마이어(George E. Stratemeyer) 중장에게 왜관에 운집한 북한 인민군에 B-29의 융단폭격(carpet bombing)이 필요하다고 알렸다. 스트레이트마이어 장군과 그의 참모들은 전략 폭격기의 중대한 "오용(misuse)"이라고 믿었지만, 맥아더 장군의 지시에 따랐다. 이에 따라 융단폭격은 승인되었다.

　극동공군 폭격사령관 오도넬(Emmett "Rosie" O'Donnell) 소장은 B-29가 500파운드 폭탄으로 30평방 마일을 초토화하는 것이 가능한 지 계산해보았다. 그러나 이 목적을 달성하기 위해서는 B-29 승무원들이 육안으로 표적 지역 확인이 필요했다. 따라서 충분한 가시거리(visibility)가 확보되는 양호한 날씨가 선행되어야 했다. 전선과 평행하게 눈으로 보고 폭탄을 투하하기 위해서였다.

　8월 15일 폭격은 기상이 나빠 연기되었다. 그러나 다음 날 8월 16일에 다시 계획되었다. 폭격사령관 오도넬 소장은 지정된 폭격 표적 지역이 예상했던 것보다 매우 넓다는 통보에 실망했다. 폭 3.5마일에 길이가 7.5마일이었다. 약 4만 명의 적 병력이 주둔했을 것이라고 가정했지만, 표적 지역을 폭탄으로 초토화하기에는 너무 넓었다. 그런데도 B-29 폭격기 98대가 500파운드 3,084개와 150파운드 150개의 일반 폭탄(general purpose bomb)을 투하했다.[84]

---

83) 군사편찬연구소(2008), p.189.
84) William T. Y'Blood, *Down in the Weeds: Close Air Support*, (Air Force History and Museums Program, 2002), p.13.

그 다음 이어지는 작전상황은 국군 제1사단 사단장 백선엽 장군의 회고에서 알 수 있다.[85]

1950년 8월 15일은 위기의 절정이었다. 8월 15일 낮 나는 증원부대를 급히 요청토록 했다. 증원 요청에 대한 회신은 곧 날아들어 왔다. 증원부대가 투입될 테니 그 때까지 사력을 다해 전선을 지탱하라는 것이었다. 또 하나의 소식은 8월 16일 정오경 사단 측면의 낙동강 대안, 즉 왜관 서부에 '융단폭격'을 할 예정이니 전방 부대는 호를 깊이 파고 머리를 지면 위로 들지 말라는 통보였다.

왜관 서북방에 B-29 폭격기 99대 융단폭격 장면. (백선엽, 2010)

전황은 위급했으나 희망의 서광이 보인 것이다. 16일 새벽까지 최후 저지선 중에 우리의 손에 남은 것은 수암산 일부와 다부동 정도였고 나머지 전선은 붕괴 직전의 상황에서 혼전을 거듭하고 있었다. 증원부대와 융단폭격에 대한 소식은 장병들의 사기를 치솟게 했다.

미 공군의 한국전쟁사는 왜관 전면에 시행한 융단폭격을 이렇게 기록하고 있다.[86]
"1950년 8월 16일, 대구에 대한 적의 위협 때문에 제5공군은 전방 본부를 부산으로 옮겼다. 일본 요코다(Yokoda)와 가데나(Kadena) 비행장에서 출격한 B-29 98대가 대구 북서쪽의 왜관에 적 병력 주둔지로 의심되는 27평방마일 지역을 융단폭격(carpet-bombing raid)했다. B-29는 지상군에 대한 직접적인 지원으로 총 800톤(다른 기록에는 960톤)이 넘는 500 lbs(파운드) 폭탄을 투하했는데, 이는 제2차 세계대전의 노르망디 작전 이후, 가장 큰 규모의 작전이었다. 이 작전 후 적의 병력이나 장비에 피해가 거의 없었다는 것이 정찰을 통해 확인되었는데, 이는 적이 철수했기 때문이었다."
융단폭격이 끝난 뒤 공중·지상관측으로는 즉각적으로 전과를 확인할 수 없었지만,

85) 백선엽. 『길고 긴 여름날 1950년 6월 25일』 (서울: 도서출판 지구촌, 1999), p.69.
86) Warnock, p.13.

북한군을 향한 직접적인 피해와 파괴 효과는 크지 않았던 것으로 보였다. 폭격 후 극동공군 폭격사령관 오도넬 장군은 개인적으로 2시간 반 동안 표적 지역 상공을 비행기로 정찰했다. 그는 병력, 차량, 장비, 대공화기 등을 찾을 수 없었다. 공산군이 표적 지역에 있었다는 증거는 전혀 없었다. 그는 B-29의 융단폭격은 오용(misuse)이라고 판단했다. 극동공군 사령관 스트레이트마이어 장군은 맥아더 장군에게 전력 낭비였다고 항

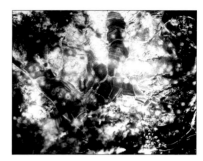

1950년 8월 16일 융단폭격 후, 왜관지구의 모습. (위키백과)

의했다. 이에 따라 2차로 계획되어 있던 19일의 융단폭격은 취소되었고, B-29는 본래의 전략폭격 임무를 수행했다.[87]

그러나 한국군과 미군은 융단폭격을 통해 유엔군 방어 지역에 대한 북한군의 야포 공격 감소, 그리고 북한군의 심리적 공황 발생과 병력분산 효과를 달성했다고 판단했다. 제8군 사령관 워커(Walton H. Walker) 중장도 이 폭격은 우군의 사기를 진작시켰고, 적의 사기를 저하하는 결과를 가져왔다고 보았다. 그러나 실제로 확인된 전과는 폭격 후 일시적으로 북한군의 포격이 약화한 것뿐이었고, 대구 정면에 대한 북한군의 압력은 조금도 감소하지 않았다.

여하튼 융단폭격 결과, 전선에 있는 북한군을 지원하기 위한 후방 물자의 보급 기지는 막심한 피해를 보았고, 이 폭격은 북한군의 사기를 크게 저하하는 효과를 가져온 것이 추후 북한군 포로를 통해 확인할 수 있었다.[88]

- ### ■ 적의 대규모 공세와 다시 등장한 B-29

1950년 8월 31일 자정, 북한군 지도부는 최후의 대규모 공세를 감행했다. 부산방어선 서남부로부터 북한군은 5개 사단을 투입하여 미 제25사단과 제2사단을 공격하기 시작했다. 그러자 9월 1일, 제8군은 제5공군에 근접항공지원을 요청했다. 제5공군은 일본에 있는 F-80 전투기를 투입과 동시에 일본 사세보 항에 있는 USS *Sicily*와 USS

---

87) "Y'Blood(2002), p.13.
88) 백선엽, p.70.

*Badoeng Strait*의 전개도 건의했다. 2개의 항공모함 중에서 USS *Badoeng Strait*의 함재기들은 9월 2일부터 한반도로 출격했다. 공군의 F-80 전투기들은 제25사단과 제2사단에 167회의 근접항공지원을 했다. 한편 함재기들은 합동작전본부(JOC)의 지시로 제2사단 지원을 위해 85회 출격하였으나 특별한 성과를 보지 못했다. 함재기들은 250마일 떨어진 일본에서 출격하여 임무 시간에 제한을 받았다.[89]

9월 첫 주에 북한군의 낙동강 방어선을 돌파하기 위한 공격은 치열했다. 워커 장군은 상황이 긴박하다고 보았다. 도쿄의 맥아더 장군은 근접항공지원에 다시 B-29의 사용을 지시했다. 9월 2일과 3일, B-29는 전선의 후방에 인접한 몇 군데 도시를 폭격했다. 또한, TF77의 함재기와 새로 도착한 해병대 비행대대의 모든 가용한 함재기가 전투에 투입되었다.[90] 9월 4일, TF77은 접근하는 미확인 비행물체를 레이다로 발견하였다. USS *Valley Forge*에서 출격하여 전투공중초계(CAP) 임무를 수행하던 Corsair 4대가 쌍발엔진 소련 항공기 1대를 확인하고 격추했다. 이 사건에 대한 소련의 반응은 전혀 없었다.[91]

그리고 인천상륙작전 하루 뒤인 9월 16일, 워커 장군은 반격을 시작했다. 그러나 제1기갑사단은 강한 저항에 부딪혔다. 그리고 또 다시 B-29의 도움을 요청했다. 16일과 17일에는 우천과 낮은 구름 때문에 지원 불가능했지만, 다음날은 기상이 양호하여 지원할 수 있었다. B-29 42대가 왜관 부근의 익숙한 지역으로 돌아왔다. 이번에는 2개의 작은 사각형 구역(가로 500야드 세로 5,000야드)을 폭격으로 초토화했다. 500파운드 폭탄 약 1,600개가 두 지역에 투하되었다. 제1기갑사단장은 그의 사단을 전진하게 한 이 폭격을 "멋지다(beautiful)"라고 표현했다.[92]

9월 초 낙동강 전선에서 공산군의 마지막 총공세가 개시되자, 근접항공지원체제의 비효율성에도 불구하고 항모 USS *Valley Forge*와 USS *Philippine Sea*는 263회의 출격을 기록하여 북한군의 공세를 저지하는 방어에 일조했다. 8월과 9월에 부산방어선

---

89) 군사편찬연구소(2008), pp.722-724.
90) Y'Blood(2002), pp.15-16.
91) Knott, p.303.
92) Warnock, p.16; Y'Blood(2002), p.16.

사수에 더욱 중요한 역할을 한 것은 호위항모 USS *Silicy*와 USS *Badoeng Strait*에서 이륙한 해병 조종사들이었다.[93] 9월 첫 주가 지날 때, 전투는 여전히 격렬했지만, 극동 전역의 부대들은 자기 역할을 모두 다 하고 있었다. 부산에서 가장 먼 북쪽 전선에서는 적의 총공세가 효과를 거두었다. 그러나 낙동강 동쪽과 포항 남쪽에서는 북한군이 남아 있기는 했지만, 압박이 약화하고 있었다.

9월 두 번째 주가 되자 극동군사령부가 처음에 선택했던 목표가 달성되었음이 분명해 보였다. 여러 어려움에도 불구하고, 제8군은 부산방어선을 고수하는 데 성공했다. 이제는 모든 것이 인천상륙작전에 달려있었다.[94]

■ 근접항공지원작전의 문제점

유엔군은 부산방어선을 계속 유지하였다. 유엔군은 미 해군·해병·공군의 항공지원을 받아 북한군의 부산방어선 돌파를 늦추었고, 이어서 중지시킬 수 있었다. 1950년 7월, 8월, 9월 초에 맹렬한 공격을 받고 있었을 때, 미 해군은 적들을 바다와 지상에서 공격하였고, 증강 병력과 보급품을 전장에 보냈으며, 인천에서 결정적인 반격을 할 수 있는 발판을 마련하였다. 이렇게 할 수

근접항공지원(CAS)으로 왜관 부근의 도로에 북한 T-34 탱크 2대가 폭파된 모습. (미 공군)

있었던 것은 한반도 전역에서 완전한 해상통제권을 장악하고 있었기 때문이었다.

그러나 부산방어선 작전 기간에 해군·해병대와 공군·육군의 근접항공지원은 서로 다른 개념으로 운영되고 있던 시기였다. 근접항공지원은 적군과 아군이 근접해 있어 아군의 항공기 공격이 적아 움직임에 잘 맞추어 실시하여야 하는 항공지원이다.

해군과 해병대 근접항공지원은 태평양 전쟁 때부터 지상군에 대한 해군의 지원 작전의 일부로 발전되어 항공기 몇 대를 항상 지상군 지휘관이 직접 통제하고 사용할 수

---

93) Cutler, p.45.
94) Field, p.170.

있도록 하였다. 따라서 몇 대의 항공기가 전선 상공에서 계속 체공하다가 우군 전선에서 50-200야드 이내의 표적을 공격했다. 이러한 공지합동작전을 위해 함재기 조종사들은 전선에 상주하는 훈련된 팀으로부터 지속적으로 정보를 받았다. 이러한 사전 준비로 유기적이고 효과적인 항공지원이 가능하였다.

반면에 공군과 육군이 발전시킨 근접항공지원은 2차대전 시 유럽 전선에서 발전된 것으로 항공기 통제권을 전선에 있는 지상군에게 주지 않았다. 항공기는 전선에서 합동작전본부(JOC)의 지시에 따라 전선에 도착하면 지상 요원들에 의해 통제되는 것이 아니라 공군에서 파견된 TACP가 지상과 공중에서 통제하였다. 그리고 공군체계의 근접지원 공격 목표는 전선에서 상당한 거리를 유지해야 했다.[95]

한국전쟁이 발발했을 때 공군 방식의 항공지원은 준비가 되어있지 않았다. 첫 번째 이유는 워싱턴의 고위층이 전술공군보다는 전략공군에 더 중요성을 둔다는 결정을 내렸기 때문이고, 두 번째는 극동공군이나 제8군의 임무에 근접항공지원을 위한 훈련이나 준비가 없었기 때문이었다. 결과적으로 해군 항모에 의한 근접항공지원이 부산지역을 방어하는 데 큰 역할을 하였지만, 해군 항모에서 이륙한 항공기가 제대로 통제체제가 구축되지도 않은 공군체계에서 지상군을 지원하게 되어 그 효율성이 대폭 저하되는 문제들이 발생하였다.[96]

특히 통신장비와 공용지도 사용이 문제가 되었다. 1950년 7월, 도쿄에서는 항공기와 지상 간의 통신문제를 해결하기 위해 노력하고 있었다. 극동해군사령관 조이(C. T. Joy) 제독은 그의 부대에 항공함포연락부대(ANGLICO)를 편성하여 육상 표적에 대한 해군함포와 해군 항공을 통제하는 임무를 부여하는 훈련을 집중적으로 실시했었다. 만약에 육군·공군이 항공통제를 위한 인원과 무전 장비를 제공할 수 없다면 ANGLICO가 공군과 해군 항공기의 지상공격을 통제하는 전방 요원들을 훈련할 수 있도록 준비했다. 조이 제독은 이러한 방안을 비롯하여 함대의 통신장비와 인력을 투입하는 방안도 검토

---

95) Cagle·Manson, pp.48-49.
96) *Ibid*, p.50.

하였으나 실현되지 않았다. 대신에 부산 방어작전 시기에 해군작전을 확대하기 위해 대구의 합동작전본부(JOC)에 전문요원(연락장교)을 파견하였다. 연락장교는 함재기와 지상 공군 항공기와의 차이점을 설명했고, 또한 함대와 JOC 간에는 직통 무선통신망을 개설했다. 그리고 연락장교는 공군 조종사들이 사용하는 WAC(World Aeronautical Chart)와 해군 조종사들이 사용하는 그리드(coded and grided chart) 지도 간의 차이점을 설명하고 보완책을 제시했다. 해군 연락장교와 JOC 공군 요원들은 표준화된 무장 탑재 코드도 만들었고 JOC와 TACP(FAC) 간에 통제역할을 분담하게 하여 해군 항공기들이 전선에서 불필요하게 체공하는 시간을 단축시켰다.[97]

부산지역 방어를 위한 근접항공 지원에 있어 해군 함재기의 막대한 공격력을 효율적으로 활용할 수 없어 안타까웠지만, 항모들은 매우 중요한 역할을 수행했다. 부산 방어 작전에서 유엔 지상군을 지원하는 해군 항모 함재기의 근접항공지원 작전은 항공기 출격의 약 70% 정도를 낭비했을 정도로 매우 비효율적이었다. 이런 문제의 가장 큰 원인은 ① 공대공, 공대지에 적합한 통신장비(proper communication facility)의 부족, ② 공용 지도(maps common to all)의 부족, ③ 상호 교환교육 (cross-education)과 공통 교리와 훈련(common doctrine & training) 부족으로 유추할 수 있었다.[98]

■ 항공모함의 필요성 대두

1950년 8월 초, 남한 지역에는 김해 기지(K-1)를 제외하고, 항공기를 운영할 수 있는 기지가 거의 없었다. 융단폭격 작전으로 B-29 전략 폭격기를 전술공군 임무에 투입하기도 했으나, 이는 긴급한 위협에 처한 지상군을 직접 지원하여 적을 격파하는 근접항공작전이 아닌 항공후방차단작전이었다. 후방차단 임무는 적이 후방에서 전선으

---

97) WAC 지도는 표적 위치를 정확히 지적(pin-pointing)하기가 불가능했다. 다만 대략 일반적으로 지역, 마을, 또는 강으로만 표시할 수 있었다. 따라서 WAC를 사용하는 공군의 FAC나 A/FAC(T-6 Mosquito) 통제관은 표적 위치를 경도와 위도로 환산해서 해군에 전달해야 했다. *Ibid*, pp.54-55.

98) *Ibid*, pp.58, 104.

로 인원, 장비, 물자 등을 수송하는 도로, 철로, 교량 그리고 병력 밀집 지역 등을 폭격하여 적의 병참선을 차단하는 작전이다. 부산 방어를 위해서는 근접항공작전에 이어 후방차단작전도 필요했다. 따라서 미 공군은 위기에 빠진 지상군의 전투를 직접 지원하기위해서는 일본에서 전술공군의 전투기를 출격시켜만 했다. 이러한 문제는 유엔 지상군이 낙동강까지 후퇴하여, 근접항공작전이 필요했을 때 더욱 심각하게 대두되었다. 그래서 해상에서 움직이는 기지(mobile airfield)의 항공전력, 즉 항공모함 함재기의 공중지원이 절대적으로 필요하게 되는 상황이 발생했다.[99]

1952년 한국 연안의 USS *Badoeng Strait* CVE-116. (Wikipedia)

앞에서 설명한 바와 같이 7월 23일, 미 제8군이 TF77에 "긴급 항공지원"을 요청하자 USS *Valley Forge*와 영국 항모 HMS *Triumph*를 동해로 급파되었다. 그리고 7월 25일 함재기들이 전쟁 발발 후 첫 근접항공작전을 수행했다. 연이어 7월 26일에도 동해의 USS *Valley Forge* 함재기들이 대구의 합동작전본부(JOC)에서 표적을 배정받았다.[100]

항모의 함재기들의 경우, 전선 인근의 해상에서 출격할 수 있었기 때문에, 일본에서 출격하는 공군기에 비해, 표적 상공에서 공격할 수 있는 시간이 충분했고, 무장도 많이 할 수 있었다. 여기에 더해서 근접항공지원 요청에 대한 대응시간이 지상기지에 주둔한 공군 전투기 보다 빨랐다.[101] 협소하고 일정한 구역의 근접항공작전만 전담하는 함재기들은, 광범위한 전선의 모든 전투기를 중앙집권적으로 통제하는 공군에 비해서 보다 신속하게 지상군의 요청을 지원했다. 따라서 낙동강 전선의 지상군 지원을 위한 근접항공작전은 미 해군과 해병대 항공모함 항공기를 주축으로 수행되었다.

---

99) 김인승, pp.121-123.

100) Knott, pp.295-296.

101) 실제 1950년 말 극동사령부 주관하에 실시된 연구에 따르면, 일본에서 출격한 공군 전투기의 경우 지상군의 지원 요청 후 표적까지 도달하는데 평균 67분이 소요되었으나, 함재기의 경우는 대략 5분에서 10분 정도였다. 김인승, pp.123-124.

낙동강 전선에 대한 근접항공지원 임무가 본격화된 8월에서 9월 초, 항모 전투기는 총 4,840회에 이르는 출격을 감행하였다. 이러한 함재기들의 활발한 활동은 낙동강 전선에서 대치 중이던 적의 병력 및 장비에 막대한 피해를 주었다. 따라서 움직이는 해상의 비행장 항공모함 함재기의 지상군 지원 필요성은 자연스럽게 대두되었다.[102]

한국전쟁의 초기라고 볼 수 있는 1950년 7월 25일부터 1950년 9월 15일 인천상륙 작전 직전까지의 전쟁을 검토해 보면 2가지 중요한 결과를 얻을 수 있다. 가장 중요한 것은 미 해군 없이는 한국에서 마지막 보루를 지키는 것이 불가능했을 것이라는 점이다. 전선의 동쪽에서 지원했던 함포사격, 적시에 이루어진 제1기갑사단의 포항 상륙, 한국 제3사단의 해상 구출, TF77 함재기의 항공지원과 제1해병여단의 반격은 부산을 지키는 데 매우 중요한 요소들이었다. 그리고 이와 더불어 한국, 일본, 미국 간 병력과 전쟁물자 를 수송했던 함정들이 중요한 역할을 담당하였다. 이러한 작전에 핵심적인 역할을 했던 미 항모들의 중요성은 아무리 강조해도 지나치지 않았다.

부산지역을 방어에 참가한 항모 4척(USS *Valley Forge*, USS *Philippine Sea*, USS *Silicy*, USS *Badoeng Strait*)의 지원에 대하여 맥아더 사령관은 다음과 같은 기록을 남겼다.

"부산지역을 방어하는데 해군 항모는 매우 중요했다. 우리가 육상에서 정상적인 항 공작전을 수행할 수 있도록 체제를 정비하기 전까지 매우 중요한 역할을 하였고, 그 이후에도 공군 항공기들이 지상 작전을 적절히 지원할 수 있도록 강력한 지원을 해주었 다. 그리고 부산전투의 두 번째 교훈은 근접항공지원의 기본원칙과 방식에서 해군과 공군이 서로 상이하다는 것이었다."[103]

부산방어선 근접항공지원 결과, 공군과 해군·해병대 간의 근접항공지원 상이점은 확인하였지만 해결되지 않았다.

---

102) 항모 함재기를 지상기지 전투기와 비교할 때 특별한 장점은 상대적으로 비행거리가 짧아 무장 과 연료를 만재할 수 있어 유리했다. 특히 지상기지 사용 불가했던 전쟁 초기 고립된 부산지역 방어에 결정적으로 중요역할을 할 수 있었다. 공군 B-26과 F-80이 일본에서 출격하여 지원했 지만, 거리 때문에 표적 상공에서 체공 시간이 짧았고, 무장도 제한되었다. F-80의 경우 기총 과 로켓만 무장 시 전투행동반경이 225마일 정도였지만, 날개 끝에 연료 탱크 대신 폭탄을 적 재 시에는 100마일로 감소했다. Knott, pp.295-296.

103) Cagle·Manson, pp.71-72.

제4장

인천상륙작전과 항공지원

제4장

인천상륙작전과 항공지원

  인천상륙작전(Operation Chromite)은 1950년 9월 15일 유엔군 사령관 맥아더 (Douglas MacArthur) 장군의 주도로 시작된 상륙작전으로, 한국전쟁 전반의 전세를 뒤집는 계기가 되었다. 2차 대전 시 태평양에서 육·해·공 합동상륙작전을 87회나 감행해 모두 성공시킨 바 있는[104] 맥아더 장군은 전쟁 초기부터 대반격작전으로 전환할 수 있는 상륙작전을 구상하고 있었다. 그는 북한군의 후방에 상륙하여 병참선을 차단하고 낙동강의 부산방어선에서 반격에 들어간다는 기본 전략을 구상했다.

  맥아더 장군이 상륙지점으로 인천을 택한 것은 전략적, 심리적, 정치적, 군사적 요인들을 종합하여 얻은 결론이었다. 북한군이 남진하자 보급로는 길어졌고, 대부분 보급로가 서울 인근을 통과했으며, 인천은 서울에서 15마일 정도밖에 떨어져 있지 않았다. 인천을 바다로부터 공격한다면 적의 보급로는 큰 타격을 받을 것이 틀림없었다. 또한, 맥아더 장군은 "전쟁의 역사를 보면 10번 중 9번은 보급로가 차단된 측이 패배하였다"라고 강조하였다. 그리고 인천 상륙이 성공한다면 전쟁을 조기에 끝낼 수 있어 희생자를 줄이고 혹독한 추위의 겨울에 전쟁하지 않아도 된다고 판단했다. 심리적 측면에서도 맥아더 장군은 인천 상륙의 성공은 전쟁의 흐름을 바꿀 뿐만 아니라 북한의 불법 침략 응징으로 공산주의의 확산을 막아 서방의 위신을 세울 수 있다고 생각했다.[105]

---

104) 이상호, 『맥아더와 한국전쟁』 (서울: 도서출판 푸른역사, 2012), p.47.
105) Cagle·Manson, p.77.

■ 상륙지역 논쟁과 결정

맥아더 장군이 계획을 발전시키는 동안 미 합동참모본부는 적 후방에 상륙하겠다는 상륙작전계획 자체에 대해서는 전적으로 동의는 했지만, 상륙지역을 인천으로 결정한 것에 대해서는 찬성하지 않았다. 미 합동참모본부가 반대한 핵심은 인천지역이 조수·수로·해안 조건에서 상륙작전에 많은 제한 요소를 갖고 있으므로 상륙하기에 적합한 장소가 아니라는 것이었다. 미 해군도 상륙작전 최악의 지형이라며 완강히 반대하였다. 해군의 일부 인사들은 작전 성공률이 1/5,000이라고 주장하며 강하게 반대했다.

사실상 인천은 상륙작전에 유리한 곳은 아니었다. 인천 앞바다는 조수 간만의 차이가 너무 크기 때문에, 특정한 날(9월 15일, 10월 11일, 11월 3일)의 정해진 시간에만 해군의 상륙용 함정이 접안할 수 있기 때문이었다. 그러나 맥아더 장군은 오히려 이런 난점이 적의 허점을 찌르는 기습이 될 수 있다며 인천 상륙의 주장을 굽히지 않았다. 결국, 미 합동참모본부는 1950년 8월 28일에 인천상륙작전에 대한 맥아더 장군의 계획을 승인했다. 이에 따라 맥아더 장군은 8월 30일에 인천상륙작전 명령을 하달했으며, 상륙작전 개시일을 9월 15일(D-Day)로 확정했다. 7월 초, 상륙작전 장소와 상륙 병력 확보 논의 과정에서 미 합동참모본부는 맥아더 장군에게 제1해병사단과 제1해병비행단을 지원하겠다고 약속했다.[106]

■ 기동부대 편성

1950년 8월 30일, 유엔군사령부 작전명령 제1호로 인천상륙작전의 대략적인 개념이 하달되었다.

D-Day에 미 제10군단이 인천을 공격해 점령한다는 것이었다. 제10군단의 지휘관은 극동군사령부 맥아더 사령관의 참모장인 아몬드(Edward M. Almond) 소장이었고, 미 제1해병사단과 미 육군 제7보병사단으로 구성되었다. 그리고 일부 한국인 병력도 충원되었다. 극동해군은 상륙군의 수송 및 인천 교두보 점령을 담당했다. 그리고 상륙군을 위해 항공지원, 함포사격 지원, 초기 군수 지원을 담당하기 위해 해군지원부대를

---

106) 국방부 군사편찬연구소, 『6·25전쟁사(6) 인천상륙작전과 반격작전』(서울: 국방부 군사편찬연구소, 2009), pp.107-109; 공군본부 역, Futrell 원저, p.176.

창설하기로 결의했다. 이어서 10군단은 첫 공격 이후 김포비행장과 서울을 점령하는 것이 목표였다.107)

[도표 2] 인천상륙작전 지휘체계

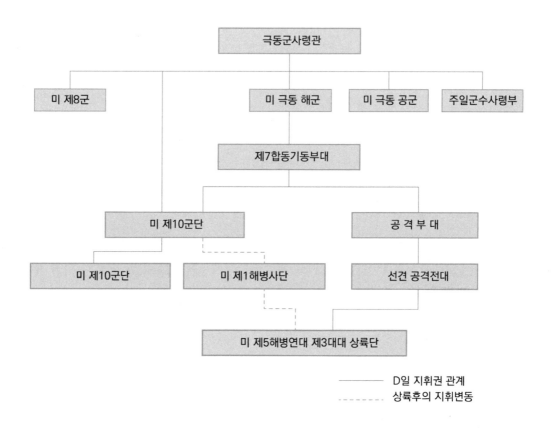

(출처) 군사편찬연구소, 『6·25전쟁사(6) 인천상륙작전과 반격작전』(2009), p.115.

　　맥아더 극동군사령관은 인천상륙작전의 성공적인 수행을 위해 상륙작전 교리에 따라 제7합동기동부대(JTF7: Joint Task Force 7)를 편성하고 제7함대사령관 스트러블(Arthur D. Struble) 중장을 사령관에 임명했다. 사령관은 본 작전에 참여하는 모든 해군과 상륙군을 총지휘했다. 그리고 이 JTF7은 제90공격기동부대(공격함대, 상륙사

---

107) 공군본부 역, Futrell 원저, pp.177-178.

단)를 포함해 임무별로 모두 7개 기동부대를 편성했다. 미국의 도일(James H. Doyle) 해군 소장이 지휘하는 제90공격기동부대는 상륙군 부대를 수송하고 해안교두보를 확보할 때까지 상륙군 부대의 작전지휘권을 행사하며, 상륙작전에 따른 해·공군의 근접항공 지원과 함포 지원을 통제하는 등 가장 중요한 임무를 부여받았다. 상륙작전 참가 병력은 약 75,000여 명, 그리고 동원된 군함은 한국 15척, 미국 226척, 영국 12척, 캐나다 3척, 오스트레일리아 2척, 뉴질랜드 2척, 프랑스 1척으로 총 261척의 대함대였다.108)

■ 항공지원 계획

작전상 혼란을 방지하고 항공력을 보다 효율적으로 운용하기 위해 미 해군과 공군은 각각의 작전영역과 임무를 구분하였다. 극동공군은 작전 지역 외부에서 정상적인 항공 작전을 수행하고, 인천상륙작전을 위한 항공지원은 미 해군·해병부대에 편성된 자체 비행부대에 의해서 수행하는 것을 원칙으로 했다.109) 따라서 상륙 장소로부터 반경 35마일(55km) 이내에서의 항공작전은 JTF7 예하의 고속항모기동부대가 전담하고 극동공군은 목표지역 밖에서 항공차단작전을 담당하기로 합의했다.110)

이러한 원칙 아래서 제10군단이 상륙하면 해병비행단의 지원을 받고, 이 비행단은 예하 비행대대의 일부를 김포 비행장에 주둔시켜 김포 공두보(airhead)를 확보하고 유지하기로 했다. 그리고 미 해군은 제5공군 합동작전본부(JOC)와 해군 전투정보본부 간에 통신선 설치에 합의했다. 그러므로 해병대 상륙 교리에 의거 제10군단장 아몬드 (Almond) 장군은 상륙작전 전선에서 그가 호출하면 언제나 즉각적으로 해병대의 항공 지원을 받을 수 있었다. 이에 따라 극동공군은 작전 지역 밖에서 일상적인 지상군 항공지 원과 적의 작전지역 접근차단 작전 그리고 제8군에 대한 근접항공지원을 계획했다.

---

108) 군사편찬연구소(2009), pp.87-88; 9월 14일 인천 근해에 집결한 제7합동기동부대 전력은 한국함정 15척을 포함하여 유엔함대의 전력 총 261척이었다. 한국함정은 PC 4척, YMS 7척, JMS 4척이 TF 90 공격부대로 참가하였다. 이인균. "인천상륙작전과 맥아더 장군(상/하)," 『월 간 영웅』 Vol.23/24, 2017년 9/10월.

109) 인천상륙작전 시 제10군단은 실제로 해군과 해병대의 전술 항공기를 작전 통제하였다. 이것은 상륙작전 시에는 해병비행부대가 상륙임무부대에 배속된다는 해병대의 교리에 부합하는 행동이 었다. 장성규, p.164.

110) 군사편찬연구소(2009), p.112.

그러나 필요할 경우 제5공군은 제187공정연대전투단을 수송, 엄호, 공중투하하고, 그리고 김포 기지(K-14)와 수원 기지(K-13)에서 화물 공수를 지원하는 임무를 맡았다. 한편, 극동공군의 전략폭격사령부는 D-10일부터 D-3일 사이에 서울과 서울 이북을 연결하는 주요 철도상의 모든 조차장에 B-29 폭격을 계획했다.[111]

극동공군은 한반도 공중활동의 일관성을 유지하기 위해 작전구역(35마일) 밖에서의 항공작전 임무를 제5공군에 위임했다. 따라서 제5공군은 한반도 상공의 공중우세 유지, 전투지역 차단, 그리고 미 제8군에 대한 근접항공지원 책임을 맡았다. 또한, 가능할 경우 제10군단의 긴급 항공지원요청을 수락하는 임무도 부여받았다. 제5공군사령관 파트리지(Earle E. Partridge) 장군은 인천상륙작전이 개시되면 해군·해병대 전투기는 상륙작전에 투입될 것이고, 제5공군은 공중우세 상태를 강화하면서 제8군을 전적으로 지원해야 할 것으로 판단했다. 이어서 스트레이트마이어(George E. Stratemeyer) 극동공군사령관은 폭격사령부에 상륙 목표지역 격리를 위해 항공차단작전을 강화하고, 북한 전략목표 공격을 계속하며, 전술항공지원, 사진 및 육안 정찰, 심리전 전단살포, 등의 특수임무를 실시할 것을 지시했다.[112]

또한, 스트레이트마이어 중장은 해병대를 지원하는 임무는 해병비행부대가 수행한다는 원칙에 동의하였다. 해병 항공전력으로는 제1해병사단에 제1해병비행단이 동원되어 있었다.[113] 8월 28일, 미 합동참모본부는 인천상륙작전를 승인하였을 때, 이 작전에서 항공지원이 결정적인 요소가 될 것이라는 점은 명백해 보였다.[114]

인천상륙작전에서는 함포 지원사격 유도를 위해 '항공함포연락중대(ANGLICO: Air Naval Gunfire Liaison Company)'가 지상군 부대에 파견되어 임무를 수행하였다. 항공함포연락중대(ANGLICO)는 해병대 사단에 편성된 제대로써 함포 지원 사격과 항공기 지원 공격을 유도할 수 있는 요원과 장비를 갖춘 유일한 부대였다. 그들은 인천상륙

---

111) 공군본부 역, Futrell 원저, p.180.
112) 위의 책, pp.182-183.
113) 군사편찬연구소(2009), pp.104-105.
114) Knott, p.303.

작전을 통해 전장에 처음으로 투입되어 임무를 수행했다. 인천상륙작전 당시 항공함포연락중대 (ANGLICO)는 함포사격소대와 항공지원소대로 구성되었다. 항공지원소대는 사단, 연대, 대대에 상주한 전술항공통제반(TACP: Tactical Air Control Party) 그리고 대대 전방항공통제관 (FAC: Forward Air Controller)을 통제했다. 1950년 9월 5일, 상륙작전을 위해 항공함포연락중대(ANGLICO)가 미 제7사단에 파견되었으며, 다시 사단사령부 및 보병연대, 대대 등에 배

인천상륙작전 당시 함대 상공을 초계 중인 제113전투비행대 소속 F4U-4B Corsair 전투기. (Public Domain)

치되어, 함포 지원사격과 근접항공지원을 유도하는 임무를 맡았다.[115]

또한, 인천상륙작전에서는 상륙작전 교리에 의거 미 해군 체계로 근접항공 임무를 수행하기로 결정하여, 함재기는 제10군단과 대대까지 파견된 전술항공통제반(TACP)의 지시를 받아 임무를 수행하였다. 이는 공군의 수행체계와 구별되는 가장 특징적인 사항으로 지상군 지휘관이 직접 지시한 표적을 공격하는 것이었다.[116]

- ■ 상륙일(D-Day) 이전의 주요작전

• 부대 이동 개시와 양동작전

1950년 9월 4일, 상륙지점인 인천을 고립시키기 위한 공습이 시작되었으며, 인천 상륙 일자가 다가오자 제7합동기동부대(JTF7)는 일본에서 9월 10일부터 인천을 향해 출항하기 시작했다. 상륙 당일 9월 15일 작전 개시일에는 함정 200여 척과 병력 7만여 명이 영종도 근해에 집결하여 작전이 시작되었다.

---

115) U.S. Pacific Fleet, *Korean War U.S. Pacific Fleet Operations: Commander in Chief U.S. Pacific Fleet Interim Evaluation Report No.1, Period 25 June to 15 November 1950.* U.S. Pacific Fleet, 1950, p.926. 최용희·정경두, "합동성 제고를 위한 6·25전쟁 초기 미 해군의 지상군 화력지원 실태분석," 『군사연구』 제145집, (충남: 육군본부, 2018), pp.79-80에서 재인용.

116) 최용희·정경두, p.80.

한편, 인천상륙작전의 작전보안을 유지하기 위한 양동작전으로, 9월 5일, 공군 폭격기들이 군산 항으로 연결되는 도로와 교량을 폭격하였다. 이 작전에 항모 USS *Badoeng Strait*와 영국 항모 HMS *Triumph*의 함재기들이 합세했다. 그리고 USS *Valley Forge*와 USS *Philippine Sea*는 적의 관심을 분산시키기 위해 서울과 평양 사이에 있는 표적을 공격했다. 9월 8일, HMS *Triumph*는 동해로 이동하여 원산 근방에 포격을 가했다. 계속해서 TF77 함재기들은 9월 12일 군산에, 9월 14일과 15일에는 삼척 일대를 폭격했다. 그리고 9월 15일에는 경북 영덕 남쪽 장사동 해안에 독립유격대학도병의 실제 상륙을 지원했다. 위와 같이 유엔 해군과 공군은 9월 7일부터 14일까지 동해와 서해에서 양동작전을 지원했다. 이 기간에 유엔 공군은 총 3,250여 회나 출격하여 전략·전술 표적을 강타하였다.[117]

• 사전 항공사진정찰과 공중폭격

그러나 상륙부대의 애로 사항은 작전을 위해 필수적인 인천 해안에 대한 정보를 충분히 보유하지 못한 것이었다. 상륙 해안과 인천 항구에 대한 정보가 대단히 부족했다. 사진들도 형편없었다. 지도는 더 심했다. 근접항공지원 지도는 미 육군 지원부대에서 급하게 만든 것으로 해도들도 거의 다 단색이었고 어떤 것은 일본이 2차대전 때 사용하던 것들이었다. 갯벌의 마찰력과 경사도 그리고 안벽의 높이에 대한 자료가 없었다. 제2차 세계대전이 끝난 다음 인천의 수로 조건을 미 육군에서 여

미 해군 상륙지휘함 USS *Mount McKinley*호에서 유엔군·극동군사령관 맥아더 장군이 인천을 포격하는 것을 살펴보고 있다. (미 해군)

러 차례 조사한 바 있었으나, 가장 기초적이고 기본 자료인 조석표(물때 시간표)조차도 부정확했다.

유엔군·극동군사령부는 8월 말부터 9월 초에 걸쳐 미 극동공군이 인천·서울 간의 항공사진정찰을 철저히 수행토록 지시했다. 극동공군에서도 8월 말과 9월 초에 이르는

---

117) 군사편찬연구소(2009), p.87; Knott, p.303.

수 주 동안 사진정찰 부대들이 인천·서울 지역 항공
사진을 촬영하고, 사진판독을 통해 적의 활동 징후를
찾아냈다. 그리고 해병들이 해안에 상륙하여 올라가
야 하는 해안 안벽(seawall)의 높이를 알기 위하여
미 오하이오주 라이트 공군기지(Wright Field in
Dayton Ohio)에 있는 미 공군 사진정찰팀의 지원을
받았다.

특수임무 요원이 인천 적색 해안 안벽의 높이
(15ft)를 측정하고 있는 모습.
Cagle·Manason(1957)

미 공군기지에서 파견된 특수기술반은 항공사진
분석을 통해 조석에 따른 인천 항의 방파제(안벽)118)
의 높이를 측정하고 확인하였다. 그리고 상륙 며칠
전, 극동공군은 해군이 상륙 시 필요로 하는 인천 만
조시간과 간조시간에 방조제의 정확한 해수면 높이
를 정찰 사진으로 판독하여 제공하였다. 전술 정찰기
RF-80이 200피트(60m) 저공으로 비행하면서 사각
(oblique)으로 촬영한 항공사진을 판독한 결과였다. 이 사진은 2만 여장이 복사되어
해군기동부대에 전파되었다. 공격부대는 이러한 항공사진 분석으로 상륙할 때 갈고리와
사다리가 필요하다는 결론을 얻게 되었다. 제90기동함대사령관 도일(James H. Doyle)
제독도 상륙작전계획이 발표된 이후 8월 12일, 미 해병대의 사진 정찰기 Corsair 프로
펠러 함재기를 출격시켜, 4일간 인천 항 일대의 항공사진을 촬영했다. 이를 분석한
결과 D-Day의 정확한 만조시간과 간조시간을 확인할 수 있었다.119) 그리고 그 밖의
가치 있는 정보는 소규모 첩보부대에서 나왔다. 부대원들은 직접 또는 간접적으로 갯벌

---

118) 미국 Wright 공군기지 (Wright Field, 현재의 Wright Patterson AFB, Dayton Ohio)에서
   파견된 특수 전문가팀은 장교 1명과 민간인 기술자 2명으로 구성되었다. 이 팀은 RF-80 제트
   정찰기가 촬영한 항공사진을 판독하여 조석(tital stage)에 따라 안벽(seawall)의 높이가 어떻
   게 변하는지 알아냈다. 그 결과는 실제와 차이가 몇 인치 정도로 아주 정확했다.
   Cagle·Manson, p.87; 공격부대는 이러한 항공사진을 분석한 결과, 상륙주정이 안벽에 바로
   상륙하기가 곤란하여 갈고리와 사다리가 필요하다는 결론을 얻게 되었다. 그래서 일본에서 많
   은 양의 사다리를 제작하여 함정에 싣고 왔다. 인천 북쪽 적색해안은 높이 15피트, 길이
   1,000피트의 암벽이었다. 이인균. "인천상륙작전과 맥아더 장군(상/하)."

119) 공군본부 역, Futrell 원저, pp.187-188; 이선호, "9월의 기적, 인천상륙작전,"
   http://www.newswinkorea.com/mobile/article.html? no=1674, (검색일: 2023년 9월 9일).

의 높이와 안벽의 높이를 측정하고, 적의 병력, 포대, 순찰 위치와 초소 등에 대한 첩보를 수집해서 보고했다. 또한, 이 첩보부대는 상륙군이 인천 근해의 좁은 수로를 안전하게 항해하는데 필수적인 사항은 팔미도 등대에 불을 밝히는 것으로 판단하였다.120)

9월 4일부터는 경인 지구를 고립시키기 위해 해병대 함재기를 투입하여 폭격에 집중하였다. 목표는 인천 반경 50km 이내의 도로와 교량 그리고 터널과 조차장 등이었다. 그리고 미 제5공군의 전투기들도 인천 교두보 확보를 위협할 가능성이 있는 적의 비행장의 전투기 소탕작전(fighter sweep)에 들어갔다.

그리고 극동공군 폭격사령부는 9월 9일부터 서울 이북지역의 적 철도를 공격하기 시작했다. 특정 지역을 고립시키기 위한 항공후방차단작전으로 폭격기 1개 전대는 조차장을, 2개 전대(전대 당 8대)는 철도망 파괴를 시도했다. 특히 서울·원산·평양을 연결하는 삼각지대 내의 철도, 교량, 터널을 폭격해 13일까지 중요 표적 46개소를 파괴 또는 절단했다. 그리고 9월 13일에는 B-29 60대가 안주·흥남 이남의 모든 조차장과 철도를 공격했다. 이는 상륙작전 저지를 위해 적이 전력을 증강하려는 시도를 지연시키기 위해 서울 북부지역의 철도망을 차단하는 작전이었다. 상륙 전날 14일에도 B-29 폭격기 60대가 출격하여 경인 지구로 향하는 모든 철도망을 파괴하여 적 병력과 보급품 등의 수송을 일체 불가능하게 하였다.121)

한편, 9월 10일 해병 비행대 전투기 14대가 월미도를 공격하기 시작했지만, TF77의 해군 함재기들은 이미 12일부터 월미도를 공격했었다. USS *Sicily*와 USS *Badoeng Strait*의 Corsair 함재기들이 월미도를 네이팜탄으로 맹폭하여 무력화시켰다. 그리고 인천지역의 표적들도 폭격하였다. 9월 11일, 미 공군 전투기들은 북한의 신막 공군기지 상공을 초계 중에 적의 야크(Yak) 전투기 1대와 기종 불명의 적기 1대를 격추했다. 12

인천상륙작전 상륙지점

---

120) Cagle·Manson, pp.88-89.
121) Warnock, p.16; 공군본부 역, Futrell 원저, p.188-189.

일에는 전투기 1개 편대가 평양 공군기지를 급습해서 야크기 3대를 격파하고 1대에 손상을 입혔다. 이런 활동들은 작은 전과였으나 상륙작전을 개시할 때, 적의 저항을 그만큼 줄이는 효과를 가져올 수 있었다.[122]

9월 13일, 기동함대는 월미도 전방까지 접근하여 정박했다. 함포 지원함들은 인천의 좁은 수로를 향해, 그리고 구축함 6척, 순양함 2척, 영국함정 2척은 외항으로 진입했다. 상공에서는 TF77 소속 Panther 제트기들이 엄호했다. 함정들이 함포사격 위치로 이동하자, 항모 USS *Philippine Sea*에서 이륙한 Skyraider 프로펠러 전투기가 폭탄, 로켓, 기총사격으로 월미도에 맹공을 가했다. 9월 14일에도 월미도에 항공 및 함포사격은 계속되었다. 항모 USS *Valley Forge*의 어느 조종사는 "섬 전체가 마치 면도를 하고 난 뒤의 모습과 같았다"라고 말하기도 했다.[123] 상륙작전 개시일이 임박하면서 극동공군이 상륙지역 밖에서 상륙 이전에 해야 할 임무를 수행하고 있는 동안 극동해군의 JTF7은 인천으로 향하고 있었다.

■ 실제 작전

상륙 해안은 월미도 북단, 인천 북단 해안 벽 지역, 인천 남단 갯벌 지역 등 3곳을 선정하고 이를 순서대로 녹색해안, 적색해안, 청색해안으로 명명했다.

• 월미도 점령 (녹색해안)

9월 15일 00:00시 선견공격전대가 구축함을 선두로 인천 수로로 진입하였다. 새벽 05시 40분, 순양함과 구축함들은 인천 주변 여러 표적에 대한 공격 준비를 했다. 이어서 항모 USS *Badoeng Strait*와 USS *Sicily*에서 이륙한 해병 Corsair 전투기들이 폭탄, 로켓, 기총으로 월미도를 다시 공격해 초토화시켰다. USS

인천상륙작전에서 해안벽을 넘는 상륙군.
(Halliday·Cumings, Korea: The Unknown War, 1988)

---

122) Knott, p.30; Utz, pp.80-81; 공군본부 역, Futrell 원저, p.189.
123) Utz, pp.80-82; Knott, p.303.

*Valley Forge*와 USS *Philippine Sea*의 함재기들은 해상에서 전투공중초계 비행하면서 적의 증강을 차단하기 위해 인천의 후방 도로를 하늘에서 감시했다. 상륙시간(L시)은 06:30분이었다. L시 15분 전, 상륙 제1파가 최종 질주하는 것을 엄호하기 위해 해병비행대대(VMF-214, VMF-323)의 Corsair 전투기들이 상륙주정 상공을 지나 해안선을 맹공격하였다.124)

미 5해병연대 3대대 상륙단은 상륙주정 7척에 분승해 해상에 설정된 공격개시선을 통과했다. 마침내 모든 포격이 중지되고 해병 항공기의 엄호 아래 돌격파들이 전속력으로 상륙을 개시했다. 돌격 제1파는 거의 아무 저항도 받지 않고 적 해안에 06:33분에 상륙하였다. 상륙에 성공한 대대장은 "08:00시 현재 월미도 확보"라고 보고하였다. 그 후 함재기의 지원을 받으면서 정오에 섬 소탕 작전을 종료했다.125)

• 막간(a short interlude)의 기동부대 활동

월미도 상륙 성공 후, 조수가 나갔다가 들어오는 8시간의 기나긴 기다림이 계속되었다. 아직 해병대원들이 적색해안과 청색해안을 공격하기 전이었다. 기동부대의 함정과 해군·해병대 함재기들은 인천 시내의 적들을 포격했다. 인천에 주둔한 북한군 해병연대와 해안포연대는 미 해병대 Corsair 전투기 8대의 (매시간 반마다 실시한) 확산탄과 네이팜탄의 공격을 받아 약화되었다. 해군 항모 함재기 12대는 적을 압박하기 위해 서해상에서 정찰과 내륙 강습 작전을 수행했다. 14시 55분 경, 같은 날 두 번째로 17시 30분 상륙명령이 하달되었다. 구축함, 순양함들이 적의 증원군을 차단하기 위해 인천 시내 도로를 향해 포격을 가했다. 그리고 미 함정들이 적색해안을 포격하고 있을 때, 영국 순양함들도 청색해안 주변을 포격했다. 동시에 미 해군·해병대 함재기 Skyraider와 Corsair 전투기들이 공격에 합세했다.126)

---

124) Utz, p.84; Knott, p.304.

125) 군사편찬연구소(2009), pp.126-128.

126) Utz, pp.85, 87; "[6·25 결정적 전투들] ⑤인천상륙작전,"; "월미도," 월미도-위키백과, (검색일: 2023년 9월 22일).

제1해병연대 해병을 싣고 적색해안 상륙을 위해 공격 개시선으로 이동 중인 상륙주정(LCVP). 정찰 결과 해안벽(seawall)이 예상보다 높다는 것이 확인되어 해안벽을 오르기 위해 일본에서 대충 만든(crudely built) 나무 사다리를 운반 중이다. (NARA)

1950년 9월 15일, 미 해병 로페즈 (Baldomero Lopez) 중위는 그의 소대가 적색해안 해안벽을 넘도록 지휘하였다. 이 사진이 찍히고 몇 분 후, 로페즈 중위는 적의 수류탄으로부터 부하들을 구하고 전사하였다. (Utz, pp.91-93.)

• 인천 해안 상륙 (적색해안, 청색해안)

9월 15일 새벽 월미도 상륙이 준비되고 있을 때 모든 공격함대 함선들이 대부분 인천 수로 입구의 해역에 집결하고 있었다. H시가 17:30분으로 확정되고 공격부대사령관의 상륙명령이 하달되었다. 사전 계획에 따라 미 해군 및 해병 항공기들이 폭탄과 로켓탄, 그리고 기총사격으로 해안을 강타하였다. 마침내 상륙주정과 수륙양용차량들이 공격개시선으로 이동하였다. 미 제1해병연대와 제5해병연대의 제1파들은 청색해안과 적색해안의 공격개시선을 통과하여 전속력으로 해안을 향해 돌격하였다. H시간-5분, 함포사격이 멈추고, 항공기들이 마지막 폭격이 이루어지면서 돌격파들이 상륙에 성공했다.[127]

최초의 상륙은 1시간 만에 이루어졌지만, 인천상륙작전은 하루 만에 완료되지 않았다. 그 이유는 상륙이 가능한 만조시간이 단지 1시간 정도뿐이었기 때문이었다. 1시간 작전 이후에 함대는 먼바다로 나갔다가 다음 만조시간까지 12시간을 대기했다가 다시 진입해야만 했다. 이렇게 하루 2회씩 5일간, 총 10회에 걸쳐 병력, 물자, 장비 등의 상륙작전을 진행했다.[128]

---

127) 군사편찬연구소(2009), pp.129-131.

73

■ 상륙 후 항공지원과 비행장 탈환[129]

인천상륙작전 D일, 9월 15일에 상륙작전 항공지원을 위해 전술항공통제본부(TACC: Tactical Air Control Center)가 공격 수송함(attack transport) 죠지 클라이머(USS *George Clymer*, APA-27)에 설치되었다. 이 통신센터는 공격 단계에서 직접 항공기를 통제하지는 않았고, 단지 통신을 감시하고, 항공작전 상황의 전개를 파악하는 이동형 통신 센터(mobile communication hub) 임무를 수행했다.[130]

9월 15일, 아몬드(Edward M. Almond) 장군이 지휘하는 제10군단의 미 제1해병사단과 미 제7보병사단이 상륙하였다. 미 제1해병사단에는 한국 해병대 연대급 부대의 일부, 그리고 미 제7보병사단에는 한국 육군 17보병연대의 일부가 배속되어 있었다.

9월 15일, 17시 30분경 만조시간에, 해병은 인천에 최초로 상륙하는 데 성공했다. Corsair와 Skyraider 전투기가 해안을 연타했고, 상륙주정이 해안으로 접근할 때 적들이 머리를 들지 못하게 상륙주정 위로 저공비행을 했다. 자정까지 13,000명의 해병이 해안에 상륙했고, 인천 시가지는 유엔군의 수중에 들어왔다. 인천상륙작전의 성공이었다.[131]

맥아더 장군은 해군과 해병대를 극찬했다.[132] 합동기동부대의 사상자도 적었다. 단지 비행기 2대를 손실했으나 조종사들은 모두 구조되었다.

9월 15일 정오, 항모 USS *Boxer*가 전장에 도착하였다. USS *Boxer*의 제2비행전대(Carrier Air Group 2)는 4개의 Corsair 비행대대와 1개의 Skyraider 비행대대를 보유하고 있어, 상륙돌격을 지원하는 이상적인 조합을 이루고 있었다. 이 항모는 2개월 동안 한국 전역에 항공기를 수송하기 위해 3차례나 태평양을 횡단했었다. 인천상륙작전의 주력은 해군과 해병대였다. 3척의 미 해군 고속항모(USS *Valley Forge*, USS

---

128) "인천상륙작전," 인천상륙작전-나무위키 (namu.wiki), (검색일: 2023년 9월 9일).

129) 군사편찬연구소(2009), p.304.

130) Southard, p.62.

131) Knott, p.304.

132) 맥아더 장군은 "해군과 해병대가 오늘 아침보다 더 찬란하게 빛난 적은 일찍이 없었다(The Navy and Marine have never shone more brightly than this morning.)"라고 극찬했다. 이인균. "인천상륙작전과 맥아더 장군."; Utz, p.109.

Philippine Sea, USS *Boxer*)와 2척의 호위 항모(USS *Badoeng Strait,* USS *Sicily*) 함재기들이 공중폭격과 근접항공지원을 하였다. 또한, 초계기들은 초계, 호위, 정찰, 대잠임무를 수행했다. 그리고 영국 항모 USS *Triumph*의 Seafire와 Firefly 전투기는 유엔 해군에 공중엄호를 수행했다. '또한, 영국 공군의 2개 Sunderland 비행정(flying boat) 대대가 초계와 정찰에 동참했다.133)

9월 16일, 미 제1해병사단이 해안교두보 확보했다. 그리고 경인 국도를 축선으로 하여, 제5해병연대는 김포 기지(K-14)를 확보하기 위해 계속 진격했고, 제1해병연대는 시내 소탕 작전을 완료 후, 인천을 확보하고 교두보를 강화한 후에 서울로 진격하였다. 이들을 공중 지원하기 위해 제일 먼저 활동을 개시한 것은 해상의 함재기들이었

한국전쟁 미 해병대 F4U-4 Corsair 전투기. (Wikipedia)

다. 항모 USS *Sicily*의 제214해병비행대대(VFM-214) Corsair 2대가 해병대 전열 약 1마일 전방에서 적 탱크를 공격해 파괴했다. 그러나 항공기 1대가 적의 대공포에 맞아 화염에 싸였다.134) 인천 상륙 2일 동안(9월 15일~16일) 제1해병여단의 피해는 사망 24명, 실종 2명, 부상 196명으로 총 222명이었다.135)

9월 17일, 북한군이 인천의 유엔 해안교두보를 역습하였다. 그리고 북한 공군이 인천 앞바다의 상륙군을 처음이자 마지막으로 한번 공격했다. 17일 새벽 야크기 2대가 제7합동기동부대 기함(USS *Rochester*)을 공격했으나 실패했다. 이 중 1대는 도주했고, 1대는 영국 순양함 HMS *Jamaica*를 공격하다가 격추되었다. 이에 따라 극동해군사령관 조이 해군 중장과 극동공군사령관 스트레이트마이어 공군 중장은 적의 기습 공중공격에 대비할 것을 강조했다.

---

133) Knott, pp.383-384.
134) Utz, p.100; Knott, p.304; 군사편찬연구소(2009), p.138.
135) Cagle·Manson, p.78.

제1해병연대 대원들은 T-34 탱크를 앞세운 북한군을 격퇴하면서, 그리고 Corsair기의 엄호를 받으면서 서울 진입을 위해 진격을 계속했다. 제5해병연대는 김포 공군기지 남쪽 끝을 장악했다. 17일 오후, 미 해병대는 김포 비행장을 탈환하고 한강 서쪽 강둑을 따라 전개했다. 해안교두보(beachhead) 확보 작전 중에 TF77의 고속항모 3척이 추가로 함대에 합류했고, 항공모함 USS *Boxer*에서 출격한 함재기들이 공중엄호를 했다.136)

제10군단의 병력이 상륙 중 해안에서 전투를 시작할 때 제1해병비행단이 근접항공 지원을 했던 것처럼, 지상에서 제1해병사단이 임무를 수행할 때도 항공지원을 했다, 제5공군은 제1해병사단의 모든 대대에 FAC을 파견했고, 제7보병사단에도 동일하게 FAC를 상주시켰다. 이들 FAC는 제10군단 본부 인근에 있는 전술항공지시본부(Tactical Air Direction Center)와 통신이 직접 가능했다.

AD Skyraider 프로펠러 전투기는 한국전쟁에서 뛰어난 전투기임이 증명되었다. Skyraider는 체공 시간이 길었고 많은 양의 폭탄을 적재할 수 있었다.
(Naval Aviation News)

전체적으로 인천 상륙 후 서울 수복 작전을 수행할 때, 미 제1해병사단에는 20개의 전술항공통제반(TACP)이 제공되었다. 이는 적어도 각 보병대대에 1개의 전방항공통제관(FAC)이 배치되었음을 뜻했다. 상륙한 미 제7보병사단에는 공군과 해병대 양측의 9개 TACP가 함께 배치되었다.137)

9월 18일, TACP를 통제하는 해군의 항공함포연락중대(ANGLICO)가 인천에 상륙하여 본격적으로 인천상륙작전 이후의 함포지원사격과 근접지원 항공기 유도 임무를 수행했다. 같은 날, TACP가 해안에 상륙하자 CAS 작전을 통제하기 시작했다. 인천 상륙 2일 후, 해병대 FAC는 TACP 지시에 따라 첫 번째 CAS 임무를 수행하기 시작했다. 그리고 9월 18일 TACC 지휘관이 수송선 죠지 클라이머 (USS *George Clymer*)에

---

136) Utz, pp.103-104; Warnock, p.16; 공군본부 역, Futrell 원저, p.190.
137) 공군본부 역, Futrell 원저, p.191; Southard, p.62.

서 하선하여 김포 기지를 정찰했다.[138]

9월 18일, 제10군단 선발대는 김포 기지를 완전히 장악하고 정리했다. 그리고 진격 중인 해병대를 지원하기 위해 순양함들과 미 해군 Skyraider 함재기들이 김포의 한강 북서쪽 양안의 북한군을 공격했다. 같은 날 제33해병비행전대(Marine Air Group 33)의 선발대가 김포 기지에 도착했다. 그 이후 제212해병비행대대(VMF-212)와 제312해병비행대대(VMF-312)의 Corsair 전투기, 그리고 제542비행대대(VMF-542)가 보유한 미국 Gruman 항공사 제작의 F7F-3N Tigercat 야간 전투기가 일본에서 도착하였다. 해병대 전투기들은 김포 기지 도착 다음 날부터 근접항공지원 작전을 수행했고 야간에 서울 방면 보급로를 폭격했다. 그리고 또 다른 2개 비행대대는 항모에서 작전을 수행했다. 제10군단이 작전지역 내에서 극동공군에 전투기의 항공지원 요청은 하지 않았으나, 증원병력과 보급품 수송을 위한 전투공수 소요는 매우 컸다. 따라서 지상의 공군기지 탈환이 매우 중요했다.[139]

9월 19일 오전 10시 55분, 미 공군 전투공수사령부는 김포 기지의 포장된 활주로에서 수송기가 이착륙을 시작할 수 있다고 판단했다. 19일 오후 김포 기지에 극동공군 전투공수사령부의 C-54 수송기가 착륙하기 시작했다. 연이어 C-54 8대와 C-119 23대가 지상군 병력, 야간 조명 장비, 보급품, 그리고 임시 전투지원부대 병력(280명)을 공수했다. 한편, 제1해병사단은 계속해서 서울로 진격하였다. 한강 북쪽에서는 도하 준비를 하고, 남쪽에서는 산업단지를 탈환하기 위한 전투가 시작되었다. 이 전투에서 근접항공지원은 제212해병비행대대(VMF-212)와 김포 기지로 전개한 제542해병야간 전투비행대대(VMF(N)-542)가 담당했다.[140]

9월 20일 이후, 해병대가 상륙용 장갑차로 도강 후, 강둑 반대편에 거점을 설치했다. 이때 USS Sicily의 제214해병비행대대(VMF-214)가 항공지원했다. 유엔군의 진격이 계속되었고, 전투공수사령부의 김포 기지 사용이 정상적으로 이루어지자, C-54는 일본

---

138) Southard, p.63; 최용희·정경두, p.80.

139) Tigercat은 쌍발 프로펠러 엔진의 2인승 야간 전천후 전투기로 레이다가 장착되어 있었고, 20미리 기관포 4정, 1,000파운드 폭탄을 탑재할 수 있어 지상군 지원에 이상적인 항공기였다. 따라서 주 임무는 야간공격, 특히 항공후방차단작전과 폭격기 호위, 그리고 공중전투초계(CAP)였다. Knott, pp.304-305; 공군본부 역, Futrell 원저, p.191.

140) Utz, p.105; 공군본부 역, Futrell 원저, p.192; Warnock, pp.16-17.

으로 귀환할 때 항공의무후송작전을 수행했다.

9월 21일, 북한군이 김포 기지 북서쪽의 우군 진지를 공격했으나, 항공모함 함재기들의 항공지원과 함포사격으로 적을 전멸시켰다. 해병대가 영등포에서 적의 격렬한 저항에 부딪히자 USS *Badoeng Strait*의 제323해병비행대대(VMF-323) Corsair 전투기들이 영등포의 북한군을 격퇴하기 위해 항공지원을 실시했다. 그리고 해군 Skyraider 함재기가 수원 시내에 전개하고 있던 적을 공격해 저항을 둔화시켰다. 이러한 활동이 계획대로 이루어진 후, 스트러블(Arthur D. Struble) 제독은 제7합동상륙기동부대(JTF7)를 해산하고, "인천상륙작전(Operation Chromite)"의 작전통제권을 제10군단장 아몬드(Edward M. Almond) 장군에게 인계했다.141)

제10군단의 지상군 사단들이 내륙 깊숙이 진격하면서 보급품 부족에 시달리게 되자, 9월 21일 C-119 수송기 9대가 최전선에 탄약과 식량을 투하했다. 9월 24일에는 C-54 수송기 8대가 새로 점령한 수원 기지(K-13)에 착륙하여 탄약과 식량 등 65톤을 하역했다. 이어서 25일에서 27일까지 제10군단 측면 방어를 위해 공

1950년 9월 김포 기지에서 C-54가 군수품을 하역하고 있다. (미 공군)

정부대 전투단을 공수했다. 1950년 9월 28일 서울이 탈환되었고 서쪽의 상륙군은 남쪽의 유엔군과 연결되었다. 10월 3일, TF77는 서해의 작전구역을 떠나 일본 사세보(Sasebo) 항으로 귀환했다.142)

인천 상륙과 서울 수복 작전 기간에 보병을 위한 CAS 임무는 주로 해병대 항공기들이 수행했다. 10월 8일, 상륙군 항공지원을 통제했던 TACC 지휘관은 제5공군에게 김포기지 통제를 인계했다.143)

---

141) Utz, p.105; Knott, p.305.
142) 공군본부 역, Futrell 원저, p.192; Knott, p.305.
143) Southard, pp.63-64.

■ 작전 결과

1950년 9월 15일, 새벽에 미 해군이 인천 항의 월미도에 대한 공격을 개시했고, 한 시간도 되지 않아 월미도를 점령했다. 이어서 오후 만조시간에, 함포사격과 공중폭격 이후 제10군단 본진의 상륙이 이루어졌다. 사전에 계획한 대로 미 해군 함재기와 해병대 항공기들은 상륙작전 기간 중 공중엄호와 근접항공지원을 수행했다.

인천상륙작전의 항공지원에는 항공모함과 해병 전투기, 그리고 미 공군기가 참여했다. 그러나 작전상 혼란을 방지하고 항공력을 더욱 효율적으로 운용하기 위해 사전에 작전영역과 임무를 구분하였다. 상륙 장소로부터 반경 35마일(55km) 이내의 상륙 목표 지역 안에서의 항공작전은 제7합동기동부대(JTF7) 예하의 고속항모 기동부대가 전담하고, 미 공군은 목표지역 밖에서의 항공차단작전을 수행했다.

이에 따라 극동공군은 8월 말부터 9월 초에 걸쳐 인천·서울 간의 항공사진정찰을 했고, 이어 9월 초부터는 철도망 등을 폭격하여 경인 지구로 향하는 모든 철도망을 파괴해 적이 병력과 보급품 등의 수송을 일체 불가능하게 하였다. 9월 7일부터 14일까지 유엔 공군은 총 3,250여 회나 출격하여 전략·전술 표적을 강타하였다.

상륙작전 D일의 화력지원은 순양함과 구축함들의 순차적인 함포사격에 이어 함재기의 항공지원으로 이루어졌다. 그리고 사전 협조에 따라 상륙 시 항공지원은 미 해군·해병부대에 편성된 자체 항공부대에 의해서 수행되었다.

인천상륙작전의 성공은 낙동강 전선에 접근하는 북한군의 주 보급로를 차단할 수 있어 적에게는 치명적인 위협이 되었다. 그리고 미 제8군이 북으로 진격하여 적에게 압력을 가해 나감에 따라 낙동강 전선의 적군을 급속히 와해시켰다. 따라서 북한군은 유엔군의 함정에 빠지지 않기 위해 서둘러 북쪽으로 후퇴했다. 그리고 이어서 유엔군이 서울을 탈환함으로써 적의 모든 병참선이 차단돼 전쟁 상황을 완전히 역전시켰다.

인천상륙작전의 주력은 해군과 해병대였다. 3척의 미 해군 고속항모(USS *Valley Forge*, USS *Philippine Sea*, USS *Boxer*)와 2척의 호위 항모(USS *Badoeng Strait*, USS *Sicily*) 함재기들이 공중폭격과 근접항공지원을 수행하였다. 또한, 초계기들은 초계, 호위, 정찰, 대잠 임무를 시행했다. 그리고 영국 항모 USS *Triumph*의 Seafire와 Firefly 전투기는 유엔 해군에 공중엄호를 수행했다. '또한, 영국 공군의 2개 Sunderland 비행정(flying boat) 대대가 초계와 정찰에 동참했다.

이 작전에 한국군과 유엔군이 약 7만 5천여 명이 참가하여 8천여 명의 사상자가 발생했고, 북한군은 약 1만 명이 방어작전을 했고, 5천여 명의 사상자가 발생한 것으로 추후 추정했다.[144]

인천상륙작전은 해군력이 해양에 인접된 적에게 얼마나 큰 결정적인 힘을 행사할 수 있는지를 보여주었다. 순양함, 구축함, 프리깃함, 항공모함은 유엔의 공군력과 함께 해상통제권을 확보하여, 공산측 지원국들이 그들의 정책을 재고하게 했다.[145]

그리고 인천상륙작전의 성공은 미군의 조직에도 영향을 미쳤다. 미국은 2차대전 이후 군사력을 대폭 축소했다. 2차대전 당시 1,200만 병력과 900억 달러의 국방비를 1949년에 120만 병력과 130억 달러 수준으로 감축했다. 이러한 대대적인 감군과 예산 감축에 따라 1945년 미 해군은 610척의 상륙함정을 보유했었으나 4년 후에는 91척으로 줄었다. 또한, 한국전쟁이 일어났던 1950년에 미 해병대는 전면 축소 개편되어 있었다.[146] 그리고 해군의 주장과는 달리 전략공군의 중요성이 강조되어, 전쟁 후 미 해군에서 첫 신형 항모를 건조할 예정이었으나 취소되었다. 그러나 인천상륙작전의 성공으로 미 해군 항공모함의 필요성과 미 해병대 상륙작전의 중요성이 다시 대두되었다.

인천상륙작전에서 배운 가장 중요한 교훈은 대량살상무기(원자탄)의 위험을 피하기 위해서, 상륙할 때 군함과 병력이 집결하는 전통적인 방식을 바꾸어야 한다는 것이었다. 그리고 미래의 전쟁 상황을 예측하여 상륙주정 대신 헬기를 운용해야 한다는 것과 더 빠른 상륙함, 특히 신속히 물자를 하역할 수 있는 상륙함이 필요하다는 점을 제시하여 주었다. 더욱 중요한 것은 인천상륙작전이 미군 내에서 해병대의 전투력 위치를 확고하게 해준 점이었다.

인천상륙작전에서 또 하나의 교훈은 기본적인 지형정보와 지도와 같은 전술 정보의 필요성에 대한 인식이었다. 그러나 인천상륙작전을 이해하기 위해서는 작전의 독특한

---

144) 군사편찬연구소(2009), pp.191-193.
145) Utz, p.107.
146) 이선호, "9월의 기적, 인천상륙작전."

상황을 알아야만 한다. 이 작전에서는 적의 잠수함과 해상 공격이 없었고, 적 항공기의 공격도 없었으며, 상륙지역에서도 적의 저항이 비교적 가벼웠다는 점을 기억해야 할 것이었다.[147]

한국전쟁에서 작전 중인 미 해군 HO3S-1 헬리콥터. (Wikipedia)

미 항모 USS *Boxer*에서 F4U Corsair가 이륙을 위해 대기하는 동안 HO3S 구조 헬기가 공중에서 대기하고 있는 모습.(Naval History and Heritage Command)

원산상륙작전 기뢰 소해[148]

인천에서 교훈을 얻은 적은 원산 항을 방어하기 위해 항만과 접근로에 대량의 기뢰를 부설하였다. 이를 제거하기 위해 미 해군 항공 소해 부대가 소집되었다.

1950년 10월 3일, 경순양함의 HO3S-1 헬리콥터[149] 1대가 기뢰부설 지역의 소해정을 지원하기 위해 투입되었다. 이는 기뢰 제거를 위해 항공기를 운용한 최초의 시도 가운데 하나였다. Corsair와 Skyraider 전투기가 기뢰 지역에 1,000파운드 폭탄을 투하하였다. 결과적으로 항공기, 특히 헬기는 기뢰 탐색에는 매우 유용하지만 기뢰 파괴에는 효과적이지 않다는 사실을 알게 되었다. 10월 9일, 전투 해역에 미 항모 레이테

---

147) Cagle·Mason, pp.105-106.

148) Knott, p.306..

149) Sikorsky 미 항공사의 H-5(HO3S) 헬리콥터는 1946년 상용으로 사용되기 시작하여, 미 공군 (R-5), 해군/해병대(HO3S-1), 해안경비대에서 사용한 다목적용 헬리콥터로 조난자 구조, 의무 후송에 활용했다. 미 해군도 한국전쟁에서 HO3S-1을 운용했다. 이 헬기는 적지에 격추되어 조난당한 유엔군 조종사 구조와 전선에서 사상자를 의무 후송하는 임무를 수행했다. 전쟁 중에 이 임무는 H-19 Chickasaw로 교체되었다. (Wikipedia).

(USS *Leyte*, CV-32)가 도착하였다. 10월 12일, 소해정 2척이 기뢰와 충돌하여 침몰되었다. 승조원을 구출하는 과정에서 위협을 가하는 적의 해안포를 항모 USS *Leyte*의 Corsair의 함재기들이 제압하고 구출 작전이 종료될 때까지 상공에서 대기하였다.

그동안 TF77의 고속항모 3척은 원산상륙작전 지원을 위해 서해에서 이동했다. 그리고 USS *Leyte*와 합류했다. TF77 항모의 제3항모비행전대(Carrier Air Group 3)는 2개의 Panther 제트기 비행대대, 2개의 Corsair 비행대대, 1개의 Skyraider 비행대대를 보유하고 있었다. 한국전쟁 최초로 4척의 고속항공모함이 TF77에 편성되었다.

10월 14일부터 제312해병비행대대(VMF-312)는 원산 기지(K-25)에서 작전을 개시했다. 3일 후 제513해병야간전투비행대대(VMF(N)-513)가 합류했다.

Flying Nightmare라는 별명의 제513대대는 Corsair 야간전투기를 보유하고 있었다. 이들 2개 비행대대는 빠르게 북으로 전진하는 한국군에게 (지상기지에서 출격하여) 근접항공지원을 실시했다. 항만에 기뢰가 제거되지 않았기 때문에 미 공군 수송기가 지상의 기지에 항공연료를 공수했다. 며칠 후 기뢰가 제거되자 10월 25일 해병은 저항 없이 원산에 상륙했다. 제1해병비행단은 이미 원산에 전개해 있었다. 10월 22일, 항모 USS *Boxer*가 엔진 문제 때문에 미국으로 귀항했다. 고속항모 기동부대는 다시 3척의 항모로 줄었다. 전반적으로 적이 퇴각하였기 때문에 항공모함은 예비로 운영될 수 있었다.

1952년 원산비행장에 주기된 "Flying Nightmare" 제513해병야간전투비행대대 (VMF(N)-513)의 F7F-3N Tigercat. (Google)

제5장

장진호전투와 항공지원

1950년 11월, 유엔군이 북한 지역 대부분을 점령하는 데 성공했다. 그러나 제한전쟁으로 우군 항공기는 국경을 넘어 만주 상공으로 비행할 수가 없었다. 이런 상황에서 11월 1일에는 소련제 후퇴익 제트기인 MiG-15가 중공군의 성역, 만주에서 출격해 '미그 회랑(MiG Alley)'에 최초로 출현했다. 당시 유엔군은 중공군의 개입을 예상은 했으나 낙관적인 판단으로 이를 저지하는 데 실패했다. 11월 말 중공군의 본격적인 참전으로 전세가 역전되었고, 맥아더 장군은 "전쟁이 완전히 새로운 국면(an entirely new war)에 접어들었다"라고 미 합참에 보고했다.[150]

장진호전투는 1950년 11월 개마고원으로 진격했던 미 제1해병사단이 11월 말부터 12월 초까지 거의 약 4배에 달하는 중공군 제9병단과 조우한 전투였다. 이 중에서 제1해병사단의 후퇴 작전, 즉 장진호전투는 장진호 서쪽 지역에서 시작해서 장진호 남쪽 끝의 하갈우리, 죽음의 계곡, 고토리, 황초령으로 이어졌다.

이 철수 작전에서 미 해군 함재기와 해병대 전투기의 근접항공지원(CAS), 그리고 미 공군의 전투공수(combat airlift) 임무가 중요한 역할을 했다. 이 작전에서 수행된 항공지원 임무들을 여기서 소개하고자 한다.

---

150) Warnock, pp.21-24.

■ 중공군 개입

　중공군의 개입 가능성은 6월에 전쟁이 발발하면서부터 유엔 측의 우려 사항이었다. 만일 중공군이 전쟁에 개입한다면 공산주의 종주국 소련이 배후에 있을 가능성이 있었기 때문이었다. 1950년 7월, 중국이 한반도 전쟁에 개입하게 될 때 소련에 항공지원을 요청하였으나 확답을 받지는 못했다. 그 후 유엔군이 9월 15일, 인천상륙작전에 성공하자 중국은 유엔군의 북진을 방관하지 않을 것이라고 여러 차례 경고를 해왔다. 그리고 10월 7일 유엔총회의 '통한 결의(統韓決意)' 이후 미군이 38도선 이북으로 진격하자, 미국의 침략전쟁은 중국의 안보에 지대한 위협이라고 경고했었다.151)

압록강을 건너 북한 땅으로 진입하는 중공군. (강규형 외, 『김일성이 일으킨 6·25전쟁』 2021, p.68.)

　반면에 인천상륙작전 성공 이후 한국전쟁 종결에 대한 미국의 견해는 낙관적이었다. 맥아더 사령관은 전쟁이 크리스마스 전에 종결될 것이라는 생각을 하고 있었다. 그러나 중국은 미국의 판단과는 상이하였다. 아이러니컬하게도 맥아더가 웨이크 섬(Wake Island) 회담에서 투르먼(Harry S. Truman) 대통령에게 중공군의 개입 가능성은 거의 없다고 자신 있게 말한 10월 15일 바로 그날 중국은 한국전쟁에 참전을 결정했다.152)

　중공군 선발대는 16일에 한반도에 진입했고, 19일에는 주력이 국경을 넘었다. 17일 개입과정 중에 지원군사령관 펑더화이(彭德懷)는 예하 지휘관들로부터 소련의 항공지원 없이 전쟁에 개입하는 문제와 혹한기의 열악한 장비를 이유로 전쟁 개입을 연기 또는 보류하자고 건의하는 전문을 접수하기도 했다. 공식적으로 중공군, 즉 인민해방군은 10월 25일 전쟁에 개입했고, "공격해 오는 한국군과 유엔군을 깊숙이 유인해 섬멸한다"라는 이른바 '유인격멸작전'을 계획했다.153)

---

151) 장호근, 『6·25전쟁과 정보실패』 (서울: 인쇄의창, 2018) p.135, p.143; "Chosin Reservoir: Battle, Fighting Retreat, Evacuation," Chosin Reservoir (navy.mil), (검색일: 2023년 8월 18일).

152) 장호근(2018), pp.144-145.

153) 위의 책, pp.148-150; Chosin Reservoir(navy.mil).

11월 초, 중공군이 전선에서 식별되었다. 유엔군은 공군력이 중공군 이동을 저지하고, 압록강 교량 파괴로 병참 지원을 원거리에서 미리 막을 수 있을 것으로 믿었다. 그러나 중공군의 개입으로 유엔군은 남으로 후퇴해야만 했다. 이는 미 공군에게 있어서, 공중우세를 달성하려는 목표와 함께, 만주에서 유입되는 전쟁 물자를 차단하는 작전을 동시에 집중적으로 수행해야 할 시기가 왔음을 의미했다. 당시 유엔군은 낭림산맥을 기준으로 북한 서쪽 산악지역을 미 제8군이, 그리고 동쪽을 미 제10군단이 담당했다. 제10군단에 소속된 미 제1해병사단은 장진호를 거쳐 낭림산맥을 넘어 강계로 진출해 미 제8군과 연결해 통일을 마무리하는 임무를 부여받았다. 10월 말에 개입을 시작한 약 30만 명의 중공군 중에서 제9병단 약 12만 명이 장진호 방향으로 진입했다. 이를 상대하는 유엔군은 스미스(Oliver P. Smith) 소장의 미 제1해병사단, 그리고 제1해병비행단 및 영국군을 포함해 약 3만 명이었다.154)

11월 5일, 제77기동부대(TF77)는 일본에서 출동했다. 중국과 한반도를 연결하는 총 17개의 북한 지역 교량을 폭파하기 위해 늦었지만, 함재기와 지상의 공군기들이 출격하였다. 그러나 교량 폭격은 제한전쟁 때문에 어려웠다. 예를 들면 압록강에서는 교량을 직각으로 공격해야만 했다. 그것도 교량의 남단만 표적으로 허용되었다. 그리고 소련제 후퇴익 MiG-15 제트전투기의 출현으로 우군기에 대한 위협은 가중되었다.155)

11월 8일, 동해의 USS *Valley Forge*와 USS *Philippine Sea*에서 Skyraider, Corsair, Panther 함재기가 신의주와 연결되는 압록강의 철도와 고속도로를 공격하였다. 프로펠러 전투기 Skyraider와 Corsair는 로켓과 기총, 폭탄으로 공격했고, 제트전투기 Panther는 프로펠러 전투기를 엄호했다. 11월 9일과 21일 사이에도 북한 지역 교량을 공격했다. 해군 함재기들이 신의주와 북한을 연결하는 도로와 교량 파괴를 시도했으나 철도 교량은 성공하지 못했다. 반면에 혜산진의 교량 2개는 파괴에 성공했다. 그리고 그 밖의 교량도 일부 파괴하기는 했다. 11월 18일, USS *Valley Forge*와 USS *Leyte*의 함재기 조종사들은 교량을 공격하던 중에 미그기와 조우하기도 했다. 항공모함

---

154) 장호근(2023), p.174.
155) Knott, pp.307-308.

함재기들이 11월 한 달 동안 거의 600회의 출격하여 교량 폭파 공격을 하였으나 기적적으로 1대의 손실도 없었다. 이 시기는 대부분 중공군이 북한에 이미 진입한 후였고, 강이 얼어 적들은 도보로 강을 건널 수 있었다.[156]

■ 유엔군의 대비

1950년 10월, 유엔군이 평양과 원산을 탈환한 이후 제5공군에는 새로운 전진기지가 북한 지역에 생겼다. 따라서 열악한 환경에서도 작전이 가능한 F-51 Mustang과 같은 프로펠러 전투기를 전진기지로 배치하기 시작했다. 또한, 미 해군도 제1해병사단이 10월 25일 원산에 상륙하여 장진호 방향으로 진격을 시작하자, 제77기동부대(TF77)는 만약에 대비하여 항공지원을 수행할 준비를 하기 시작했다.

• 미 공군의 전진기지 전개

11월 중순에 유엔 공군의 F-51 Mustang이 포항 기지(K-3)에서 함흥 인근의 연포 기지(K-27)로 이동했다. 이어서 F-51 Mustang 비행부대들이 수영 기지(K-9)에서 동평양 기지(K-24, 미림)로, 그리고 수원에서 평양 기지(K-23, 순안)로 전개했다. 이제 F-51 전투 폭격기들은 전선에 매우 가깝게 되어, 보조 연료탱크도 필요 없게 되었다. 그러나 전진기지의 조건은 매우 좋지는 않았다. 평양 기지들의 활주로 표면은 바퀴 자국으로 깊게 패 있었고 균열되어 있었다. 그리고 먼지와 진흙으로 뒤덮여 있어 문제가 되었다. 이착륙 시 먼지구름이 항공기를 뒤덮었다. 착륙할 때 사고로 F-51이 손실되기도 했다. 3,000피트보다 조금 긴 연포 기지 활주로에서는 폭탄을 탑재한 항공기들의 이륙이 "흥미로울(interesting)" 정도였다. 더구나 비행부대가 새로운 기지에 주둔했던 기간도 매우 짧았다. 악기상도 이들의 임무를 방해했다. 한반도의 1950~1951년의 겨울은 기상 관측 이래 가장 추운 겨울이었다. 낮은 구름, 안개, 눈은 적 병력 집결지에 대한 공중공격을 어렵게 했다.[157]

---

156) *Ibid*, pp.308-309.
157) Warnock, p.21, p.23; Y'Blood(2002), pp.21, 25.

• 미 해군의 우발사태에 대한 대비

극동해군사령관 조이(C. Turner Joy) 중장은 우발사태에 대비해 모든 가용한 항모를 동해로 급파하였다. 그리고 극동해군 TF90(Task Force 90)의 상륙전력 절반을 지상 항공작전 지원을 위해 흥남 지역으로 전개했다. 조이 제독은 전쟁 개전 초부터 만약의 사태를 예견하고 준비해왔다. 그는 한국전쟁이 발발했을 때, 미 해군력이 한반도 주변에서 일어날 해상작전에 얼마나 적합한지에 대해 염려를 표시했었다. 전쟁이 확전되면서 이러한 염려는 유엔이 해상 전력을 급속히 전개하는 데 도움이 되었다.

1950년 11월 15일, F9F Panther 제트전투기가 원산 부근의 북한군 전투기 소탕 작전에 참여한 후에 미 항모 USS *Leyte*로 귀환하고 있다. (Korean War Chronology)

그리고 한국전쟁이 발발했을 때 극동해군은 제77기동부대(TF77)에 '동해안 TF(East Coast Task Force)'와 '서해안 TF(West Coast Task Force, TF-95로 명명)'를 편성하고 항공모함을 배치하였다.

11월 5일에는 미 항모 USS *Princeton*이 '동해안 TF'에 보충되었다. 이어서 USS *Valley Forge*도 동해 해역에 도착했다. 이 2척의 항모는 서해에 배치되어 임무 수행 중에 동해로 전개한 것이었다. 또한, 해군의 함재기에 추가해서 해병대 전투기가 호위 항모 USS *Badeong Strait*와 USS *Sicily*, 그리고 연포(K-27)와 원산(K-25)의 비행장에서 출격했다.

11월 7일, USS *Sicily*의 제214해병비행대대 Corsair 전투기들이 해병대를 지원하였다. 11월 16일, 항모 USS *Bataan*은 일본에 항공기를 하역한 후, 제212해병비행대대 항공기를 싣고 다시 항모 USS *Sicily*와 USS *Badoeng Strait*와 합류하였다. 이러한 조치는 해병대의 위급상황에 대처하기 위한 것이었다.

11월 28일, 당시 제7함대의 '동해안 TF' 소속으로 장진호 주변에서 임무가 가능한 항모는 미 해군 USS *Philippine Sea*와 USS *Leyete* 2척뿐이었다. 11월 29일, 극동해군은 장진호 인근 제10군단 지역 근접항공작전에 모든 우선권을 주도록 특별히 재지시했다. '동해안 TF' 함재기의 장진호 지역 임무는 서부전선의 제8군을 지원하는 임무보다 비행거리가 짧아 작전이 쉬웠다.[158]

11월 24일 이후, TF77의 함재기들이 이미 동해 상공의 만주 국경 남쪽에서 초계

비행을 시작했다. 그러나 장진호 상황이 악화하기 시작하자 초계구역을 더욱 남쪽으로 더 확대했다. 이에 더해 제7함대사령관 스트러블(Arthur D. Struble) 제독은, 이러한 정찰도 중요하였지만, TF77 소속의 고속항모에서 출격하는 함재기들이 유엔 지상군에게 집중적인 근접항공작전을 수행하는 것이 더 중요하다고 강력히 주장했다.159)

■ 장진호후퇴작전과 항공모함의 역할

한국전쟁 발발 당시 한반도로 즉시 전개할 수 있었던 유엔군 항공모함은 미 제7함대의 USS *Valley Forge*와 영국 항모 HMS *Triumph* 2척으로 6월 29일부로 제7함대사령관인 스트러블(Arthur D. Struble) 중장의 지휘를 받게 했다. 이어서 7월과 8월에 4척의 항모가 TF77에 증원되어 가용한 함재기는 총 100여 대 정도가 되었다.

1950년 11월 말경, 후퇴하는 미 제1해병사단을 근접항공지원할 수 있는 전력은 원산 기지(K-25)의 3개 해병비행대대 그리고 연포 기지(K-27)의 2개 해병비행대대가 있었다. 미 해군 함재기로는 USS *Badoeng Strait*의 1개 해병비행대대가 있었고, 미 공군으로는 연포 기지의 F-51 Mustang 전폭기 전대가 있었다.160)

• 해군·해병대의 근접항공지원

미 제1해병사단은 10월 25일 원산에 상륙했다. 그리고 10월 30일, 장진호 방향으로 진격했다. 11월 2일 해병대는 중공군과 처음으로 조우하면서 수동리에서 황초령을 넘어 고토리로 진격했다. 중공군 제9병단 병력은 탐지가 어려운 야간을 틈타 이동해 미 제1해병사단을 포위했다. 해병대는 더는 진격할 수도 후퇴할 수도 없는 진퇴양난에 빠졌다. 이때부터 미 해병대는 장진호라는 커다란 수렁에 빠지게 되었다.

158) Chosin Reservoir (navy.mil); Knott, p.310.
159) Chosin Reservoir (navy.mil).
160) 미 해병대 항공전력으로는 원산 비행장(K-25)의 전투비행대대 2개와 야간전투비행대대 1개로 구성된 제12해병비행전대 (MAG-12) 그리고 연포 기지(K-27)에 주둔한 전투비행대대 1개와 야간전투비행대대 1개로 구성된 제33해병비행전대(MAG-33)가 있었다. 미 해군 항모 함재기로는 USS *Badoeng Strait*의 전투비행대대 1개가 있었고, 미 공군 항공지원 전력으로는 연포 기지의 미 공군 제35전투폭격비행전대(35th Fighter Bomber Group) 전폭기 F-51 Mustang이 있었다. Field, p.276.

11월 27일, 악천후에도 불구하고 동해의 항모에서 이륙한 해군 함재기와 제5공군의 전투기는 포위당한 한국군과 미 제8군에 절대적으로 필요한 항공지원을 했다. 몇몇 해군 전투기는 악천후로 인해 공격 후 원산으로 기수를 향해야만 했다. 27일 밤, 장진호 부근의 유담리에 있던 미 해병대는 적의 맹렬한 공격을 받았다. 근처의 미군과 한국군도 마찬가지였다. 엄청난 수의 중공군이 그들을 포위하여 위협하고 압도하였다.

이 무렵 전쟁 발발 이후 해상작전에 계속 참전했던 미 항모 USS *Valley Forge*가 미국으로 떠났다. 항모 USS *Sicily*는 일본 항구에 정박하고 있었다. 장진호 인근 해역 현장에 있던 유일한 호위항모 USS *Badoeng Strait*가 새로운 상황에 즉시 대응하였다. 3척의 항모 함재기와 연포 기지(K-27) 해병 전투기들이 해병대를 지원하기 위해 출격하였다. 미국으로 귀향했던 항모 USS *Valley Forge*가 비상사태로 황급히 소환되었다.161)

11월 28일 아침, 호위항모 USS *Bdoeng Strait*와 연포 기지(K-27)에서 이륙한 해병대 전투기들은 유담리 상공에 도착하여 북진하는 해병대를 위해 항공지원을 준비하기 시작했다. 그러나 지상의 해병대 항공통제관은 중공군의 야간 기습 상황을 설명하고 남쪽으로 후퇴하는 해병대를 포위한 중공군을 공격해 돌파구를 만드는 항공지원을 요청했다.162) 장진호 전투 초반인 11월 29일, 하갈우리와 고토리 사이는 아수라장으로 죽음의 계곡이 되었다.

12월 2일, 해병대 철수 작전이 시작되었다. 아침 7시 5분에 고립되었던 해병 제5연대와 제7연대 부상자들 그리고 각종 장비를 탑재한 차량 행렬이 유담리에서 출발하기 위하여 대기하고 있었다. 도착지인 하갈우리까지는 15마일의 얼음길이 펼쳐져 있었고 산에는 중공군들이 우글거리고 있었다. 해상의 항모(USS *Philippine Sea*, USS *Leyte*, USS *Badoeng Strait*)와 연포기지의 항공기들이 후퇴하는 해병을 지원하기 위해 이륙하여 유담리 상공에 도착하자 해병들은 바다로 향한 60마일의 긴 행진을 시작했다. 행렬 상공에는 20대~50대의 항공기들이 선회하면서 지상에서 요청 시 즉시 폭격할 수 있도록 준비하고 있었다. 그래서 중공군들은 낮에는 오히려 방어태세를 취하고 있었다.

---

161) Knott, p.310.
162) Cagle·Manson, p.169.

항공지원의 예를 들면 12월 2일 오후 해병대가 처음으로 중공군의 강력한 도로봉쇄(roadblock)에 조우했을 때, 야포 사격에 이어 22대의 해군·해병대 항공기가 폭탄과 네이팜탄을 적진에 퍼부었다. 해군 함재기들과 해병대 항공기들은 해병대가 남쪽으로 진출로를 개척할 때, 얼음과 눈으로 얼어붙은 항공모함과 영하의 혹독한 지상기지에서 출격했다. 12월 2일, 온종일 40~60대의 항공기들이 해병대를 지원하는 가운데 공군은 C-119를 이용하여 탄약, 의약품, 물, C레이션(C-ration) 등 여러가지 보급품을 낙하산을 이용하여 공중 투하해주었고 부상자들을 헬기를 이용하여 후송하였다. 12월 2일 교전 이후 중공군의 야간 위협도 줄어들었

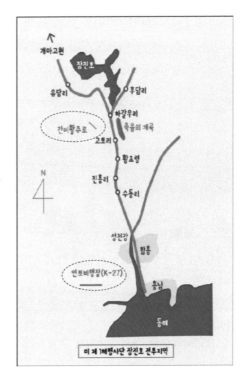

미 제 1해병사단 장진호 전투지역

다. 12월 3일에도 같은 일이 반복되었다. 그리고 오후 늦게 선발대가 하갈우리에 도착했다.[163]

이처럼 200여 대의 함재기들이 근접항공작전에 집중하여 중공군이 큰 피해를 보게 되자, 중공군은 주간에는 공격을 중지했다. 그 결과 해병대는 주간에 후퇴할 기회를 가질 수 있었다. 그리고 일부 TF77 전력도 제10군단에 보급품을 공중 투하하기도 했다.[164] 근접항공지원은 12월 4일에 최고조에 달했다. 이날 출격 회수는 총 239회로 고속항모에서 128회, 호위항모에서 34회 그리고 연포기지의 해병 항공기가 77회였다.[165]

12월 5일 미 제5공군 전투공수사령관 터너(William H. Tunner) 소장[166]은 하갈우

---

163) Knott, pp.310-311; Cagle·Manson, pp.169-174.

164) Chosin Reservoir (navy.mil).

165) 군사편찬연구소(2010), p.629; Cagle·Manson, pp.177-179.

166) 터너 소장은 2차대전 당시 항공수송사령부(Air Transport Command)의 인도 및 중국 사단

리로 날아가 포위된 해병대 전원을 항공기로 철수시키겠다고 제안했다. 이 제안은 장비를 제외한 인원만이었다. 그러나 미 제1해병사단장 스미스(Oliver P. Smith) 소장은 이를 거절하고, 대신에 물자를 공수해 달라고 요청했다. 이처럼 사단장은 수송기 철수를 거부했다. 그리고 12월 6일이 되어서야 하갈우리에서 지상으로 철수를 결심했다.167)

1950년 12월 5일, F9F Panther 제트전투기 한 대가 USS *Princeton*에서 이륙하기 위해 사출기(catapult)에서 대기하고 있는 모습. (Korean War Chronology)

12월 6일, 해병대는 다시 하갈우리에서 출발하였다. 다음 목표인 고토리까지는 45마일이었다. 이번에는 해병 전방항공통제사들(Forward Air Controllers)이 각 대대 측면에 위치하고, 항공기들은 행군 대열의 전방 상공에서 비행했다. 이들의 임무는 지상에서 발견할 수 없는 적을 공중에서 찾아내는 것이었다. 12월 6일에 공중 전술항공지시소(TADC: Tactical Air Direction Center)가 운용되었다. 공중에 체공하면서 항공작전을 통제하는 TADC 항공기로는 해병수송비행대대(VMR-152: Marine Transport Squadron 152)의 4발 엔진의 R-5D Skymaster(해군용 C-54) 해군 탐색구조용 항공기가 운용되었다. 이 공중통제기는 행군의 바로 위에 떠서 모든 지원 항공기 및 지상과 동시에 연락할 수 있었다. 산악지역에서는 통신이 잘되지 않는 경우가 많은데 이 공중통제기 덕분에 문제가 해결되었다.

해병대 전술 항공의 근접항공지원에 대한 12월 6일의 한 예를 들면, 해병대가 후퇴하는 행렬 상공에 USS *Leyte* 항모에서 출격한 항공기 8대 그리고 214비행대대(VMF214)로부터 지원된 Corsair 18대가 6기씩 3개 편대로 나누어 8,000피트, 9,000피트, 10,000피트 상공을 선회하면서 대기하고 있다가 지상의 해병대 전방항공통제관의 요청

(India-China Division) 지휘관, 그리고 베를린 공수작전(Berlin airlift)에서 연합군 공수기동부대(Combined Airlift Task Force) 사령관으로 공을 세운 바 있는 미 공군 최고의 공수작전 전문가였다. 장호근(2023), pp.169-170.

167) 공군본부 역, Futrell 원저, p.304.

과 체공 중인 공중 TADC의 지시에 따라 지상의 적을 공격해 퇴로를 열어 주었다.[168]
12월 7일 철수하는 해병대의 마지막 병력이 목적지인 고토리에 도착했다.

해병대 후퇴 행렬은 하갈우리에서 고토리
까지 9.5마일 이동하는 데 22시간이 걸렸다.
해병대에서 600명의 부상자가 발생했다. 이들
은 고토리에 임시 텐트병원을 만들어 수용하였
다가 후에 항공기로 후송했다. 해병대 공병이
만든 고토리의 간이 활주로는 부상자와 동상
걸린 환자들을 대피시키는 데 큰 도움이 되었다.
극동공군(FEAF)의 전투공수사령부(Combat
Cargo Command)는 C-47 27대를 공수작

1950년 12월 6일, 장진호 부근에서 Corsair 전투기가
중공군 지역에 네이팜탄을 투하한 장면.
(Korean War Chronology)

전에 투입했다. 그러나 산악지역으로 주변에 장애물이 많고 날씨가 변덕스러워 많은
어려움이 있었다. 특히 짧은 활주로에 착륙을 위해 항공모함 착륙 방법을 사용하기도
했다. 지상의 해병 항공통제관 중에 항모 함재기 착륙신호장교(landing signal officer)
자격을 가진 통제관이 착륙을 유도했다. 이 짧은 간이 활주로를 이용하여 공군 C-47과
해병대 R-4D(해군형 C-47)는 총 4,675명의 부상병을 후송했다. 그리고 경비행기,
헬기, 3대의 TBM 뇌격기(torpedo bomber)가 163명의 사상자를 12월 초 10일 동안
에 후송했다.

12월 9일 저녁 무렵 후퇴 중인 해병대 선두가 진흥리에서 북으로 전진 중인 해병
제1대대와 만났다. 후퇴 작전에 성공한 것이었다. 성공하는데 가장 큰 기여를 한 것은
근접항공지원이었다. 해병들이 후퇴할 때 매일 항공기 200여 대가 남쪽으로 철수를
막는 적군을 공격하여 돌파구를 열었다. [169]

12월 11일이 되어서야 미 해병대는 중공군의 포위망에서 벗어날 수 있었다. 이런

168) Cagle·Manson, pp.174-175.
169) *Ibid*, p.178.

악조건 속에서 제1해병사단은 많은 사상자가 있었지만, 불굴의 의지로 퇴각에 성공했다. 중공군 제9병단도 대규모 병력 손실로 거의 와해되었다. 미 제1해병사단이 철수하는 동안에 TF77의 고속항모와 연포 기지에서 출격한 해병대 전투기가 매일 200회 이상 출격하여 해병대 철수를 방해하는 적을 공격해 돌파구를 마련했다.170)

1950년 11월 미 해군 항모 USS *Leyte*가 일본 사세보 항에 정박 중에 있다. (미 해군)

근접항공지원의 효과는 스미스 사단장의 보고 내용의 일부를 보면 잘 알 수 있다.

"후퇴 작전에 해병대와 해군의 전술 항공기 지원이 절실하게 필요했다. 지상군 부대는 항공기 지원에 의존할 수밖에 없었다. 왜냐하면 적들은 해군의 함포 사정거리 밖에 있었기 때문이었다. 주간에는 항공기가 유일한 지원 수난이었다. 우리가 후퇴할 때 근접항공지원은 아주 효율적으로 이루어졌다. 지상과 항공기 간에 통신과 협조가 아주 이상적이었다. 우리의 후퇴 성공은 양과 질적으로 우수했던 이러한 근접항공지원이 없었다면 불가능했을 거라고 해도 과언이 아니었다."171)

• 항공모함 필요성 다시 대두

미 제1해병사단장 스미스 소장은 장진호 방면으로 북진하는 동안 주 보급로(MSR: Main Supply Route) 확보가 유사시에 문제가 될 수 있다고 생각하면서 이를 매우 주의 깊게 관찰했었다. 예상대로 영하의 혹한 속에서 해병대의 개인화기는 제대로 작동하지 않았고 차량들의 이동 속도는 느리다 못해 거의 정지 상태였다. 그리고 부상자 치료도 매우 어려웠다. 또한, 진눈깨비와 폭설로 가시거리(visibility)는 거의 앞이 안 보일 정도로 차폐된 상태였다. 그리고 산악지역이라 간이 활주로를 건설하는 것이 매우

---

170) 군사편찬연구소(2010), p.629.
171) Cagle·Manson, pp.177-179.

힘들었다. 단지 하갈우리 남쪽의 한 곳에 간이 활주로 공사가 진행 중일 뿐이었다. 이런 상황에서 항공기의 화력지원과 공중 수송은 탈출을 위해 거의 유일한 긴급 수단이었다.

미 항모 USS *Philippine Sea* 갑판의 Panther 전투기들. 1950년 11월 한국 연안에서 눈보라가 지나가기를 기다리고 있다. 한반도 겨울 바다의 악천후는 미 해병대의 장진호전투 항공지원을 어렵게 만들었다. (NARA)

그러나 이러한 전황에 처한 해병대를 공군 전투기도 지원해야 했지만, 극동공군은 전투기 일부를 압록강 부근 미그 회랑(MiG Alley)으로 출격시켜야만 했다, 11월 초 처음 모습을 드러낸 소련의 최신예 제트기인 MiG-15의 위협으로 공중우세 확보가 더욱 중요해졌기 때문이었다. 따라서 위급한 동부전선의 지상군을 지원하는 대부분 임무를 항모의 함재기가 담당할 수밖에 없었다. 이런 이유로 원산과 흥남 앞바다에 정박 중인 항공모함 함재기의 근접항공지원작전이 매우 더 중요하게 되었다.

앞에서 설명한 바와 같이 후퇴작전 중에 해군·해병대 교리의 근접항공지원은 큰 성공을 거두었다. 우군 지상군들에게 근접지원 항공기의 탄피가 떨어질 정도로 근접하여 기총 사격을 한 예도 있었다. 지상의 상황이 시시각각 빠르게 변하여 조종사들은 지상의 적아를 식별하는 데 어려움을 겪었고, 강추위로 해병대 포병의 무전기 배터리가 얼어버려 Corsair 항공기가 오폭하는 사건도 발생했지만, 항공지원은 해병대가 적의 포위망을 뚫고 퇴로를 성공적으로 개척할 수 있게 했다.[172]

장진호 전투에서 해병대가 성공적으로 후퇴할 수 있었던 것은 해병대의 군기(discipline), 투혼(fighting spirit)과 화력(fire power), 해군과 해병대 항공기들의 근접항공지원(CAS), 그리고 공군의 전투공수 지원 덕분이었다. 부산 방어에 이어 다시 한번 이동하는 항공기지 항공모함의 기동성, 융통성, 화력의 위력을 보여주었다.[173]

---

172) Knott, p.311.
173) Cagle·Manson, p.179.

따라서 전쟁 중에 낙동강 전선에 이어 움직이는 비행장(mobile airfield) 항공모함의
중요성과 그 필요성이 다시 대두되었다.

■ 후퇴작전을 지원한 미 공군의 전투 공수 (Combat Air Lift)

해병대는 후퇴하면서 예상했던 것처럼 주 보급로(MSR) 확보가 문제가 되어 영하의
추위 속에서 보급품의 부족과도 싸워야 했다. 따라서 수송기의 공중보급이 전술기의
화력지원만큼 자신들의 생존에 중요하다는 것을 알기 시작했다. 제10군단장 아몬드
(Edward M, Almond) 중장은 장진호 인근에 고립된 우군을 위해 제5공군 전투공수사
령부에 보급품 긴급 공중투하를 요청했다.174) 철수 작전 성공에 큰 역할을 한 전투공수
작전의 주요 실례를 한두 가지만 들면 아래와 같다.175)

• 간이 활주로와 보급품 투하

아몬드 중장의 제10군단은 10월 말에 압록강을 향해 진격을 시작했었다. 제1해병사
단과 제7보병사단도 흥남에서 출발하여 장진호로 전진했다. 11월 10일 진흥리에서
1.6km 지점인 고토리를 확보했다. 그러나 11일부터 기온이 급강하고 강풍으로 고토
리부터 하갈우리까지 18km를 통과하는 데 꼬박 5일이 걸렸다. 11월 19일, 해병대
공병들은 R4D 수송기(공군 C-47과 동일 기종)의 이착륙을 위해서 길이 2,500피트,
폭 50피트의 간이 활주로를 건설했다.

11월 28일, 전투공수사령부는 장진호에서 중공군에게 포위되어 있던 미군에 대한
2주간의 보급품 투하 작전을 개시했다. 11월 29일과 30일, C-119 12대와 공군 C-47
5대가 유담리와 고토리의 해병대에 160여 톤의 보급품을 투하했다. 공중투하 품목에는
벌드윈(Baldwin) 화물 묶음 2개가 포함되어 있었다. 벌드윈은 보병대대의 일일 보급품
으로 16톤의 무기, 탄약, 식량, 의료품을 포장한 화물 묶음이었다. 추가로 10.9톤의
탄약과 의료품을 투하했다. 11월 29일, 제10군단장 아몬드 장군은 일일 400톤 이상의
공중보급을 요청했다. 그러나 전투공수의 일일 능력은 70톤 정도였다. 전투공수사령부

---

174) 공군본부 역, Futrell 원저, p.303.
175) 미 공군의 전투 공수에 대한 상세한 내용은 장호근, 『미 공군의 한국전쟁 항공작전: 잘 알려지
지 않은 숨은 이야기』 (2023), pp.174-183을 참조.

는 이 요청을 수행하기 위해 일본 아시야(Ashiya) 기지의 항공포장 팀들에게 하루 24시간 동안 식량, 탄약, 유류, 의류, 무기의 항공포장 준비를 지시했고, 전투공수사령관 터너 장군은 연포 기지(K-27)에 항공포장 파견대를 급파했다. 12월 1일이 되자, 도쿄의 극동공군사령부는 모든 C-119를 장진호 공중투하 직전에 투입했다. 일본의 아시야 공군기지의 전투공수사령부 본부에서는 효과적인 공중투하를 미리 실제 시험하면서 준비했다. 전장에서 조종사들은 투하지점의 확인을 위해 T-6 Mosquito 공중전방항공통제기(A/FAC)와 지상의 전방항공통제관(FAC)의 도움을 받았다.176)

12월 1일과 6일 사이, C-119는 238회 출격했다. 주로 하갈우리와 고토리의 해병대와 제10군단을 위해 970.6톤의 화물을 투하했다. 제1해병사단장 스미스 소장은 "이 기간에 공중투하된 보급품은 사단의 작전 소요를 충족시킬 수 있었다"라고 후에 밝혔다. 12월 초에 연포 기지와 하갈우리 간이

1950년 12월 하갈우리 간이 활주로에서 미 공군 C-47 수송기에 부상자들이 탑승하고 있는 사진. (미 해병대)

활주로를 왕복 비행했던 조종사 프리츠 (Paul C. Fritz) 대위는 다음과 같이 회상했다.177) 이러한 환자 후송 임무에는 그리스 공군의 수송기도 참여했다.178)

"이들은 단순한 부상자가 아니라 죽어가는 중상자로 말이 없는 해병대원들이었다. 이들은 중앙의 좁은 통로 양쪽에 차곡차곡 누워있었고, 뒤틀린 손발이 갈지자로 나와 있었다. 이제는 일상적인 복장이 된 더럽고 피에 젖은 전투복만을 입고 있는 이들의

---

176) Warnock, p.24; 장호근(2023), pp.173-183; 공군본부 역, Futrell 원저, pp.301-306.

177) William M. Leary, *Anything Anywhere, Anytime: Combat Cargo in the Korean War*, (Air University Press 2000). p.20.

178) 1950년 12월 1일 일본의 이타츠케 공군기지에 도착한 (C-47 수송기 7대와 장병 67명으로 구성된) 그리스 공군 제13수송편대는 미군 제315전투공수사령부에 배속되었고, 12월 4일 연포 기지(K-27)로 이동하였다. 동 편대는 장진호 전투 당시 하갈우리와 고토리 일대에서 위기에 처한 미 제1해병사단에 보급품을 수송하고 전사상자를 후송하는 환자 후송 임무를 수행하였다. 국방부 군사편찬연구소, 『6·25전쟁과 UN군』(서울: 국방부 군사편찬연구소, 2015), pp.264-265.

뒤틀린 얼굴과 몸은 딱딱히 얼어 있었다. 승무원들은 공간을 확보하기 위해, 이들의 팔과 다리를 가지런히 접어 항공기에 실었고, 한 방향으로 밀었다. 그리고 비행 중 움직이지 않도록 밧줄로 고정했다. 소름이 끼칠 정도로 안타까운 일이지만, 나의 비행만이 목숨을 바친 이들이 그들의 장지를 찾아 고향에서 명예로운 장례식을 치를 수 있게 해주기 위한 유일한 방법이었다. 나로서는 더욱 엄숙히 이 임무를 수행해야겠다는 생각이 들었고, 한층 더 조심스럽게 하늘의 영구차(aerial hearse)를 조종했다."

• 하늘에서 내려온 다리

12월 초, 미 해병대는 고토리를 탈출하는 데 큰 문제에 직면했다. 고토리로부터 남쪽으로 3.5마일 떨어진 황초령(Funchilin Pass)을 가로지르는 1,500피트(457m) 깊이의 협곡 사이에 있는 교량을 중공군이 파괴했고 우회 도로도 없었다. 이 다리 없이 해병들은 차량, 전차, 야포를 모두 버리고 도보로만 이동해야 했다. 장비를 옮기기 위해서는 16피트 길이의 교량(교각 받침대를 포함하면 24피트)이 필요했다. 미 해병대 공병들은 이를 위해 임시 교량으로 M-2 부교(treadway bridge) 4개가 필요하다고 판단했다.

C-119 수송기가 부교 경간을 공중투하하고 있다. (KBS 현충일 특선 다큐 "장진호 전투"에서, 2024년 6월 6일)

1950년 12월 9일, 해병대원들이 파괴된 황초령 교량을 응시하고 있는 모습. (미 해병대)

1950년 12월 10일, 공중투하된 부교를 설치 후, 해병대원들이 철수하고 있다. (미 해병대)

전투공수사령부는 공중 수송에서도 문제에 직면했다. 부교는 무게가 2,900파운드에 하나의 길이가 16피트에 달했다. 이런 중장비는 단 한 번도 수송기에서 투하된 적이 없었다. 12월 6일에 C-119 Flying Boxcar 1대가 연포 기지에서 시험 투하했지만 결과는 대실패였다. 실패를 보완한 후, 12월 7일 아침에 공중투하 작전은 시작되었다.

교각과 교각 사이를 이어줄 부교 경간(treadway span)을 탑재한 C-119 3대가 오전 9시 30분에 고토리의 투하지점에 도착했다. 정오가 되기 전에 5대가 추가로 투하에 성공했다. 그러나 이들 중 파손되고 적 지역에 떨어진 것도 있었다. 12월 9일에 해병대원들은 부교 경간을 들고 남쪽의 고토리로 향했다. 오후 늦게 이를 이용하여 교량을 복구하고 1,500피트 계곡을 건너 적의 포위망을 돌파했다. 역사상 처음 있는 교량 공수 투하 작전의 성공이었다.[179]

• 항공의무후송(Medevac)

미 공군 전투공수사령부(Combat Cargo Command)는 항공의무후송(Medevac)을 강화하기 위해 1950년 9월 제801항공의무후송대대(Medical Air Evacuation Squadron) 대대장에 항공군의관 중령을 임명하고 화물 수송기에 의무 장비 구비와 함께 비행간호사와 의료진을 배치하는 등, 사상자의 공중후송을 확대한 바 있었다.[180]

해병대는 가장 불리한 지형, 날씨, 및 전투 상황에서도 부대 편제를 유지하고 대부분 중장비를 소지하고 탈출하는 데 성공했다. 사단 규모가 넘는 병력이 약 2주 동안 공중보급에만 의존해 생존한 것이었다. 총 313대의 C-119와 37대의 C-47이 1,580톤의 물자와 장비를 투하했다.

1950년 12월 11일, 해병대는 함흥에 도착했다. 군 역사상 가장 훌륭하고 성공적인

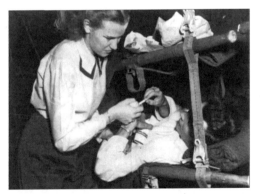
비행간호사가 환자에게 담배를 건내고 있다. (미 공군)

비행간호사가 비행 중에 서류작업을 하고 있다. (미 공군)

179) Warnock, p.25; 공군본부 역, Futrell 원저, p.305.
180) 장호근(2023), pp.180-181.

후퇴 작전 중 하나를 완수한 것이었다. 같은 날 제10군단은 흥남에서 철수하기 위해 물자를 선박에 선적하기 시작했다. 그리고 12월 14일, 중공군이 접근함에 따라, 극동공군 전투공수사령부는 함흥 부근 연포 기지에서 공중 철수를 시작했다. 그리고 17일에 종료했다. 전투공수사령부는 모든 전력을 이용하여 연포 기지에서 393회 출격했고 228명의 환자, 3891명의 인원, 2088.6톤의 화물을 철수했다.[181]

■ 전투 결과

장진호 후퇴작전에는 미 해병대 약 2만 5천여 명 중에서 4천여 명의 전사자가 발생했고, 중공군은 약 12만 명 중에 5만여 명의 사상자가 발생했다.

1950년 한반도의 겨울은 기상 관측 이래 가장 추운 겨울이었다. 여기에 중공군의 강력한 맹공격이 있었다. 이러한 악조건 상황에서 장진호 탈출작전의 성공은 거의 불가능했었다. 그러나 악천후 속에서도 투혼을 발휘한 장진호 용사들 "초신휴(Chosin Few)", 항모와 지상기지에서 근접항공을 지원한 미 해군과 해병내원들, 그리고 미 공군의 전투공수(combat airlift)와 의료지원(medical evacuation)이 있었기에 철수 작전은 성공할 수 있었고, 많은 부상자를 살릴 수 있었다.[182]

특히 괄목할 만한 사항은 항공모함의 역할이었다. 항모는 지상의 공군기지 활용이 제한이 있을 때, 그리고 즉응성이 필요한 협소한 전선에서 근접항공작전(CAS)을 수행해야 할 때 특히 유용성이 높았다. 그러나 그 역할이 컸다고 해서 공군을 대체할 수준이었던 것은 결코, 아니었다. 공군의 대안이 아닌 보완으로서 그 중요성이 있다고 보는 것이 타당했다.[183]

1950년 12월 한반도 북동쪽의 연포 기지(K-27)에서 장병들이 철수를 위해 C-54에 탑승 중이다. (미 공군)

181) Warnock, pp.25-26; 공군본부 역, Futrell 원저, pp.305-306; Leary, p.23; Cagle·Manson, p.169.

182) Chosin Reservoir (navy.mil).

183) 김인승, pp.125-126.

기본적으로 항모 작전은 지상의 공군기지와 비교하면 기상의 영향을 훨씬 크게 받으며, 활주 공간의 제약으로 인해 이착륙 과정에서 발생하는 항공기의 비전투 손실률이 공군과 비교하면 월등히 높았다.[184] 여기에 더해 공산 측의 잠수함 공격에 대비하기 위해 항상 일정한 전력을 대잠수함 초계(anti-submarine patrol) 작전 등에 배정해야 했기 때문에 함재기의 가동률은 공군보다 상당히 낮을 수밖에 없었다. 또한, 물자 보급과 항공기 정비를 위해 일정 기간 작전구역을 이탈해야 했기에 주기적인 전력 공백이 발생하는 문제점을 갖고 있었다.

후세의 역사가들은 장진호 전투에서 스미스 소장이 지휘했던 제1해병사단이 중공군의 남하를 지연시켜 12월 15일 개시된 흥남철수작전이 성공할 수 있었다고 평가했다.

흥남철수작전과 항공지원

흥남철수작전은 1950년 12월 15일부터 24일까지 동부전선의 미 제10군단과 국군 제1군단이 흥남에서 해상으로 철수하여 38도선 남쪽에 병력을 재전개한 철수작전이었다. 이 작전은 미 제1해병사단이 장진호 계곡에서 철수작전을 전개하여 중공군 제9병단의 진출을 지연시키고 있는 동안, 흥남지역으로 집결한 국군과 유엔군이 함흥 외곽에 저지 진지를 구축하고 미 제1해병사단의 철수를 엄호하면서 해상철수를 개시하였다.[185]

1950년 12월 11일, 해군은 항모와 군함을 이용하여 흥남에 맹폭을 시행할 계획을 확정하였다. 이 폭격은 7척의 항모에서 출격하는 항공기의 항공지원과 군함 15척의 함포사격이었다. 12월 12일 고속항모들은 주간에는 근접항공지원과 탑재구역 내에 있는 부대를 보호하고, 호송 항모와 철수작전을 수행하는 선박들을 공중엄호하라는 명령을 받았다. 그리고 탑재구역 밖에서도 TF77의 함재기들이 적의 보급로를 차단하고,

---

184) 예를 들면, 한국전쟁 중에 미 해군과 해병대 AD Skyraider 프로펠러 전투기의 손실은 128대였다. 이 중 101대는 전투(combat loss)로, 27대는 작전 수행 중의 손실이었다. 작전 중 손실(operational loss)은 항공기의 추력이 너무 커서 대부분 착륙 중 복행(wave-off)할 때 출력 조절을 잘못했을 경우 발생하는 토르크 현상 (torque roll) 때문이었다.
   https://en.wikipedia.org/wiki/Douglas_A-1_Skyraider, (검색일: 2024년 2월 1일).
185) 군사편찬연구소(2010), p.550.

지상군 근접항공지원작전을 수행했다. 호송항모전단은 원래 USS *Sicily*와 USS *Badoeng Strait*로 구성되었는데 경항모인 USS *Bataan*이 합류했다. 이 항모들은 흥남항 인구 밀집 지역에서 근접항공지원을 하고 있었다.[186]

극동해군사령관(COMNAVFE) 조이(C. Turner Joy) 제독은 흥남철수작전(the east coast redeployment operation)을 제90기동부대(Task Froce 90) 사령관 도일 (James H. Doyle) 제독에게 모든 책임을 맡겼다.[187]

12월 15일에 시작되어 24일까지 열흘간 진행된 흥남철수작전에는 낙동강 전선 방어에서 활약하였던 미 항모 4척(USS *Valley Forge*, USS *Philippine Sea*, USS *Badoeng Strait*, USS *Sicily*) 그리고 추가로 전개한 USS *Princeton*과 USS *Leyte*, 그리고 바탄(USS *Bataan*, CVL-29)을 포함 총 7척의 항모가 참여했다.[188]

그리고 12월 15일부터 흥남에서 반경 35마일 지역 내의 모든 항공지원은 TF90 사령관 도일 제독이 통제했다. 함재기들의 임무는 근접항공지원, 종심 표적 공격, 정찰 비행 등으로 철수작전의 방해를 사전에 제거하기 위한 활동이었다. 작전 기간에 영국 경항공모함 HMS *Theseus*의 씨퓨리(Sea Fury)와 파이어프라이(Firefly) 함재기들이 우군 함대 상공에서 초계비행을 수행했다.[189]

미 제1해병사단, 한국군 제1군단과 제2군단, 미군 제7보병사단과 제3보병사단을 포함한 모든 지상군이 흥남에서 성탄절까지 철수하였다. 출항 준비를 위해 인원이 승선하고 화물을 적재하는 동안 인근 해역의 함정에서 함포사격을 실시했고, 7척의 항모에서 이륙한 400여 대의 항공기가 엄호하였다. 이들 7대의 항공모함 함재기는 약 10일간 총 1,700회의 출격을 수행하였다. 흥남철수작전의 중요한 점은 그것이 바다에서 해안으로 하는 상륙전과는 반대로 해안에서 바다로 하는 작전이었다는 점이었다.

---

186) *Ibid*, p.186.
187) Cagle·Manson, p.181.
188) Knott, p.393.
189) Cagle·Manson, pp.181, 183.

미 Fairchild 항공사의 C-119 Flying Boxcar, 한국전쟁과 베트남 전쟁에서 활약. (Wikipedia)

철수 수단으로 철도(rail transport)도 큰 역할을 했다. 원산과 함흥 사이의 철도가 복구되어 제10군단은 다량의 중장비와 보급품을 함흥까지 철수시킬 수 있었다. 그리고 공중 수송(air transport)도 일조했다. 미 공군 수송기 112대와 미 해병 수송기 10대가 병력 3,600명, 차량 196대, 화물 1,300톤, 그리고 피난민 수백 명을 연포 기지(K-27)에서 항공후송했다. 악기상에서도 C-119 Flying Boxcar는 연포 기지에서 3분 간격으로 이륙했다. 물론 해상 수송(sea transport)이 모든 철수 역할을 다했다. 그 중요성은 다음 수치에서 알 수 있다. 해상을 통해 수송된 인원은 한국군 105,000명, 피난민 91,000명 등 총 200,000명에 이르렀다. 그리고 17,500대의 차량과 350,000톤의 화물이었다.[190]

1950년 12월 24일 미군은 흥남철수작전의 마지막 조치로 흥남부두를 폭파했다. 적군의 부두 접근과 남하를 막기 위해서였다. (Public Domain)

---

190) Knott, p.311; 김인승, p.128; Cagle·Manson, pp.190-191.

제6장

미 해군·해병대의 항공후방차단작전

제6장

미 해군·해병대의 항공후방차단작전

유엔 공군은 전쟁 초기 6개월 동안 거의 완벽하게 공중을 지배하고 있었지만, 지상의 패배를 막지 못했다. 1951년 1월, 전쟁은 완전히 새로운 국면으로 접어들었다. 유엔군은 서울에서 다시 후퇴했고, 전선은 원주 바로 남쪽에서 안정되었다. 그리고 1951년 7월 10일부터 공산군과 유엔군 사이에 휴전협상이 개시되었음에도 전투는 계속되었다. 공산군과 유엔군 사이에는 서로 협상에 유리한 위치를 점령하기 위해 하늘과 땅에서 일진일퇴의 공방전이 계속되었다. 따라서 중공군과 북한군의 보급로는 팽창했고 길어졌다.[191]

1950년 11월 초 중공군이 본격적으로 전쟁에 개입했을 때, 제77기동부대(TF77)는 특별한 임무를 맡게 되었다. 그것은 중공군의 진출을 막기 위하여 전장을 고립시키는 것이었다. 구체적으로 그 임무는 첫째, 만주와 북한을 연결하는 17개 다리 중에서 6개를 폭파하는 임무였고, 둘째는 한반도(동경 127도 동쪽) 북동쪽에 대한 무장정찰이었다. 이런 역할은 TF77 소속 함재기들이 적의 보급로를 차단하기 위하여 앞으로 약 20개월 동안 계속 수행하게 될 임무의 시작이었다. 중공군을 고립시키기 위한 이 작전은 TF77 의 함재기가 한국에 있는 미 제5공군 소속 항공기, 제1해병비행단 항공기 및 한국에 전개한 기타 공군 부대 항공기들이 서로 협조하여 수행하였다. 이 임무는 제공권을 이용하여 압록강과 두만강을 경계로 북한 지역과 중국의 연결을 차단하고, 해상 세력의 봉쇄와 함께 적의 보급로를 파괴하고 차단하여 적을 고립시키려는 전략이었다.[192]

---

191) Knott, p.313.
192) 국방부 군사편찬연구소(2010), p.169.

■ 항공후방차단작전의 시작

중공군의 공세 기간 중, 일본으로 이동했던 지상기지 해병대 비행대대가 38선 남쪽에 비행기지(수영, K-9)를 건설했고, 비행대대들이 새로 전개하거나 다시 복귀했다. 따라서 지상기지에서 출격하는 항공작전의 속도가 빨라졌다. 1951년 초, 해군·해병대 비행부대는 주로 근접항공지원 작전 지원에 초점을 두었었다. 그러나 2월에는 적의 병참선 파괴의 중요성이 점차 증가하자 TF77도 보급로 차단 공격에 집중하게 되었다. 실제로 1952년 말까지 항모 함재기들은 도로와 철도를 공격하여 파괴하는 임무를 지루하게 계속하였다.[193]

한국의 교통체계는 원시적이었지만 유지하거나 수리하기가 쉬웠다. 중공군과 북한군은 유엔군과 비교하면 상당히 적은 보급지원으로 야전에서 전투를 수행했다. 이러한 점은 아군이 거의 완벽하게 보급로를 차단해야 적에게 영향을 줄 수 있다는 의미였다. 적군은 도로가 차단되면, 마차, 당나귀 등 원시적인 수단을 이용하여 보급품을 운반했다. 한국 사람의 독특한 운반 수단인 지게(A-frame)를 이용해서도 전쟁 물자를 운송했다. 또한, 항공기가 도로와 철도를 절단하면 야간에 인력을 동원하여 곡괭이와 삽으로 신속하게 복구했다. 기차 터널은 특히 공중에서 파괴하기 힘들었다. 적의 보급 열차는 터널 안에서 공격을 피했다. 그리고 적 지상군은 터널 주변에 대공포를 매복 설치해 반격했다. 그러나 TF77의 Corsair기는 저공에서 대공포를 제압했고, Skyraider는 폭탄으로 터널을 파괴했다. 교량은 다소 취약점을 갖고 있었지만, 결코, 쉬운 표적이 아니었다. TF77 함재기들의 차단 작전은 적의 대공포 사수들의 숙련도가 높아 짐에 따라 큰 위협이 되었다. 우군 항공기의 희생이 증가하였다. 적은 야간에 이동하고 주간에는 숲이나 도시 건물에 은신하는 것을 배웠다. 이러한 전투 상황에도 불구하고 미 해군·해병대 항공기들은 유엔군의 주요 작전에 참여해 항공지원 임무를 수행했다.[194]

[193] 1월 하순, 제311해병비행대대(VFM-311)가 제513해병야간전투비행대대(VFM-513)로 교체되었다. 2월 중순, 제214해병비행대대, 제312해병비행대대, 제323해병비행대대, 그리고 제542해병야간전투비행대대가 복귀하였다. Knott, p.314,

[194] Knott, pp.314-319.

■ 주요 전략 표적에 대한 항공후방차단작전

미 제5공군은 항공차단작전을 중공군의 공
세와 유엔 지상군의 손실을 막을 수 있는 열쇠
로 보았다.

1950년 11월 MiG-15의 출현, 그리고 이에
대항하는 미 공군 F-86 Saber 전투기는 성능에
서는 앞섰으나 보유 대수에서는 적에게 5대1로
열세했다. 그래서 공중우세 유지에 문제가 발생
했다. 더구나 공중우세 작전을 어렵고 복잡하게
만든 것은 북한 공군기지에 있었다. 중공군은

1951년 USS *Boxer*의 F4U Corsair 전투기 2대가
북한의 철도, 조차장, 열차를 폭격한 후에 귀환하고
있다. (Korean War Chronology)

중공군 자체를 지원하기 위해 북한지역에 공군기지를 건설하고자 했고, 극동공군은 이
러한 북한의 공군기지 활주로 파괴와 피해복구 활동을 표적으로 삼았다.

F-86은 미그기와 공대공 전투를 벌이고 B-29는 북한의 공군기지 활주로에 폭파구
를 만들어, 중공군 제트기가 북한이 아닌 중국 영도에서 계속 출격하도록 강요해야
했다. 이로 인한 미그기의 비행거리 제한은 적에게 매우 불리한 전투 조건이 되었다.
그러나 우군이 활주로를 파괴해도 적의 피해복구 부대들은 어떠한 폭격 피해도 빠르게
복구해냈고, 이로 인해 미군으로서는 같은 임무를 계속 수행해야만 했다.

반면에 비록 많은 대가를 치러야만 했지만, 차단 작전은 트럭과 열차의 파괴로부터
시작해 철로의 차단, 압록강 다리를 포함한 교량의 파괴에 이르는 많은 전과를 달성했다.
그런데도 야간에 다량의 보급품이 여전히 공산군 최전선까지 공급되었다.[195]

여기서는 미 해군·해병대 전투기가 참여한 항공후방차단작전을 1951년 말의 압록강
교량 폭파작전에서 시작하여 1952년의 주요 작전들(화천댐 어뢰 공격, 질식작전, 나진
항 급습작전, 수력발전소 폭격작전 등) 그리고 1953년 휴전회담이 진행되면서 TF77의
항공지원에 대해 간략히 설명하고자 한다.

---

195) Stephen L. McFarland, *A Concise History of the U.S. Air Force,* (Air University
Press 1997), p.49.

• 압록강 교량 폭파 작전[196]

1950년 10월, 중공군의 전쟁 참전 이후 유엔군 측에서 계속 공중정찰을 시행한 결과, 중공군의 증원부대와 보급품들이 압록강 철교를 통하여 계속 유입되고 있음을 확인하였다. 또한, 중공군의 개입과 그 의도가 명백해짐에 따라 미 합참(JCS)은 국경선 5마일 이내에 대한 공중공격을 금지한 이전의 명령을 취소하고 11월 8일 압록강 교량들에 대한 공격을 허가하였다. 이에 따라 북한과 만주를 연결하는 압록강 위에 있는 교량들의 (만주 쪽이 아닌) 북한 쪽 절반에 대한 공격이 자동으로 인가되었다.

그러나 미 폭격사령부 B-29 폭격기가 신의주 교량을 공격할 경우, 고공비행으로 정확성에 문제가 있을 수 있었으며, 굴곡이 심한 압록강 상공을 비행하게 됨으로써 월경과 만주 지역 오폭의 위험성도 있었다. 함재기들도 교량을 공격할 때 다리와 평행하게 공격하는 통상적인 공격 방법을 사용하지 못하고 다리를 향해 직각으로 폭격을 해야만 했다. 그러나 강 반대편에 있는 적의 대공포는 우군기를 향해 탄막사격(a barrage of antiaircraft fire)을 해왔다. 그리고 11월 1일에는 소련제 후퇴익 MiG-15 제트전투기가 출현해 위협이 증가되었다.

압록강 인근의 주요 군사 표적은 강을 횡단하는 17개의 교량이었다. 그 중에서 6개 교량이 주된 교통로였다. 가장 중요한 교량은 신의주와 단둥을 연결하는 3,098피트(약 944미터) 길이의 철교와 차량용 교량 2개였다.

1950년 11월 14일 USS *Leyte* 함재기의 압록강 교량 폭파작전 결과로, 남단(신의주)의 도로 교량의 교각 3개는 파괴되었으나 철교는 건재했다. 위에 보이는 도시가 만주의 안둥이다. 신의주 교량 공격 후, USS *Leyte*의 함재기에서 촬영한 사진. (미 해군)

압록강 교량들의 공격에는 3척의 항공모함이 참여했다. USS *Valley Forge*와 USS *Philippine Sea,* 그리고 USS *Leyte*였다. 이들 항모의 함재기로는 Skyraider와 Corsair 프로펠러 전투기가 폭격 임무를 맡고, Panther 제트전투기는 공중엄호를 담당

---

196) 군사편찬연구소(2010), PP.620-628; Knott, pp.307-308.

했다. Skyraider는 1,000파운드 또는 2,000파운드 폭탄 1개와 20밀리 기관포로 무장했다. Corsair는 교량 북단의 대공포 제압을 위해 5인치 로켓 8발 (또는 100파운드 폭탄 8발이나 500파운드 1발과 로켓 6발)을 장착했다. 각 공격 편대는 8대에서 16대로 1개 편대군을 구성해 출격했다. 그리고 이들 함재기 상공에서 Panther 제트기 편대가 공중엄호를 수행했다. 그래서 강습공격 편대군은 24대에서 40대의 함재기로 편성되었다. 11월 9일에서 21일까지 해군 함재기들은 압록강 교량 폭파를 위해 총 593회 출격하여 232톤의 폭탄을 투하했다.

압록강에 대한 공격은 많은 제한에도 불구하고 신의주 도로용 교량과 혜산진의 교량을 완파시켰다. 다른 4개의 교량에도 피해를 주었다. 임무 결과 여러 제한사항이 있었지만, 해군 함재기의 공격은 유효한 것이 증명되었다.

1951년 1월 전선이 원주시 바로 남쪽에서 안정되었다. 3월 14일 서울이 탈환되었다. 6월까지 전선이 북쪽으로 이동하였으며, 38선 바로 위에서 다시 안정되었고, 일진일퇴의 공방이 계속되었다.

1951년 4월 1일, 항모 USS *Princeton*의 제191비행대대(VF-191) Panther 제트기는 원산 부근의 철교를 공격하였다. 이 임무는 항모에서 이륙한 제트기가 100파운드와 250파운드의 폭탄을 투하한 최초의 사례였다. 이것은 새로운 대형 제트기가 항공모함에서 출격하여 적을 효과적으로 공격할 수 있다는 가능성을 보여주었다.[197) 항공차단 작전은 1951년 봄 내내 지속되었다.

---

197) 당시 고속항모의 유압식 캐터펄트는 정풍이 없을 때 Panther 제트기를 이륙시킬 수 있을 만큼 강력하지 못했다. 항모는 30노트의 최대속력을 낼 수 있었지만, Panther 제트기는 기체의 무게(제트기 이륙 하중) 때문에 35노트 이상의 상대속도가 필요했다. 이런 이유로 전쟁 초기 Panther 제트기는 기총만을 장착하거나, 공중에서 다른 공격기를 호위하는 임무에만 운용되었다. 그러나 Panther를 전투폭격기로 운용하기 시작하면서 이륙 중량은 증가했다. 이런 문제는 종전 후, 사주갑판(angled deck), 증기 캐터펄트의 출현과 제트엔진의 추력 향상으로 해결되었다. Knott, pp.320-323.

• 화천댐 어뢰공격[198]

1951년 4월 말, 유엔군은 북한군의 공세를 방어하기 위해 북한강을 따라 매복하고 있었다. 북한군은 화천 저수지 댐의 수문을 닫았고, 저수지의 물을 전술적으로 이용하려고 했다. B-29 전략 폭격기들이 댐을 공격했으나 효과를 보지 못했다. 그러자 항모 비행단에 어뢰공격을 요청했다.

4월 30일, 항모 USS *Princeton*의 Skyraider 6대가 2,000파운드 폭탄으로 공격했으나 성공하지 못했다. 5월 1일, 8대의 Skyraider가 항공어뢰로 다시 공격을 시도했다. 이때 대공포 제압을 위해 2개 항모 비행대대(VF-192, VF-193)에서 Corsair 12대가 임무에 투입되었다. Skyraider가 수면 가깝게 저공으로 비행하면서 발사한 6발의 어뢰가 댐에 명중하여 홍수를 일으켰고, 댐은 파괴되었다. 작전은 성공했다. 그리고 모든 항공기가 안전하게 모함으로 귀환했다. 이 공격은 한국전쟁에서 처음이었고 유일한 어뢰 사용이었다.

MK13 어뢰 1발을 장착한 AS Skyraider 전투기. (NAVER)

1951년 5월 1일, 함재기의 어뢰 공격으로 폭파된 화천댐 그림의 사진판. Cagle· Manson(1957)

• 질식작전

북한군과 중공군의 전쟁 물자는 한국전쟁 초기부터 압록강을 건너 북한으로 들어왔다. 중공군은 처음에 한반도에서 독립작전을 시도하였으나 1951년 3월에 북한 내의 보급물자가 모두 소모되자 식량을 200마일 이상 떨어져 있는 만주 지역에서 수송해야만

---

198) Knott, pp.321-322.

했다. 또한, 휴전회담이 시작되자 중공군은 물자를 더욱 절약하여 매일 약 8,000톤의 보급품을 후방에 축적하고 있다고 미 제8군은 판단했다. 이를 저지할 수 있는 수단은 항공력 이외에는 없었다. 제5공군은 단시간 내에 철도차단작전을 완수할 만한 충분한 전력을 보유하고 있지 못했기 때문에 미 해군과 미 극동공군 폭격사령부가 임무를 분담하기로 했다.199)

1950년 4월, VMF(N)-513의 F7F-3N Tigercat 야간 전투기. (Wikipedia)

1951년 6월 5일 경, 질식작전(Operation Strangle)에 참여한 해군·해병대 항공기들은 39도선 부근의 도로, 교량, 해안의 터널 차단 작전을 수행했다. 제5공군은 서쪽 지역을, 제1해병비행단(1st Marine Aircraft Wing)은 동쪽 지역을, 그리고 제77기동부대(TF77)는 중앙지역을 담당했다.200) 부산 인근의 수영 기지(K-9)에서 Corsair와 Tigercat201)이

작전을 돕기 위해 야간에 날아왔다. 또한, 항공모함에서 Corsair와 Skyraider가 야간에 합류했다. 그리고 공군의 C-47 Skytrain 수송기, 해군과 해병대의 R4D(C-47과 동일 기종), 해군의 PB4Y-2 Privateer 초계기(공군 B-24 파생형)가 조명탄을 투하하면서 야간 작전을 수행했다. 그러나 이러한 유엔군의 노력에도 불구하고 후방차단작전은 적의 보급을 차단하는 데 실패했다. 질식 작전의 실패였다. 1952년 2월에는 보다 더 진전된 유사한 작전으로 포화작전(Operation Saturate)이 시행되었다.202)

---

199) 공군역사기록관리단, 『UN공군사(상권)』 pp.369-371.

200) Knott, p.323.

201) Grumman 미 항공사의 F7F Tigercat은 제2차 세계대전 말에서 1954년까지 미 해군과 해병대에서 운용한 중 전투기(heavy fighter)로 미 해군이 개발한 최초 쌍발 대형 프로펠러 엔진의 공격 전투기였다. 한국전쟁에서는 해병513야간전투비행대대(VMF(N)-513)가 복좌형 야간전투기 F7F-3N형을 보유했고 야간 항공차단작전 임무를 수행했다. (Wiipedia).

202) 수영기지(K-9)에서 제513해병야간전투비행대대(VFMN-513)의 Corsair와 F7F Tigercat이 작전을 돕기 위해 합류했다. 또한, 항공모함에서는 제3혼성비행대대(VC-3)와 제4혼성비행대대(VC-4) 소속의 Corsair와 제35혼성비행대대의 Skyraider가 야간에 합류했다. Knott, pp.323-324.

• 나진(羅津) 항 급습작전

나진 항은 소련 영토에서 약 17마일 떨어진 한반도 동북 해안에 있는 도시로서 부동 항이며, 이 지역 일부를 소련이 조차(租借)하고 있었다. 그리고 광대한 철도 조차장은 소련 극동지방(연해주)의 블라디보스토크와 철도로 연결되어 있었다. 미 공군은 나진항 공격 시에는 미 합참의 확실한 인가를 받을 것을 강조했고, 월경을 우려하여 육안 비행 (visual flight) 상태에서 임무를 수행할 것을 지시하였다. 1951년 8월 공중정찰 결과 적이 나진항에 전쟁 물자를 저장하고 있고, 이 항구가 해상 수송기지로 사용되고 있다는 사실이 밝혀졌다. 그러나 나진 항은 유엔군 항공기의 비행 금지 구역이었다. 따라서 공산군이 유엔군 공격으로부터 안전하다고 믿는 지역이었다. 그러나 미 합참은 나진 항을 공격하여 적의 사고방식을 바꾸기로 했다.

1951년 8월 유엔군은 항구 도시 나진을 합동 작전으로 급습하는 계획을 수립했다. 이 임무는 극동공군 B-29 폭격사령부에 부여되었다. 그러나 8월 11일 미 합참은 나진의 보급물자 저장소에 대한 공격만을 승인하였다. 그러나 또 다른 문제는 나진 항이 한반도 동북부 끝으로 미 공군 전투기의 전투 행동반경 밖에 있어 공중 호위가 불가능하다는 데 있었다. 따라서 MiG-15의 공중 공격에 대비한 공 중엄호는 TF77의 전투기가 담당했다.[203]

1951년, 한국 해역의 미 고속항모 USS *Essex*의 제172비행대대 (VF-172) F2H-2 Banshee 쌍 발 야간 제트전투기. (Wikipedia)

8월 22일, 에식스급 고속항공모함 1번 함인 항모 에식스(USS *Essex*, CV-9)가 TF77과 함께 한국 동해의 동북 해역에 도착했다. 에식스 항모에는 Panther와 Skyraider 이외에 F2H-2 밴쉬(Banshee) 제트전투기[204] 도 있었다.[205] USS *Essex* 항모[206]는 도착 3일 후, 8월 25일 23대의 함재기가 B-29

---

203) 공군역사기록관리단, 『UN공군사(상권)』 pp.366-368; Knott, pp.327-328.

204) McDonnell 미 항공사의 F2H Banshee는 항공모함 함재기용 단좌 쌍발 제트엔진 전투기로, 미 해군과 해병대에서 운용했다. Banshee는 지상기지의 전투기보다 속도가 느린 것이 단점이 었다. F2H-2N형은 미 해군 최초의 항공모함용 야간 제트전투기였다. F2H는 한국전쟁에서 미 주력 전투기 중의 하나로 운용되었고, 특히 호위 항공기와 정찰 항공기로 미 해군과 해병대에 서 사용했다. Knott, pp.329-330.

폭격기와 공중에서 합류하여 나진을 향해 북으로 비행했다. Panther는 폭탄 투하를 위해 저고도로 비행했고, Banshee 제트기는 고고도를 택했다. 날씨는 청명하였다. B-29 폭격기 35대가 중고도에서 육안으로 300톤 이상의 폭탄을 투하해 97%를 명중시켜 저장시설과 철도를 파괴했다. 적의 도전은 없었다. 양호한 기상조건 아래서 피해 없이 무사히 임무를 완수한 성공적인 합동작전 중의 하나였다.[207]

1951년 말 미 해군·해병대는 혹독한 강추위와 싸우면서 항공차단 임무를 수행했다. 특히, 임무 중 지상의 강력한 대공포가 큰 위협이었다. 1951년 10월에서 12월까지 차단 임무 수행 중 65대 이상의 해군·해병대 항공기가 격추되었다. 한국전쟁에서 손실된 해군·해병대 항공기는 650대에 이르렀다. 이 중에서 소수만이 공중전에서 격추되었고, 대부분 적의 대공포에 의한 피해였다.[208]

• 수력발전소 폭격작전

북한의 신의주 동북방 30마일(약 48km) 지섬에 있는 수풍발전소는 일제강점기에 일본이 압록강의 풍부한 수자원을 이용하여 전력을 생산하기 위해 건설한 세계 제4위의 거대한 수력발전소였다. 그리고 북한의 동북부지역에는 규모가 큰 장진, 월전, 허천 발전소가 있었고, 소규모였지만 부령, 금강산 등 5개 발전소가 있었다. 극동공군에서는 1952년 수풍발전소 발전량을 약 30만kw로 추정했고 발전량의 1/2을 만주로 송전하고 있다고 판단했다. 1950년 9월 극동공군의 표적분석관들은 수풍발전소를 제외한 북한

---

205) 에섹스 항모의 제5비행전대(Air Group 5)에는 F2H-2 밴쉬(Banshee) 제트전투기를 보유한 제172비행대대(VF-172)와 Panther 제트전투기를 보유한 제51비행대대(VF-51)가 소속되어 있었다. 그리고 Corsair 전투기의 제53비행대대와 Skyraider 전투기의 제54비행대대가 있었다. *Ibid*, p.328.

206) 1951년 10월 USS *Essex*의 제51비행대대(VF-51) 소속 Panther 전투기 1대가 저고도로 비행 중 피격되어 조종 불능 상태로 추락 직전까지 갔다. 다행히 조종사가 항공기의 조종을 회복하여 안전한 고도로 모함 상공까지 도달하였으나 착륙 바퀴의 손상으로 해상에서 비상 탈출한 후, 구조되어 모함으로 귀환할 수 있었다. 그가 훗날 우주인이 된 암스트롱(Neil Amstrong)이었다. *Ibid*. (미국 우주인 John Glenn 그리고 미국 프로야구(MLB)선수 Ted Williams도 역시 미 해병대 조종사로 F9F를 비행했다.)

207) *Ibid*, pp.327-328; 공군역사기록관리단, 『UN공군사(상권)』 p.368.

208) Knott, pp.331.

내의 모든 발전소를 잠재적인 표적으로 건의한
바 있었다. 수풍발전소를 제외한 이유는 유엔군
이 북한을 점령할 경우 중국이 송전 중단을 항의
할 것이라는 미 국무부의 우려 때문이었다. 그러
나 맥아더는 이를 받아들이지 않았다. 1952년
6월 수력발전소 공격이 계획되었다. 유엔군 항
공기의 엄청난 차단 작전에도 불구하고 적의 보
급 유통을 막을 수 없었기 때문이었다. 또한, 휴
전회담도 지지부진했다. 연합군 지휘관들은 제

1951년, 미 해군 항모 USS *Bon Homme Richard*
가 재취역 후 항해하고 있다. 1947년 퇴역했을 때와
다른 점은 한국전쟁에 필요한 대공감시레이더
(SPS-6) 장착이었다. (Wikipedia)

한구역 내의 북한 발전시설 공격에 항공력을 집중하기로 했다. 6월 18일 극동공군사령
부는 제5공군과 폭격사령부에 기상조건이 허락하면 극동해군과 협의하여 6월 23일
또는 24일 발전소 지역을 공격할 것을 명령하였다.[209]

미 공군과 미 해군은 합동공중공격팀을 구성하였다. TF77의 고속항공모함, USS
Boxer, USS *Princeton*, USS *Bon Homme Richard*, USS *Philippine Sea*, 4척의
항공모함 함재기들이 참여했다. 만주 안둥(安東) 비행장에서 MiG-15가 압록강을 건너
공중 대응해 올 것이 예상되는 상황이었다. 1952년 6월 23일 오후에 수풍발전소에 대한
공격작전이 개시되었다. Panther는 대공포 제압 임무를 맡았고, Skyraider는 발전소,
변압기, 그리고 댐의 수문에 90톤의 폭탄을 투하했다. 공군의 F-80 Shooting Star, F-84
Thunderjet 전폭기가 추가 공격을 퍼부어 완전히 초토화시켰다. 예상했던 미그기의 저항
은 없었다.[210]

수풍발전소 공격이 개시된 직후에 미 제1해병비행단 소속 79대의 전폭기가 장진발
전소를 강타했다. 거의 같은 시각에 2척의 항모에서 출격한 90대의 Skyraider,
Corsair, Panther 함재기들은 월전발전소를 공격하여 파괴하였다. 같은 날 오후, 3척
의 항공모함에서 출격한 함재기 70대는 허천 발전소를 공격했고, 다음 날 6월 24일에도
해병대 폭격기들이 장진발전소와 월전발전소, 그리고 허천 지역을 재차 폭격했다.

---

209) 공군역사기록관리단, 『UN공군사(하권)』 p.44-50.
210) Knott, pp.332-333.

1951년 F9F Panther 2대가 한국 해역에 있는 USS *Princeton*에 착륙을 시도하고 있다. 동시에 착륙 중량을 줄이기 위해 연료를 공중에 버리고(fuel dump) 있다. (Korean War Chronology)

미 공군과 해군의 집중적인 북한 내의 수력발전소 파괴 작전으로 북한에 있는 발전소의 90% 이상이 불가동 상태가 되었다. 극동공군은 수풍발전소가 한국전쟁이 계속되는 한, 결코 다시 가동할 수 없을 것으로 판단했다. 이 공격은 북한과 중국 국경지대에 광범위하고 지속적인 정전사태를 가져왔다.211)

• 그 밖의 항공후방차단작전

그 밖에 TF77이 1952년에 수행한 항공차단작전은 아래와 같았다.212)

- 1952년 1월의 "Package와 Derail 작전"은 함재기와 함포사격으로 2월 한 달간 적의 교통망을 공격한 차단 작전이었다. 그러나 이 작전은 적의 철도 교통을 두절시켜 보급을 감소시켰으나 충분하지는 않았다.

- 1952년 1월에 시작된 "Moonlight Sonata(월광곡) 작전"은 야간에 눈 덮인 전장에서 만월(fullmoon)의 달빛을 이용하여 철도와 기차를 공격하는 작전으로, 야간 전투기가 철로를 따라 무장정찰하다가 기차를 발견하면, 기차 전후의 철도를 폭격한 후, 다음 날 아침 함재기들이 움직이지 못하는 표적을 공격하는 작전이었다. 1952년 봄, 몇 대의 기차를 이 작전으로 고립시켜 파괴했다.

- 1952년 5월에 시작된 "Insomnia(불면증) 작전"은 적들이 우군의 월광곡 작전에 대응하기 위해 철도운영 계획을 변경하자, 이에 대응하기 위해 우군의 야간비행 계획을 다양화하여 적을 교란하는 작전이었다.

- 1952년 7월 11일, "평양과 그 주변 산업시설에 대한 대규모 합동 후방차단작전"이 개시되었다. 항모 USS *Princeton*, USS *Bon Homme Richard* 그리고 영국 항모 HMS *Ocean*의 함재기들이 미 해병대, 미 공군 및 호주 공군기와 합류하여 북한 수도

---

211) 공군역사기록관리단, 『UN공군사(하권)』 pp.51-53.
212) Knott, p.332.-334.

주변의 표적들을 맹폭했다. 8월에도 이어진 유사한 공격은 평양에 남아 있던 복합적인 산업시설을 파괴해 적에게 막대한 피해를 주었다.

1952년 6월 16일, 미 항모 함재기 공격으로 파괴된 북한의 열차 모습으로 TF77의 한 조종사가 촬영한 사진이다. (Korean War Chronology)

- 1952년 9월 "아오지(阿吾地) 정유공장 폭격"이 공군과 합동으로 수행되었다. 표적이 된 적의 주요 연료보급소는 소련 국경에서 10마일(16km)이었고, 만주에도 인접한 아오지의 대형 정유공장으로 지상기지 공군 항공기의 작전 반경을 벗어난 거리에 있어, 함재기 운용이 필요한 표적이었다. 9월 1일, 항모 USS *Essex*와 USS *Princeton*, 그리고 USS *Boxer*에서 144대 이상의 함재기가 출격한 작전으로 전쟁 중 가장 대규모의 항공모함 항공타격이었다. 같은 날 문산의 산업 표적과 청진의 전기 공장도 공격했다. 그리고 모든 함재기가 모함에 안전하게 귀환했다.

- 1952년 10월에 "고원(高原) 철도보급소 폭격"을 실시했다. TF77 함재기들과 B-29의 합동작전이었다. 10월 8일, 제11비행대대(VF-11)의 F2H Banshee 12대가 B-29와 공중에서 집합한 후 호위기 임무를 수행하면서 무기저장소가 있는 고원으로 향하였다. USS *Essex*, USS *Princeton*, USS *Kearsarge*에서 이륙한 89대의 함재기가 표적을 로켓과 폭탄으로 맹폭해 임무를 끝냈다. USS *Kearsarge*는 9월 14일 TF77에 합류했다. 그리고 10월 28일, Panther, Corsair, Skyraider 함재기를 탑재한 공격항모 USS *Oriskany*가 전투지역에 도착했다.

최초 함대지 유도탄 발사

전쟁 중 특이사항으로 1952년 8월 미 해군은 항모에서 최초로 유도탄을 북한 해안 표적에 발사했다. 1952년 8월 28일에서 9월 2일 사이에 항모 USS *Boxer*에서 작전을 수행한 제90유도탄부대(Guided Missile Unit 90)는 북한 해변의 표적에 유도미사일

F6F-5K Hellcat(drone) 6기를 발사했다. 이 유도탄은 제2차 세계대전 시에 사용했던 무인 무선통제기(pilotless radio-controlled), Hellcat(F6F-5)를 개량한 것으로 고성능 폭약이 장전되고 텔레비전 유도 시스템(television guidance system)이 장착되었다. 발사한 6발 중에서 1발은 명중했고(hit), 4발은 빗나갔으며(miss), 1발은 작동 불능상태(operational abort)였다. 이것은 실제 전투 중 항공모함에서 발사한 최초의 유도탄이었다.[213]

• 휴전 임박과 항공지원

휴전회담이 진행되면서 1953년의 몇 달 동안 TF77은 근접항공지원 작전을 비롯하여 병참선 차단과 산업시설 공격 등 다양한 임무를 계속 수행했다.[214]

- 1953년 4월 13일, 항모 USS *Philippine Sea*와 USS *Oriskany*의 함재기들은 북한 북동쪽 항구도시 청진을 맹공했다. 4월 21일에는 항모 USS *Oriskany*와 USS *Princeton*의 함재기들이 북동쪽 해안의 표적을 폭격했다.

1953년 5월 22일, 제3차 한국 전개를 마치고 샌디에이고로 향하는 미 해군의 경항모 USS *Bataan* 승무원들이 갑판에 "HOME"이라는 영문 글자와 화살표를 만들었다. (Wikipedia)

- 1953년 4월 26일, 포로교환 문제를 해결하기 위해 휴전회담이 다시 시작되었고, 6월 초 본국 송환문제에 대한 합의가 어느 정도 이루어지자, 적은 영토 확장을 위해 공격을 감행해 왔다. 제7함대사령관 클라크(Joseph J. Clark) 제독은 이를 막기 위해 TF77 소속 항모 USS *Boxer*, USS *Lake Champlain*, USS *Philippine Sea*, USS *Princeton*의 함재기들이 유엔 지상군을 위한 근접항공지원 작전에 총력을 동원할 것을 지시했다.

---

213) Knott, p.333; "Korean War Chronology," Korean War Chronology_US Navy.pdf, (검색일: 2023년 12월 10일); Cagle·Mason, pp.457-458.
214) Knott, pp.342-343.

항모 USS *Lake Champlain*의 제4혼성비행대대(Composite Squadron 4)는 Skyknight 대형 야간전투기를 탑재하고 한국에 왔다. 그리고 6월 21일 평택(K-6) 비행장에 도착했다. Skyknight[215]는 제트엔진의 후미 배기관(tailpipe)이 아래로 향해 항공모함 운용에 부적합했다. 그래서 지상기지로 파견되어 야간에 B-29 등의 호위 임무를 수행했다.

1953년 미 해군 항모 USS *Lake Champlain*을 함수 방향에서 본 비행갑판 모습. (Wikipedia)

Douglas 항공사의 F3D (F-10) Skyknight 야간전투기. (Wikipedia)

1952년 한국 평택비행장(K-6)에 착륙 중인 F3D-2 Skynight 야간전투기. (Wikipedia)

전쟁 후기 국면에서 적의 병참선을 차단하여 전장을 고립시키려는 유엔 공군의 위와 같은 지속적인 노력은 값비싼 대가와 희생을 치렀다. 그러나 이러한 노력은 기대했던 만큼 성공하지 못하고 실패했다.[216] 그러나 1953년 5월 유엔 항공기의 북한 관개용 댐 파괴는 북한의 철로와 고속도로 파괴와 함께 북한 인민의 주식인 벼농사에 큰 차질을

___

215) Douglas 미 항공사의 F3D Skyknight(후에 F-10 Skyknight로 명칭 변경)는 쌍발 제트엔진 전투기이다. 1948년 3월 최초 비행을 한 F3D는 미 해군과 해병대가 야간전투기로 운용했다. 설계 단계에서부터 미 해군의 작전 요구(제트엔진 추진, 레이더 탑재, 야간전투용 함재기)로 대형 공중요격(AI) 레이더가 탑재되고 복좌 전투기가 되어 항공기 동체가 통통하고 매우 컸다. 그러나 Skynight는 제트엔진 후미 배기관(tail pipe)이 아래로 경사져 항모에서 이륙할 때 갑판을 손상시킬 수 있었다. 이런 이유로 초기형은 지상기지에서만 운용했다. 나중에 이런 문제를 개선한 파생형은 항모에서 작전을 수행했다. 그래서 처음에는 지상기지로 파견되어 야간에 B-29 호위 임무를 수행했다. (Wikipedia); Knott, p.340.

216) Field, p.386.

주었다. 이러한 항공후방차단작전은 1953년 7월 27일 정전협정 체결에 촉매제가 되었다.[217]

• 항공후방차단작전의 전형적인 형태

중공군이 1950년 10월 한국전쟁에 개입한 이후 공세가 이어지자 1951년 초에 전쟁은 완전히 새로운 국면으로 접어들었다. 극동군사령부는 중공군의 진출을 막기 위하여 병참선을 차단하는 항공후방차단 작전을 계획했다. 제5공군도 항공차단 작전이 중공군의 공세와 유엔 지상군의 손실을 막을 수 있는 유일한 열쇠로 보았다. 그러나 1950년 11월 MiG-15의 출현으로 극동공군은 공중우세를 유지하면서 지상군을 지원해야 하는 상황에 이르렀다. 따라서 신예 제트전투기 F-86 Saber는 공중우세를 위해 공중전에 전념할 수밖에 없었고 그 외의 F-80, F-84 전폭기들과 B-26, B-29 폭격기들이 지상군 지원과 차단임무를 수행해야 했다.

따라서 극동해군의 TF77도 특별한 임무를 맡게 되었다. 그것은 중공군의 진출을 막기 위하여 극동공군과 함께 중공군의 진장을 고립시키는 합동작전이었다. 이런 역할은 TF77 소속 함재기들이 적군의 보급로를 차단하기 위하여 거의 20개월 동안 지속적으로 수행한 임무의 시작이었다. 이 작전은 한국으로 다시 전개한 미 제5공군 소속 전투기, 제1해병비행단 항공기들, 그리고 일본에 주둔한 극동공군 폭격사령부와 제5공군의 전투기가 TF77 함재기들과 합동으로 수행했다.

TF77이 참여했던 주요 작전으로는 위에서 살펴본 1951년 말의 압록강 교량 폭파작전을 시작으로 1952년의 화천댐 어뢰공격, 질식작전, 나진 급습작전, 수력발전소 폭격작전, 그리고 정전협정 조인이 임박한 상황에서 북한의 대형 저수지와 같은 관개시

---

217) 1953년에 일어난 3대 사건은 한반도에 평화를 빨리 가져왔다. ①3월에 휴전협상의 주요 장애물이었던 소련 수상 스탈린(Joseph Stalin)이 사망했다. ②5월에는 미 공군 폭격기들이 북한의 전략목표에 공격 빈도를 높였다. 예를 들면 북한 관개용 댐 파괴로 도로와 철로가 파괴되고 벼 농사에 큰 차질을 주었다. 그리고 ③아이젠하워 대통령의 전략 핵무기 사용 가능성 천명은 공산측에 대한 강력한 경고였다. 아이젠하워의 지시에 따라, 존 덜레스(John Dulles) 국무장관은 자와할랄 네루(Jawaharlral Nehru) 인도 총리에게, 휴전 합의가 진전되지 않는다면, 미국이 전술 및 전략 핵무기를 사용할 작정이며, 그리고 전략공군사령부가 중국 내 도시들을 공격하게 할 수도 있다는 경고를 중국에 전달할 것을 요청했다. 1953년 7월 27일, 중국은 한반도에서의 정전협정에 동의했다. McFarland, p.50.

설 파괴 등이 있었다. 이러한 합동 항공후방차단작전은 공산군의 보급을 완전히 차단할 수는 없었지만, 트럭과 열차 파괴로부터 시작해 철로의 차단, 압록강 다리를 포함한 다수의 교량 파괴에 이르는 많은 전과를 달성했다.

1951년 5월, USS *Valley Forge*의 갑판 위의 AD Skyrader와 F4U Corsair(앞쪽). 여러 종류의 많은 무장 탑재가 가능한 Skyrader와 Corsair는 저속의 프로펠러 함재기였지만, 오히려 저속이어서 적의 표적(지상의 대공포대)에 정확하게 폭격할 수 있었다. (미 해군)

이러한 합동작전에서 일련의 전형적인 작전 수행 형태(mission profile)가 만들어 졌다. 특히 북한 북부지역의 전략 표적 공격을 위해 합동작전 계획 시 미 제5공군의 전투기의 전투행동반경을 고려하여 폭격사령부 B-29의 호위와 작전 지역 전투 초계를 TF77 함재기들이 많이 담당했다. 그리고 한반도 서북부지역은 MiG-15의 전투행동반경 내에 있어 항상 적의 공중위협이 존재했었다. 또한, 동북부 지역은 소련과 접경지역으로 TF77의 항공모함 초계기들이 소련 공군의 움직임을 항상 주시해온 경계 지역이었다.

특별히 북한의 전략 표적 지역은 대부분 대공포망이 밀집되어 있어 유엔군 전투기에 항상 큰 위협이 되었고, 이러한 대공포에 의한 우군기 손실도 매우 컸다. TF77 함재기의 주요 기종인 Corsair, Skyrader, Panther는 대량 편대군을 이루어 표적을 공격할 때 임무를 분담했다. 극동공군과 합동작전으로 일정하지는 않았지만, 예를 들면 Corsair는 대공포 제압 임무, 대량 무장 탑재 능력이 있는 Skyraider는 (공군 전폭기와 함께) 표적 직접 폭격, 그리고 Panther와 같은 제트기는 표적 상공 전투초계 임무 또는 B-29 호위를 주로 맡는 임무 수행형태를 보였다.

[표 1] 한국전쟁 참전 미국 항공모함

(총 17척이 순차적으로 참전)

고속항모(CV)	경항모(CVL)	호위항모(CVE)
Essex(CV-9)	*Bataan*(CVL-29)	*Rendova*(CVE-114)
Boxer(CV-21)		*Bairoko*(CVE-115)
Bon Homme Richard(CV-31)		*Badoeng Strait*(CVE-116)
Leyte(CV-32)		*Sicily*(CVE-116)
Kearsarge(CV-33)		*Point Cruz*(CVE-119)
Oriskany(CV-34)		
Antietam(CV-36)		
Princeton(CV-37)		
Lake Champlain(CV-39)		
Valley Forge(CV-45)		
Philippine Sea(CV-47)		
# 1951년 10월 1일. CV(고속 항모)는 CVA(공격 항모)로 재지정 되었음		

(출처) Richard C. Knott, "Attack from the Sky: Naval Air Operation in the Korean War," p.312.

항공작전의 합동성 문제

제7장

항공작전의 합동성 문제

제2차 세계대전 후, 미군은 전쟁 경험을 통한 치열한 교리논쟁을 거친 후, 크게 개편되었다. 미 육군은 자체 항공력을 내주었고, 미 공군은 별개의 군으로 승격되어 독립했다. 그러나 미 해군과 해병대는 자체 항공력을 유지했다. 이러한 개편에 의한 교리의 변화는 한국전쟁에서 첫 시험대가 되었다. 그러나 한국전쟁 기간 내내 일상적인 미 육·해·공군 각군 간의 협조는 별다른 어려움이 없이 해결되었다. 항공기와 함정을 이용한 수송의 할당은 군 간의 경계를 넘나들었다. 특히 상륙 작전을 위한 합동기획은

1952년 1월 제2차 한국전쟁 전역에 전개를 앞두고 준비 중인 미 해군의 경항공모함 USS *Bataan* (CVL-29)이 F4U-4B Corsair 해병대 전투기를 탑재하고 항해 중이다. (Wikipedia)

효과적이었다. 그리고 군수 보급의 상호지원업무는 비교적 만족스러웠다. 그러나 예외가 하나 있었다. 전술 항공자산의 적절한 배분 문제였다. 미 공군은 한국전쟁에서 첫 테스트를 받았다.218)

전쟁 초기에는 미 해군과 공군 간의 합동작전이 잘 이루어지지 않았다. 통신 장비가 열악하였고, 공군기가 표적 상공에서 체공 시간이 제한적이었던 이유로 인해 우선권이 공군기에 주어졌었다. 그리고 해군 조종사들은 해군 시스템이 우월하다고 믿었다.219)

---

218) Field, p.385.
219) Knott, p.296; Spencer C. Tucker, editor, *Encyclopedia of The Korean War*, (New York: Checkmark Books, 2002), p.155.

근접항공지원(CAS: Close Air Support) 작전은 전투폭격기가 지상군에게 직접 화력을 지원하는 수단이다. 지상군과 전투폭격기 간의 공지작전은 2차대전 기간에 발전되어 한국전쟁에서도 적용되었다. 한국전쟁 기간에 북한군이나 중공군은 실질적으로 근접항공지원이 없었다. 미군의 근접항공지원은 미 공군·해군·해병대 전투기가 수행했다. 미 공군이 주력이었던 유엔군의 주요 항공전력은 제5공군, 제1해병비행단, 그리고 해군 제7함대의 제77기동부대(TF77: Task Force 77) 함재기였다. 그밖에 국가로는 호주, 남아프리카연방, 영국 해군 함재기가 참전하여 제5공군과 TF77의 통제 아래 함께 작전을 수행했다. 그렇지만 이들 전투폭격기 부대에 근접 항공지원은 단지 공중우세, 전장차단, 그리고 정찰과 같은 임무 중의 하나에 불과했다.[220]

전쟁 기간 중 근접항공지원은 한반도 전술항공통제체계(Tactical Air Control System)에 의해 수행되었다. 그러나 근접항공지원(CAS) 작전을 원활하게 수행하지 못하게 하는 내적인 문제가 있었다. 이는 미 공군과 미 해군·해병대 간의 합동성(jointness)[221] 문제였다. 다시 말해 각 군 간에 조정·통제를 통한 합동적인 임무 수행이 원활하지 못했다. 애매했지만 미 극동공군은 "협조·통제(Coordination Control)"라는 관계로 미 해군·해병 항공전력을 운용할 수밖에 없었다. 이에 대해 무엇이 원인이었는지에 대해 살펴보고자 한다.

---

220) 장호근(2023), p.223.

221) 합동성(jointness)은 미군이 만든 신조어(neologism)로 제2차 세계대전 직후 합동작전이라는 말이 사용되기 시작하면서 합동성이 강조되기 시작은 했으나 그 효과는 미미하였다. 그 목적은 군이 다른 부대와의 상충성(conflict)을 해소하여 협력을 증진시키기 위한 것이었다. 최근 미국 RAND연구소의 한 보고서는 합동성을 "각군 간(cross-service)의 활동, 능력, 작전 그리고 조직의 결합이다. 이것은 각 군 고유의 기여를 능가하여 개별 군의 능력을 증진시킨다"라고 정의하고 있다. 한마디로 "군사력을 효과적으로 통합해 전투력 승수효과(synergy)를 극대화하는 것을 말한다." 미국의 경우 합동성이 강화가 시행되기 시작한 직접적인 계기는 1986년 "Gold Water-Nicols" 법이 통과되고 1991년 사막의 폭풍작전(Operation Desert Storm)에서 전 세계에 합동성의 가치가 무엇인가를 명백히 보여준 걸프전의 승리였다. 그 이후 합동성과 합동작전은 미군의 군사 개념에 초석이 되었다. 박휘락, p.98; 유용원, "합참 작전참모부장(작전본부장 예하)에 육군 6명, 공군 1명… 해군은 없어," 『조선일보』 2010년 4월 28일; RAND, "Rethinking Jointness?: The Strategic Value of Jointness in Major Power Competition and Conflict," Research Report, RAND Cooperation, (CA: Santa Monica, 2023), pp.v, 1-2.

■ 극동군사령부 합동참모조직의 부재

북한 지상군을 막기 위한 항공력의 전술적 운용은 항공력의 작전통제권과 전력 배분 그리고 전력 운용 방법에 있어서 공군과 육·해군 간의 책임과 역할을 조정하고 통제하는 데 문제가 있었다. 미 공군은 육군으로부터 독립 후 개별 군종으로는 최초로 전쟁에 참여한 경우였고, 지상전의 급격한 상황 변화에 따라 전쟁의 향방도 급격히 결정되어 공군의 중요성을 증명하는 시험대가 되었다. 그러나 문제의 발단은 극동군사령부의 합동성 부족에도 있었다.

[도표 3] 극동군사령부(FEC) 지휘체계

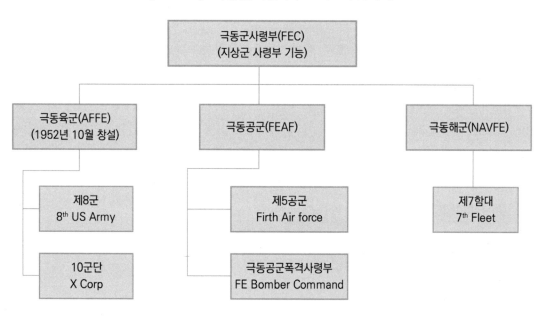

(출처) 장성규. 『6·25 전쟁기 미국의 항공전략』(2013). p.132.

극동군사령부(FEC: Far East Command)는 원칙적으로 미국의 통합군사령부 (Unified Command)로 설치되었고, 그 산하에는 극동육군사령부(AFFE: Army Force Far East), 극동해군 사령부(NAVFE: Naval Force Far East), 그리고 극동공군사령부 (FEAF: Far East Air Force)가 있었다. 당시 맥아더(Douglas MacArthur) 장군은 두 가지 지휘 책임을 모두 맡고 있었다. 연합군 최고사령관(SCAP: Supreme Commander for the Allied Powers)으로 점령군을 지휘했고 일본을 통치했다. 또한, 미 극동군사령관(FEC)으로서 미 합참이 배치한 모든 미군을 통합 지휘했다.

여기에 추가로 맥아더 장군은 극동육군사령관도 겸직했다.[222] 이에 따라 극동군사령부는 지상군사령부의 기능도 같이 수행했다. 그리고 도쿄에 있는 총사령부(General Headquarters-SCAP)가 극동군사령부를 관리했다. 사령부 본부(GHQ)에는, 해·공군 대표가 있는 '합동전략기획 및 작전단(JSPOG: Joint Strategy Plans and Operations Group)' 이외에는 합동 참모 조직이 없었고 사령부 대부분 주요 직책에는 육군 장교들로 보임되어 있었다. 따라서 각 군의 항공력을 최대로 활용하지 못하였다. 특히 극동군사령부 내에 유엔 공군 전체 항공부대를 통제할 참모가 없는 것이 문제였고, 미 극동공군과 극동해군이 동격이었기 때문에 본질적으로 항공작전의 통일성을 이루지 못하였다.[223]

합동성이 결여된 극동군사령부와 극동공군 간의 최초 논쟁은 6월 28일부터 7월 말까지 투입된 B-29의 표적 선정에서 발생했다. 전략 폭격기의 표적이 우군과 근접한 지역의 교량과 도로 등으로 전술공군의 표적이었다. 이러한 적절하지 못한 표적 선정은 임무 성공률이 낮을 수밖에 없었다.

문제는 이러한 표적 선정과 공격 계획이 전문성 있는 참모에 의해 작성된 결과가 아닌 데에 있었다. 그리고 이런 사례가 빈번하게 발생했다는 데에도 원인이 있었다. 이런 문제를 해결하기 위해, 1950년 7월 14일 극동군사령부 참모장 아몬드(Edward M. Almond) 소장은 육·해·공군 장교 4명으로 구성된 '사령부 표적분석단(GHQ Target Group)'을 사령부에 설치하였지만, 문제는 개선되지 않았다. 구성된 장교들이 표적 선정과 항공력에 대한 이해도가 낮았기 때문이었다. 그 후 표적 선정의 우선순위를 결정하는 전략지침을 작성하기 위해 7월 24일 고위급 참모들로 구성된 '합동표적선정위원회(Joint Target Selection Board)'가 최초로 소집되었다. 그러나 "공군력을 전략적으로 운용되어야 한다"는 극동공군 부사령관 웨이랜드(Otto P. Weyland) 공군 준장과 "항공력은 반드시 분권적으로 운용해야 한다"는 확신을 가진 맥아더 장군의 참모장 아몬드 육군 소장 사이의 논쟁이 계속되었을 뿐이었다.[224]

---

222) 맥아더 장군은 미 극동 육군 지휘관이기도 했으나 그 직함을 한 번도 사용한 적은 없었다. George E. Stratemeyer, edited by William T. Y'Blood, *The three wars of Lt. Gen. George E. Stratemeyer: his Korean War diary,* (Washington: Air Force History and Museums Program, 1999), p.18.

223) 장성규, pp.130-131; 공군역사기록관리단, 『UN공군사(하권)』 pp.18, 20.

■ 미 해·공군의 협조·통제 문제

1950년 7월 8일, 극동공군사령관 스트레이트 마이어(George E. Stratemeyer) 중장은 "육상과 항모에 기지를 둔 미 해군·해병대 항공기를 포함하여 한반도에서 벌어지는 모든 항공작전은 단일 공중사령관의 책임으로 미 극동공군의 작전 통제를 받아야 한다"라고 강력히 주장했다. 맥아더 장군의 극동군사령부도 극동공군이 전반적인 공중 책임을 져야 한다는 것을 구두로는 인정했다. 그러나 가장 중요한 것은 미 해군이 이를 수용할 수 있느냐 하는 것이었다.[225]

1951년 1월 24일 한반도 해역 전개를 마치고 미국으로 귀환하기 위해 요코스카에서 항공기를 선적하고 있는 미 해군 항모 USS *Leyte*. 멀리 희미하게 흰 눈으로 덮인 후지산이 보인다. (미 해군)

● 협조·통제 문제의 발단

합동성의 문제는 전쟁 초 북한의 수도 평양 인근을 미 해·공군이 함께 공격하는 합동작전에서 발생했다. 1950년 7월 3일과 4일, 미 해군 함재기와 극동공군 B-29 폭격기의 해주와 평양 공격에서 미 해군과 공군 사이의 공격 계획이 사전 협조가 안 되어 극동공군의 폭격기가 평양 공격을 취소해야 하는 사건이 발생했다. 이로 인해 극동공군사령관은 미 해군의 공격, 특히 최전방 근접표적 폭격에 대해 좀 더 엄밀히 통제할 필요가 있다는 사실을 깨닫게 되었다. 이에 따라 극동공군사령관 스트레이트마이어 장군은 교범과 지침에 명시된 자신의 권한을 행사하기 위해 맥아더 장군에게, 해군 항공모함 함재기도 제5공군의 항공기들과 동일한 작전 통제를 요구했다. 그러나

---

224) 장성규, pp.135-136; 극동공군 부사령관 웨이랜드 소장은 2차대전 시 프랑스 전선에서 근접 항공지원으로 명성을 얻은 바 있었다. 그는 B-29가 타격할 표적 선정에 대한 논의에서, 에드워드 아몬드 소장과 격렬한 논쟁을 벌였다. 당시 미 공군의 아몬드 장군에 대한 비판은 이러했다. "대부분의 맥아더 참모진들과 마찬가지로 아몬드 장군도 육군 장교였다. 그러나 그는 자신이 1930년대에 맥스웰 비행장(Maxwell Field)의 항공대 전술학교(Air Corps Tactical School)를 다녔다는 사실 때문에 본인이 군 항공의 전문가라고 생각했는데, 그에게 있어서 군 항공이란 그가 필요할 때마다 자유롭게 사용할 수 있다고 믿는 것으로, B-29도 포함하는 것이었다. 아몬드는 전쟁의 가장 큰 관심사인 북한군의 병참선과 병력 지원을 차단해야 할 필요성을 무시하고, 그는 눈앞에 보이는 전장 그 자체에만 집중했다." Air Force History Museums, pp.9-10.

225) 공군역사기록관리단, 『UN공군사(하권)』 p.18.

해군 측은 이를 거부했다. 해군은 공군의 통제를 원하지 않았을 뿐만 아니라, 합동작전본부(JOC: Joint Operation Center)를 탐탁히 생각하지 않았다.[226)]

전쟁 초기에 항공지원 요청은 극동군사령부와 극동공군을 통해서 이루어졌다. 1950년 7월 7일이 되어서야 극동공군사령관은 주한 미 육군이 제5공군에 직접 요청할 수 있도록 극동군사령관 맥아더 장군의 승인을 받았다. 그러나 항공모함이 한국 전역에 대한 항공지원을 시작하자 상황은 더욱 복잡해졌다. 마침내 1950년 7월 15일, 긴 논의 끝에 이문제에 대한 책임을 갖고 있었던 극동군사령부는 작전 통제 대신에 "협조·통제(Coordination Control)"라는 생소한 개념을 제시하였다. 미 해군도 항공모함 전력을 극동공군의 "협조 통제" 아래 두는 것에 합의했다. 극동공군은 "협조·통제"를 통해 극동공군이 한반도에서 수행하는 모든 항공작전을 통제할 수 있을 것으로 생각했으나 해군의 해석은 달랐다. 극동해군은 극동공군이 필요할 경우 해군에 지원을 요청할 수 있는 것으로 이해하여 상호 간에 견해 차이가 발생했다. 이 합의로 인해 미 해군은 미 공군의 통제를 피했지만, 전선에 접근하는 해군 항공기는 합동작전본부(JOC)에 보고만은 해야 했다.

1950년 11월 16일, 미 항모 USS *Sicily*의 무장정비사가 북한지역 공격을 위해 이륙하는 F4U Corsair 전투기에 장착된 폭탄을 최종 점검하고 있다. (Korean War Chronology)

"협조·통제"라는 용어는 한국전쟁 중 항공작전 지침에 계속 사용되었으나 무엇을 뜻하는 것인지 명확히 밝힌 적도 없었다. 따라서 전쟁 초기 6개월간은 "협조·통제"라는 모호한 용어의 사용으로 많은 혼란에 빠졌었다. "협조·통제"는 규정과 교범에 명시되어 있는 용어가 아니었기에 어떠한 강제력도 없었다. 이 때문에 미 해군이 항공전력에 관한 정보의 사전 제공이나 실제 작전 상황의 전달 그리고 결과 보고를 거부하면 극동공군은 이를 받아들일 수밖에 없었다. 맥아더 사령관은 개인적으로 극동공군사령관에게 전반적인 항공지휘권을 부여한다고 언급하였으나 극동공군은 그에 상응하는 권한을 갖지 못했다.[227)]

226) Thompson, p.15; 장호근, p.227; 장성규, pp.142-143.

227) Field, p.389; Thompson, p.15; 공군역사기록관리단, 『UN공군사(하권)』 p.19; 장성규, p.143.

• 미 해·공군 간의 문제와 해결 과정

그러나 이러한 협의가 있었음에도 합동작전본부(JOC)에 관한 해군과 공군의 우려는 현실이 되었다. 극심한 무전 통화량으로 인해 시스템에 과부하가 걸렸고, 때때로 TF77에 보내는 중요한 메시지가 제시간에 도착하지 못했다. 나아가 이미 과도한 임무를 안고 있던 JOC 통제관들에게 해군 함재기의 근접항공지원을 통제하는 일까지 더해지며 더 큰 부담이 되었다. 통제관들은 일본에 기지를 두어 이미 연료가 부족한 상태의 F-80 전투기들[228] 그리고 항속거리는 더 길지만, 일몰 전 항공모함으로 귀환해야 하는 프로펠러 공격기를 함께 운용해야만 했다.[229]

TF77 함재기의 비행계획이 항상 문제가 되었다. JOC와 TF77 사이의 통신도 자주 단절되었다. 공군과 해군의 무전기(radio set)가 서로 일치하지 않았고[230] 무전이 되어도 통화량이 많아 사용 주파수가 항상 포화상태인 경우가 많았다. JOC는 해군으로부터 전술 항공작전 상황을 감시하고 조정·통제하기 위한 비행 정보를 거의 받지 못했다. 심지어 미 공군과 해군은 사용하는 지도도 서로 달랐다.[231] 특히 미 해군은 제5공군을 무시하고 독립적으로 작전을 수행하는 것을 선호하기도 했다. 그래서 제5공군과 협조 없이 공격을 시도할 때가 많았다. 또한, TF77은 전장에 도착했을 때 '전 함재기 출격(deckload strike)'을 수행하곤 했다. 이런 출격은 제5공군 JOC의 통제를 마비시키곤 했다. 어떤 경우에는 미 해군 함재기들이 JOC에 통보 없이 갑자기 작전 지역에 나타나 공격목표를 요구하기도 했고, JOC에 통보했더라도 사전 예고 없이 임무를 취소해 혼란을 일으키기도 했다. 이러한 불행한 상황은 JOC와 TF77 사이의 직접 대화의 부족과

---

228) 미 공군은 한국전쟁에서 제트항공기를 선호했다. 미 공군의 가장 오래된 F-80 Shooting Star는 요격기(intercepter)로 설계된 제트기였다. 제트엔진으로 추진되는 F-80이 동체 내부 연료만으로 비행할 경우 작전반경은 100마일이었고 외부에 보조 연료 탱크를 장착할 경우에는 225마일 내지 350마일이었다. 그러나 이 경우에는 무장 장착에 제한을 받았다. 따라서 대지 공격 무장으로 일본에서 이륙하여 CAS 지원을 하는 경우 연료가 부족한 문제가 있었다. 실제로 부산지역에서 공격 임무를 수행하는 시간은 10분 정도에 불과했다. Southard, pp.52-53.

229) Thompson, pp.15-16.

230) 전쟁 초기 미 공군 전투기 무전기에 4개의 VHF 채널이 있었는 데 비해, 미 해군·해병대 전투기의 무전기 세트에는 10개의 채널이 있었다. 이 무전기들은 한국에서 호환성이 없다는 것이 입증되었다. Field, p.387; Tucker, p.157.

231) 전쟁 초기, 항공모함 조종사들은 큰 어려움에 처하게 되었다. 3군이 공통으로 사용하는 지도가 없었기 때문에 3군이 모두 식별해야 하는 표적의 위치 지정이 불가능하기도 했다. Field, p.389; Tucker, p.157.

무전 침묵(radio silence) 상태에서 작전을 수행하는 TF77 항공작전의 관습 때문에 더욱 악화되었다. 이로써 공군과 해군 항공기들은 전선에서 별도의 작전을 수행하게 되어 지상군 근접항공지원이 통합적으로 이루어졌다고 할 수 없었다.[232] 그러나 후방차단과 전략폭격에 미 공군과 해군의 항공기가 참여하여 합동작전을 수행하는 경우에는 극동군사령부의 목표분석단이나 목표선정위원회에서 취급하였다.[233]

1950년 12월 28일, 한반도에서 작전 중인 항모 USS *Badoeng Strait*의 갑판에서 제설작업 중인 승무원들 (미 해군)

제5공군은 지상군의 상황이 어려웠던 7월 중에 전술항공통제체계(Tactical Air Control System)를 구축하는 등 공지작전에 많은 관심을 기울였다. 또한, 제5공군사령관은 장교 인원수가 절대적으로 부족함에도 경험 있는 장교들을 TF77, 미 보병사단, 및 한국군 군단에 파견하여 연락업무를 수행하게 했다. 공군연락장교(ALO: Air Liaison Officer)는 교리상 전술항공통제체계에 속하지는 않지만, 개인적으로 공군사령관을 대표하고, 항공기 공격 표적의 타당성 여부 등 공군 문제에 관하여 지해상군 부대 지휘관에게 조언하는 것이 주 임무였다. 그리고 전술항공통제반(TACP)의 활동도 감독하였다.[234]

극동군사령관 맥아더 장군은 JOC를 통해 작전을 수행하라고 공군의 손을 들어 주었다. 그러나 해군 측의 주장은 달랐다. 해군의 불만은 이러했다. 해군 항공기가 전장에 도달하더라도 공군의 지상·공중 통제관으로부터 임무를 승인받지 못해 공중 대기하다가 폭탄을 바다에 버리고 귀환하는 경우가 발생하기도 했기 때문이었다.

통신 장비가 문제를 일으킨 것도 사실이었다. 실례로 USS *Valley Forge* 함재기들이 7월 25일 부산 방어선의 전선에 도착했을 때, 함재기 조종사들은 JOC나 전방항공통제관(FAC)과 무선 접촉을 할 수 없었다고 보고했다. 그들은 일본에서 출격한 F-80들이 함재기들보다도 적은 양의 폭탄으로 표적을 공격하는 것을 무기력하게 보고만 있어야 했다. 그래서 분노한 해군 조종사들은 임기 표적(target of opportunity)[235]을 찾아

232) Y'Blood(2002), p.16; 공군역사기록관리단, 『UN공군사(하권)』 p.19.
233) 공군역사기록관리단, 『UN공군사(하권)』 p.20.
234) 군사편찬연구소(2008), PP,681-682.

제 7 장
항공작전의 합동성 문제

공격한 후 모함으로 귀환해야만 했다.[236] 그러나 항모 함재기와의 통신과 협조는 개선되어 갔다. 그런데도 근접항공지원 방식에 관한 개념 차이는 여전히 남아 있었다.[237]

1950년 7월 31일, 고속항모 USS *Philippine Sea*가 TF77에 합류하여 함재기 수가 배가되었다. 해군은 2척의 고속항모가 서로 엄호하면서 작전할 수 있도록 계획하였다. 함재기 조종사들은 전선에 도착한 후, 공격 대기 중인 항공기가 포화상태로 표적을 배당받기 어려웠다고 불평하면서 함재기가 공격 중에는 공군 전투기를 지상에 대기시켜달라고 요청하기도 했다. 그러나 이런 조치도 JOC와 TF77 간의 직통통신망이 없어 제5공군에서는 언제 해군 함재기가 날

1951년 한국전쟁 시 미 해군 항모 *Philippine Sea*에서 출격 대기 중인 F4U Corsair 전투기. (Wikipedia)

아올 것인지 예측할 수가 없었기 때문에 해결할 수 없었다.[238]

근본적인 문제는 JOC에 숙련된 통제 요원이 부족했고 전선에 전방항공통제기(A/FAC)와 통신 장비가 작전 항공기에 비해 너무 부족했다는 데 있었다. 이와 같은 항공기 통제와 통신문제를 해결하기 위해 각 항모에서 연락장교가 대구 JOC에 항공기 편으로 매일 파견되었고 매일 함대로 귀환하여 지상 작전과 정보 현황을 보고하도록 조치하였다. 그리고 근접항공작전의 공군 통제기 부족 문제를 해결하기 위해 JOC와 협의하여 전선을 4구역으로 나누고 각 구역에 해군과 공군 통제기를 별도로 운용하기도

---

235) 임기표적이란 사전에 계획되지 않고 전투 실시간에 나타나는 표적으로, 가용한 무기의 사거리 내에 있지만, 그에 대한 공격이 요청되지 않은 표적이다. 표적에는 계획표적과 임기표적이 있다. 임기표적은 공군의 무장정찰(armed reconnaissance)과 유사하다. 무장정찰은 사전에 정해진 표적 없이 출격하여 정찰 비행 중에, 계획하지 않았거나 예상하지 않았던 표적, 즉 임기표적을 발견하면 공격하는 전술공군 작전형태이다.

236) Cutler, p.54; 일본에서 이륙하는 공군기들은 무장 탑재량도 적었고 표적 체공 시간도 짧아 지상 표적 공격에 우선권을 주었다. 따라서 해군 항공기들은 표적 배당을 받기 위해 수 시간 대기하다가 폭탄을 바다에 투하하고 항모로 귀환하기도 했다. 그러나 항모 함재기와 JOC와의 통신과 협조는 개선되어 갔다. 그런데도 근접항공지원 방식에 관한 개념 차이는 여전히 남아 있었다. Knott, 377.

237) Cutler, p.54; 일본에서 이륙하는 공군기들은 무장 탑재량도 적었고 표적 체공 시간도 짧아 지상 표적 공격에 우선권을 주었다. 따라서 해군 항공기들은 표적 배당을 받기 위해 수 시간 대기하다가 폭탄을 바다에 투하하고 항모로 귀환하기도 했다. Knott, p.377.

238) Field, p.685.

했다. 이러한 임시적인 조치들은 항공기 통제의 혼란을 줄이는 데 도움이 되었다.[239] 그러나 JOC가 전혀 작동되지 않은 것은 아니었다. 여러 어려움 속에서도 합동작전을 수행하기는 했다. 제5공군 JOC는 1950년 7월 첫 주부터 근접항공지원(CAS) 작전계획의 수립 협조하기 위해 운영되기 시작했으나 TF77이 JOC에 정기적으로 연락장교를 파견하기 시작한 시기는 1951년부터였다. 그러나 연락장교는 초급장교여서 TF77의 비행계획을 결정할 수 있는 권한이 없었다.[240]

여하튼 전쟁 초기, 공군의 JOC는 공군체계 운영방식으로 CAS 임무를 통제하여 해군은 그 능력을 제대로 발휘할 수 없었다. 그러자 제7함대 사령관은 항모와 함재기들의 성능과 한계를 고려하고, 항공기 지원요구를 평가한 후 해군 장교를 공군이 운영하는 JOC에 파견하여 육군과 공군 요원에게 조언이 필요하다고 생각하게 되었다. 전쟁 초기에 이러한 조언과 결심을 할 수 있는 상위 계급과 경험을 가진 해군 장교가 JOC에는 없었다.[241]

이어서 8월 초, 북한군이 부산방어선을 돌파하기 위해 총공세를 펼치자 맥아더 사령관은 제7함대를 포함하여 모든 항공자산을 근접항공지원에 집중하라고 명령했다. 후방차단작전과도 관련되었다. 미 항모 USS *Sicily*와 USS *Badoeng Strait*의 해병 전투기들이 이 작전에 합류했다. 이 근접항공지원에서는 육군과 공군의 허락 하에 해군과 해병대 근접항공지원 개념을 적용하였다. 맥아더 장군도 현실을 인정하였다. 이는 치열한 전투가 벌어진 부산방어선을 사수하기 위해서 긴급 편성된 제1해병임시여단(1st

---

239) Cagle·Manson, pp.56, 58; 1950년 8월 3일, 극동공군과 극동해군은 항공작전에 관한 회의를 개최하고, 해군 함재기의 임무 우선순위를 결정하였다. 첫 번째 임무는 JOC의 표적 지시에 따른 유엔 지상군에 대한 근접항공지원 작전, 두 번째 임무는 제5공군과 협조하에 38도 이남에서 항공후방차단 작전 수행, 세 번째는 폭격사령부와 협조하여 38도선 이북에서 항공후방차단 작전을 수행하는 것 등이었다. 그러나 항공후방차단 작전이 원활하게 운용되지 않자 8월 9일, 극동해군은 극동공군과 상의 없이 함재기의 북한지역 공격 권한을 맥아더 사령관으로부터 승인받았다. 군사편찬연구소(2008), pp.683, 685; 통신장비 문제와 해공군의 서로 다른 지도 사용 문제 등을 고려해 공군은 서쪽, 해군은 동쪽으로 CAS 임무 지역을 분리하기도 했다. Tucker, p.157; 그 후, 1951년 6월 초, "질식작전(Op. Strangle)"에 참여한 해군·해병대 항공기들은 39도선 부근의 도로, 교량, 해안 사이의 터널 차단 작전을 실시했다. 제5공군은 서쪽 지역을, 제1해병비행단은 동쪽 지역을, 그리고 TF77은 중부지역을 담당했다. Knott, p.323. 이는 근접항공 지원과 유사한 공대지 작전에서 전술항공통제본부(TACC)와 합동작전본부(JOC)의 조정·통제 능력의 포화 상태와 합동성의 문제를 고려한 사전 계획으로도 볼 수 있었다.

240) Thompson, p.16; Y'Blood(2002), p.26.

241) Southard, p.59.

미 항모 USS *Sicily*에 미 해병대 헬리콥터가 착륙하고 있다. (Korean War Chronology)

Provisional Marine Brigade)을 지원하는 작전이었기 때문이었다. 그러나 공군의 공지작전체계는 전장 상공에 체공 중인 많은 해군 항공기들을 감당하지 못했다.242)

1950년 9월 초, 제5공군과 TF77 간의 항공작전에 문제가 되는 점은 다음과 같았다. ①해군 조종사들은 공군 용어를 충분히 이해하고 있지 않았다. ② 제5공군 지역에서 작전하는 TF77 기동부대와 상호 연락이 되지 않았다. ③다수의 함재기가 동시에 출격하여 지상의 통제기구에 혼란을 일으켰다.243)

그러나 1951년 초가 되자 상황은 개선되었다. TF77과 JOC 간에 통신이 효과적으로 이루어지기 시작했다. 해군과 공군 사이의 교류도 활발해졌다. 상호 연락장교도 어느 시기에 가서는 영구적으로 파견될 것 같았다. TF77도 적의 잠수함 위협을 무시하고 동해에 주둔하게 되었다. 따라서 JOC의 공군 장교들은 항모의 위치파악이 쉬워졌다. 그리고 TF77의 비행계획이 JOC 일일 절차를 거쳐 조정되기 시작했다. 전쟁 말기가 되자 무선 텔레타이프(radio teletype)가 설치되어 항공모함들이 통신상의 부담을 극복할 수 있었다. 또한, 해군 연락장교가 권한을 위임받아 JOC 내에서 표적 선정에 참여하고 비행계획을 조정하고, 결정할 수 있는 권한을 갖게 된 시점은 1953년 초였다. 그러나 전쟁은 끝나가고 있었다. 실제로 전쟁 마지막 2개월 정도 남겼을 때가 되어서야 제7함대는 JOC의 "협조·통제"에 동의했다. 그러나 근접항공지원 교리 문제의 차이는 남아 있었다. 반면에 임무 항공기 할당을 통제하고 모든 요청을 승인하는 업무가 JOC에 과도하게 집중되었다. 이런 집중은 적의 대응이나 방해에 매우 취약할 수 있었으며, 항공지원이 절정에 이르렀을 때 통신이 포화상태가 되는 큰 취약점이 있었다. 결론적으로 전쟁 기간에 극동공군이 해군 항공기를 결코 통제할 수가 없었다. 이는 단순한 문제가 아니었다. 장기간의 교육, 경험, 그리고 교리의 문제였다.244)

242) Knott, PP.301-302.
243) 군사편찬연구소(2008), p.736.
244) 장호근, p.228; Knott, PP.393-394; Cutler, p.55.

• 미 해병대·육군과 공군 간의 문제

한반도 전역의 모든 항공기를 작전 통제하는 것을
원칙으로 했던 미 공군과 이를 받아들이지 않았던 미
해군과의 협조·통제 문제는 전쟁 초에 갈등과 문제가
많았으나 점차 해소되어 갔다. 그러나 공지작전 기본
교리에는 변함이 없었다. 여기서는 자체 비행부대를
보유하고 있는 미 해병대와의 문제, 그리고 미 육군
항공지원에서는 협조·통제가 어떻게 이루어졌나를
살펴보려고 한다.

미 해병대 표식의 F4U-4 Corsair 전투기.
(Wikipedia)

부산에 위치한 공군체계의 JOC 그리고 자신들의
CAS 체계 운영방식에 익숙하고 이를 고집하는 해군·
해병대 사이에서 CAS 임무 수행은 여러 문제가 복잡
하게 발생했다. 그러나 같은 작전 기간에 해병대는, 공

미 해군 표식의 F4U-5NL Corsair 전투
기. (Wikipedia)

군과 협조하여 큰 어려움 없이, 높은 효율적인 방법으로 해군·해병대 CAS 체계를 실행
했다.[245]

협조·통제 문제에서도, 1951년 전선이 38선 부근에서 교착된 후에 해병대는 해군과
조금 달랐다. 해병대 비행부대에서 파견한 연락장교는 JOC가 표적 선정할 때 협조했다.
따라서 일반적으로 해병 비행부대는 작전에 큰 재량권(great latitude)을 가질 수 있었
다. JOC의 해병 연락장교는 JOC에 다음 날 근접항공작전 비행계획을 제출한 후, 수정
하여 다음 날 비행계획을 확정했다. 그리고 해병비행부대가 지상의 해병대를 지원할
때 해병대 상륙작전 교리를 적용한다는 것을 미 공군은 인정했다.[246]

제1해병비행단이 이미 전개한 미 해병대를 지원하기 위해 8월 5일 한국수역으로
이동하였다. 72대의 Corsair 전투기를 보유한 제1해병비행단은 (해병대가 인천상륙작
전에 투입된) 9월 10일까지 매일 45회 출격하였다. 당시 미 해병대의 항공지원 교리와
편제는 상륙 지원을 위한 것으로 상륙작전을 수행할 때에는 조직적인 포병지원을 기대

245) Southard, p.59.
246) Y'Blood(2002), p.26; Tucker, p.158.

할 수 없으므로 포병지원 부족을 해병비행부대 지원으로 보완하게 되어있었다. 따라서 편제상 제1해병비행단은 해병사단의 필수 구성 요소로 제1해병사단을 지원하게 되어있었고, 자체 전술항공통제대대를 운용하고 있어 소규모 전술항공체계라 할 수 있었다. 따라서 제1해병비행단의 선발대였던 제33해병비행전대는 제1해병임시여단을 지원하는 비행부대였다. 그러나 해병여단이 제8군과 함께 전투하고 있었기 때문에 해병비행단도 제5공군의 조정통제를 받았다. 제1해병비행단은 제5공군사령관의 요청으로 JOC에 연락장교를 파견하였다. 제33해병비행전대는 자체 작전 지원 이외에는 JOC 지시에 따라 지상군을 지원하였으며, 제5공군 일일작전명령에 해병비행대대 별로 임무를 명시하였고, 해병 조종사들은 임무 종료 후, 귀환하면서 제5공군에 임무 결과를 보고하였다.247)

미 해군 F9F-2 Panther 전투기. (Wikipedia)

또한, 미 육군도 공군의 통제에 불만을 나타냈다. 공군 교리에 의하면 근접항공지원(CAS)은 일선에서 육군이 항공기 지원을 요청하기 시작하여 군단까지 보고되고 군단급에서 승인되면 이 항공기 요청은 공군과 육군 참모들이 함께 근무하는 JOC에 전달되어 승인을 받게 되어있었다. 그러나 항공기가 공중우세와 항공차단 작전 수행에 부족하지 않고, 군단급 포병으로 화력지원이 불가능할 때 비로소 승인 조건이 충족되었다. 하지만 1950년 이러한 교리는 원칙대로만 적용될 수는 없었다. 그 이유는 지상군의 진퇴가 너무 빨랐고, 무전 장비의 종류가 서로 상이했으며 보급양도 부족했기 때문이었다. 또한, 이러한 제도를 운용하는 육군과 공군의 전문요원도 부족했다.248)

전쟁 초기, 제8군 공지합동체계에 있어 무엇보다도 심각한 문제는 제8군이 공지작전에 필수인 전용 통신망을 갖출 능력이 없었다는 점이었다. 특히 사단·군단·JOC 간의 전술항공지원 요청망이 문제였다. 제5공군에서는 각 사단에 배치된 공군연락장교(ALO)에게 무선통신기를 갖춘 통신 파견대를 보내서 제8군이 갖추지 못한 전술항공지

247) Field, p.686.
248) Tucker, p.156.

원요청 통신망으로 사용하는 방안을 시도하기도 했다. 육군은 전방항공통제관(FAC)을 추가로 요구했다. 미 공군은 육군이 공격 지원용 무선망을 확립하고 24시간 운영할 수 있게 숙련된 충분한 장교 확보를 원했다.[249] 이러한 개선은 점차 이루어졌다.

전쟁 중 항공력의 전술적 운용방법에 대한 각 군 간의 논쟁은 정리되지 않았고 그러한 논쟁은 전력의 효율적 투입에 장애를 가져왔다. 1950년 초는 미 공군이 공지합동작전(Air Ground Joint Operations)에 대한 개념을 정립하는 시기였으며, 극동공군의 전술 항공전력 운용을 책임진 제5공군도 제8군과의 공지합동작전을 막 준비하기 시작한 시기였다.[250]

당시 지상군 부대 지휘관들은 해병 근접지원 방법을 선호하였으며, 이를 지속적으로 요구하였다. 이들은 항공기를 단지 포병 화력의 부족에 대한 보충 수단으로만 이용하려는 인식이 팽배해 있었다. 그러나 1개 해병사단(marine division)에 1개 해병비행단(marine air wing)을 운영하는 사례를 지상군에도 동일하게 적용한다면 미국의 경제력이 아무리 강하다 할지라도 그 규모가 엄청날 것이었다. 따라서 어느 특정 지상군을 지원하기 위해 특정 비행부대를 투입하는 것은 과도한 전력 낭비인 것이 자명했다.[251]

1952년 한국 전선의 미 공군 전술항공 통제반(TACP) 차량(jeep)과 무전병. (Wikipedia)

해병대 상륙작전 교리에 의하면 지상의 1개 해병대대(battalion)에 근접항공을 지원하기 위해 1개 해병비행대대(squadron)가 요구되었다. 한국전쟁에서 어떤 경우에는 지상의 1개 대대를 1개 비행대대 이상이 지원했던 때도 있었다. 바로 부산방어선 작전에서는 2개 비행대대가 지상의 1개 해병대대를 지원한 경우가 있었다. 이때 지원 항공기 수는 40대에 이르렀다.[252]

1950년과 1951년 당시 공지합동작전 교리에 불만을 제일 많이 나타낸 부대는 제10군단의 아몬드(Edward M. Almond) 군단장이었다. 제8군의 워커(Walton H.

---

249) 군사편찬연구소(2008), pp.733, 735.

250) 장성규, p.164.

251) Field, p.687.

252) Cagle·Manson, p.73.

Walker) 사령관은 현재의 교리 내에서 해결책을 찾으려고 노력하였다. 그는 예하 부대 지휘관들이 해병대와 같은 근접항공지원 요구에 대해 이렇게 설명했다. "본인 역시 그와 같은 항공지원을 받고 싶다. 그러나 단독으로 비행부대를 운영하는데 비용이 얼마나 드는지 알아야만 한다. 비록 미국의 경제력이 풍부하더라도 이를 감당하지 못할 것이다."[253]

■ 전술 항공의 중앙집권적 통제 문제

미 공군 전방항공통제관(FAC, 우측)이 미 육군 장교(좌측, 무전기 옆)와 의논하고 있다. M-46 탱크에 장착된 무전기 안테나가 보인다. (Wikipedia)

공지합동작전의 "협조·통제" 문제에 이어서 또 다른 논쟁은 전술 항공작전에서 전력 배분과 할당에 관한 "항공력의 중앙집권적 통제(centralized control of air power)" 문제였다. 항공력을 분권적으로 운영하여 전력의 낭비를 초래하는 것보다, 제한된 항공력을 중앙집권적으로 운영하여 적시 적소에 투입함으로써 효율성을 높이고자 하는 교리에 입각한 주장이었다.

한국전쟁이 1950년 7월 말에 이르자 북한군이 한반도 남동지역을 제외한 전역을 점령해 낙동강을 주 전선으로 하여 '부산방어선(Pusan Perimeter)'을 형성했다. 가용 비행장 부족으로 어려움을 겪고 있었던 이 시기에 극동공군은 항모전단의 함재기 전력이 전술항공작전에 큰 도움이 될 것으로 기대하였다. 그러나 극동공군의 TF77 함재기 운용은 어려움에 봉착하였다. 전력 통제 부분에서 극동공군과 극동해군 사이에 이견이 발생했기 때문이었다. 합동작전교범과 합동지침에는 "항공력은 사령관의 권한을 위임받은 항공지휘관이 중앙집권적으로 통제해야 한다"라고 명시되어 있었다. 하지만 여기에는 합동작전시 해군 비행부대의 임무가 별도로 명시되지 않았다.[254]

이러한 이견은 1950년 8월, 해병여단이 자체 비행부대를 이끌고 전역에 도착하면서

---

253) 공군역사기록관리단, 『UN공군사(상권)』 p.168.
254) 장성규, p.142.

더욱 문제가 되었다. 미 공군은 도전에 직면했다. 미 해병대는 해병여단이 그들의 비행부대와 직접 작전을 수행해야 한다고 주장했다. 해병대의 특징인 상륙전(Amphibious Warfare)의 본질 때문에 해병 비행부대는 상대적으로 협소한 전선의 해병 지상군만을 지원하는 데에 초점을 맞췄다. 상륙작전의 경우 일반적으로 전선은 광범위하지 않았고, 상륙작전부대에는 해병 비행부대가 배속되어 있었다. 따라서 해병대 항공기들은 필요할 때에 맞춰 임무 지역 인근 상공에서 비상대기(on air alert)를 할 수도 있었다. 따라서 상륙부대가 요청하는 즉시 곧바로 표적 상공에 도달할 수 있는 장점을 갖고 있었다.255)

　미 공군은 유엔 공군의 중앙집권적 통제를 중요시하였지만, 미 해군과 해병대는 소속 부대에 분산된 유연한 운용을 선호했다. 미 해군과 해병대 현역 장교들은 근접항공지원을 포병지원의 보조 활동으로 간주했다. 그리고 이들은 전투기가 전선부대와 최대한 가까운 곳에서 지상·공중의 통제관들이 요구하는 곳에 폭탄이 투하하기를 원했다. 그들의 "근접항공지원"은 200~300야드 이내로 아주 접근해서 즉각적으로 이루어지는 근접항공지원을 의미했다. 그러나 육군과 공군의 근접항공 지원은 지상과 공중에서 통제관이 전투폭격기를 통제하면서 일선 병력으로부터 수 마일 떨어진 곳에서 수행되기도 했다.256) 그러나 이러한 개념 차이는 한반도에

1951년 4월 30일 미 해군 항모 USS *Valley Forge*에서 F9F Panther(갑판 앞쪽)가 북한지역 공격을 위해 이륙하고 있다. (Korean War Chronology)

---

255) Thompson, pp.16-17.

256) Cutler, p.41; 미 해병대는 미 공군과는 다른 상륙작전 교리에 의해 CAS 작전을 수행했다. 근접항공지원에 대한 이견은 전쟁 초기부터 그리고 어느 정도까지는 전쟁 기간 내내 유엔군의 항공작전에 지장을 주었다. 미 공군의 개념은 지상군이 전술항공통제반(TACP), 합동작전본부(JOC)와 전술항공통제본부(TACC)를 거쳐 근접항공지원(CAS)을 요청하는 2차대전 때 발전된 개념이었다. 그리고 지원 요청을 받은 조종사는 TACP나 표적 상공의 전방항공통제관(FAC)으로부터 추가지시를 받아 임무를 수행했다. 따라서 미 공군의 대응시간은 빨라야 40분이었고 그것도 전방항공통제관(FAC)의 지시가 없으면 전선에서 5마일 이내의 표적은 공격할 수 없었으며, 지원 항공기도 아군 지상군 부대와 1,000야드 이내로 접근할 수가 없었다. 반면에 해군·해병대 방식은 해병대가 2차대전 중에 태평양 도서에서 실시한 전투에서 체득한 것으로, 해병대 전투기는 표적 상공에서 대기하다가 10분 이내에 전선에서 50야드 떨어진 표적을 공격할 수 있었다. 해병대의 전술항공통제관은 지상부대와 50야드 정도 떨어진 참호에서 항공지원을 지시했다. 그리고 대부분의 긴급요청은 즉각 실행할 수 있었다. Knott, P.297; Tucker, pp.156-157.

서 항공작전을 복잡하게 했지만, 그 차이가 항공작전 전체를 망친 것은 분명히 아니었다. 각 군 간에 갈등은 있었지만 1951년까지 괄목할 만한 성과를 거두었다.257)

A-1(AD) Skyraider는 체공시간과 폭탄적재량이 뛰어나 그 성능이 한국전쟁에서 확실히 입증되었다. (Wikipedia)

전쟁 중 극동군사령부는 지상전에 결정적 역할을 하는 경우가 아닌 한 전략자산을 전술작전에 투입하면 안 된다는 개념, 그리고 항공전력은 중앙집권적으로 운용하여야 한다는 전략지침을 원칙으로 하고 이를 준수하려고 했다.258) 그러나 극동공군은 유엔군이 부산방어선을 고수해야 했던 위기 상황에서 B-29 전략자산의 전술 공군 임무 부여와 함께, 북한군 공세를 저지하기 위해 항공력의 중앙집권적 통제보다 부산 방어에 한정된 전선이지만 근접항공지원에 중점을 두지 않을 수 없게 되었다.

극동공군은 전쟁 초기 한반도 남단의 부산방어선으로부터 북쪽의 압록강까지 모든 항공기를 운용해야 했다. 임무도 제공작전(미그기에 대항하는 방공작전, 지상의 전투기 소탕 작전 등), 항공후방차단, 정찰 그리고 근접항공지원작전 등으로 다양했다. 특히 지상군을 지원하는 근접항공지원은 공군으로서는 전술항공작전 중의 일개 임무에 불과했다. 근접항공지원작전에 있어서 공군 지휘관들이 고려해야 하는 크고도 중요한 요소는 공군이 책임져야 하는 '전선의 범위(frontage cover)'에 있었다. 대부분의 지상군 지휘관들은 알면서도 모르는 척했다. 극동공군 항공기는 150마일 이상을 지원해야 했다.259) 이런 이유로 공군은 항공기를 지상에 비상 대기시키는 것(on ground alert)을 선호했다. 이런 절차 때문에 공군은 특정 표적에 대한 공격을 요청받아 대응할 때 시간이 지연되는 결과를 자주 초래했다.

여하튼 해병 조종사들은, 목표지역 집중과 대응시간 측면에서는, 공군 조종사들보다 더 나은 지상군 지원 능력을 보여주었다. 해병대 또한 이런 장점을 적극적으로 언론에

257) Cutler, p.44; Tucker, p.155.
258) 1950년 9월 극동사령부의 전략지침, 장성규, pp.139-141.
259) Y'Blood(2002), pp.16-26.

홍보했다. 이런 해병대의 홍보 활동이 미 공군 지휘관들에게는 큰 애로사항이 되었다. 왜냐하면, 공군이 한국전쟁에서 항공력을 비효율적으로 운용하는 듯한 미국 내의 언론 보도 때문이었다. 이런 뉴스는 미국 내에서 정치적 쟁점이 되기도 하여 미 공군 지휘관들을 당혹스럽게 만들곤 했다.

전쟁 기간 내내 극동공군의 지휘관들은 지상 작전을 지원하는 항공기의 적절한 사용에 대해 지·해상군의 지휘관들과 계속 충돌했다. 일부 육군 고위 지휘관들은 해병대의 근접항공작전 지원에 매혹되어 항공자산을 지상군 지휘관인 자신이 직접 통제해야 한다고 주장하기도 했다.[260]

■ 미 해·공군의 갈등

제2차 세계대전 후 1947년에 미 공군이 독립했다. 새로운 공군의 출현은 전략폭격에 중점을 둔 항공전략을 만들게 했다. 그리고 미 군사력의 축소 과정에서 미 공군과 해군은 B-36 Peacemaker 장거리 전략 폭격기와 초대형 항공모함 USS *United States* 건조 계획을 두고서 서로가 필요다고 싸운 참담한 투쟁 사례가 있었다.

1948년 6월 카스웰 미 공군기지(Carswell AFB, Ft. Worth, Texas)에 도착한 B-36A Peacemaker. 좌측의 2차대전 당시 가장 대형 폭격기인 B-29 Superfortress와 크기가 비교된다. (Wikipedia)

1948년 10월 작성된 미 초대형 항모 USS *United States*(CVA-58)의 개념도로 핵운반이 가능한 함재기를 탑재할 계획이었다. (Wikipedia)

당시 미국 언론은 전략항공전에서 해군의 역할 문제로 불거진 이 문제에 대해 상당한 관심을 가지고 보도했다. 결국, 이러한 복잡한 문제는 미 공군의 B-36에 유리하게 해결

---

260) 장호근(2023), p.229.

되었다. 또한, 미 해군은 항공기를 활용하는 방안에 대해서도 대조되는 다른 견해를 갖고 있었다. 해군은 항공모함 함재기는 일차적으로 CAS를 제공해야 한다고 믿었다. 전쟁에서 항공기 활용 방법에 대한 이러한 상이한 개념이 '제독들의 반란(Revolt of the Admirals)'이 일어난 이유 중의 하나가 되기도 했다. 따라서 미 공군과 해군 사이에는 불신의 앙금은 계속 남게 되면서, 전쟁 첫해에 미 해·공군이 한반도의 항공작전 무대에서 갈등을 일으켰다.261)

그 후, 미 공군이 독립 후 처음 참전한 1950년 한국전쟁 초에 극동공군이 공산 지상군에 대한 저지력에서 그 실효성을 시험받게 되자, 미 해군은 해군 항공이 공군보다 우수하다는 점을 강조하여 공군이 독점하고 있는 전략적 역할의 일부를 획득하고자 노력했다. 따라서 극동해군은 극동공군으로부터 함재기 운용의 자율성을 획득하기 위해 노력했다. 더 나아가 항공모함을 중심으로 한 해군력을 지상의 비행기지를 중심으로 하는 공군력과 비교하면서 그 우위의 문제를 정치적 수준에서 거론하였다. 2차대전 이후 정책과 예산 면에서 중요성을 인정받지 못했던 해군으로서는 이러한 노력을 통해 스스로 새로운 도약의 계기를 조성하려고 했다. 그러나 전쟁 중, 이 문제는 군사적 논쟁을 넘어서 정치적 논쟁으로 공론화되면서 항공력의 효율적 투입이 곤란해지는 요소로 작용하게 되었다. 따라서 극동공군 지휘관들은 전쟁 수행 노력과 맞먹는 노력을 해군과의 논쟁에 소모해야만 했다. 그것은 극동공군의 합동성과 전쟁효율에 악영향을 미치는 행동이었다.262)

1950년 8월 초, 유엔군이 부산방어선으로 후퇴하자 남한 지역에 미 공군이 항공기를 운영할 수 있는 기지가 매우 제한되었다. 따라서 움직이는 해상의 비행장인 항공모함 함재기의 지상군 지원 필요성은 자연스럽게 대두되었다. 그리고 전쟁 중에 항공모함의 장단점에 대한 논쟁은 계속되었다.

---

261) 2차대전이 끝날 무렵, 미군은 1,200만 명의 병력, 95개 사단, 92,000대의 전투기, 1,307척의 군함, 82,000척의 상륙주정을 보유하고 있었다. 종전 후, 미 정부는 국가재정의 건전성 개선이 필요했고, 원자폭탄을 보유하고 있어 국방비지출을 대폭 줄일 수 있다고 믿었다. Utz, pp.58-59; Southard, pp.48-49.

262) 장성규, pp.139-141.

미 해군은 "전술적인 측면에서 볼 때 함재기는 적의 바로 앞에서 공격할 수 있고 매번 다른 지역에서 공격할 수 있다. 그리고 전략적 측면에서도 항모는 기동성을 가지고 있어 전쟁 종결 후 불필요하게 외국에 기지시설을 남기지 않고 귀환할 수 있으며, 해외에 비행장과 장비를 구축하기 위한 외교 노력을 할 필요도 없다"라고 언론에 장점을 부각시켰다. 반면에 미 공군은 항모 우선주의에 대해 경제성, 임무투입속도, 항모의 취약성 측면에서 반론을 이렇게 제기했다. ①함재기는 지상 공군기보다 15배 높은 연료와 인력, 유지비가 필요하다. ②임무에 투입되는 속도는 공군이 인근에 기지를 확보했을 때에는 공군이 더 우월하다. ③항모는 항공기 또는 잠수함의 공격에 취약하다.[263] 이러한 항모의 취약성을 극복하기 위하여 많은 항공기와 함정이 방어목적을 위해 운용되어야만 한다.

접근방법에도 차이가 있었다. 공군의 대응은 각 군과 미 합참 등 정부 내에서만 있었지만, 해군은 언론에 공개하는 형태로 이루어졌다. 결국, 한국전쟁 중 미국의 국내 여론은 미 공군에게 불리하게 돌아갔고 극동해군의 TF77은 독단적인 임무 영역을 확보하여 전술항공작전의 자율성을 획득하였다. 전쟁이라는 현실의 영역에서 원칙이라는 개념의 당위성 강조보다는 눈에 보이는 전투 효과를 창출할 수 있는 현실적인 증명이 더 강한 설득력이 있었다. 따라서 미국의 여론은 공군보다도 해군 편에 점차 서게 되었다.[264]

그러나 미군은 한국전쟁에서 근접항공지원(CAS)에 대해 또 다른 교훈을 얻었다. 예를 들면, 제트기가 출현한 새로운 항공전에서 새로운 전술과 교리개발의 필요성에 대한 인식이다. 제트전투기는 지상의 표적을 발견하고 고속에서 공격했다. 그리고 제트기는 다시 빠르게 재무장하고 표적에 다시 돌아왔다. 피스톤 엔진 항공기보다 정비하기도 쉬웠다. 또한, 근접신관(proxymity-fuse) 폭탄이 노출된 인명 공격에 치명적이라는 것이 증명되었다. 네이팜 폭탄이 인마살상과 기타 표적에 매우 효과적이었다. 레이더에 의한 공격 유도도 야간이나 악기상 시에 유용했다. 특히 모든 군은 군 간의 갈등을

---

263) 항모의 주된 적은 항공기와 미사일, 그리고 잠수함을 예로 들 수 있다. 잠수함에서 발사하는 어뢰는 대형이고 작약량이 커서 피해가 크다. 오세찬 역, 노가미 아키토·사카모토 마사유키 원저, 『도해 항공모함』 (서울: 에이케이커뮤니케이션스, 2014), p.168.

264) 장성규, pp.149-152.

해소하고 합동작전의 합동성(jointness)을 제고하기 위해 전역 작전(theater operation)에서 필요한 전술항공통제(Tactical Air Control) 교리의 개발이 긴급함을 인식하게 되었다.265)

○   ○   ○   ○   ○

유엔 항공력은 전쟁 초기부터 거의 완벽하게 공중을 지배하고 있었지만, 지상의 패배를 막지 못했다. 전쟁이 1950년 7월 말에 이르자 유엔군은 절체절명의 위기에서 부산방어선(Pusan Perimeter)'을 형성했다. 당시 평가로는 북한군이 수적으로 우세했지만, 실제로 유엔군의 전투력이 적 전투력을 약간 상회하고 있었던 것처럼 보였다. 만약 미 공군과 미 해군·해병대의 항공기 그리고 함포 지원함이 적절히 배치되어 적의 수적 우위를 상쇄할 수만 있다면, 낙동강 전선을 사수하는 것도 가능할 것 같았다. 유엔 지상군은 어느 때보다도 항공지원이 절실히 필요했다.

그러나 전쟁 초기 미 해·공군 간의 합동작전(근접항공지원작전)에서 무전기의 호환성, 공용지도의 부족, 그리고 숙련된 작전 요원 부족 등은 실제 작전에서 많은 문제를 일으켰다. 미 해군은 부산 방어 작전에서 해군 항공력의 70%는 낭비되고 있다고 주장하기도 했었다. 이런 문제는 점차 해결되기는 했지만, 전쟁 초기에 미 해·공군의 합동작전이 시너지(synergy)를 창출한 것이 아니라 오히려 합동성 결여로 전력 발휘에 지장을 주는 결과를 초래했다.

이는 근본적으로 교리 문제로 작전 수행 체계가 달랐고, 이런 문제를 해결하기 위한 사전 조치와 이를 극복하기 위한 훈련 부족에 있었다. 이런 점은 합동교리가 훈련을 통해 완전히 숙지 되지 않은 여건에서 전쟁을 수행하면서 시행착오에 의해 실패를 극복하는 과정이 얼마나 어렵고 비효율적인가를 보여주는 좋은 사례라고 할 수 있었다. 따라서 합동/연합작전의 합동성(jointness)을 추구하는 우리 군에게도 좋은 교훈이 된다.

■ 끝나지 않은 논쟁

[표 2]에서 보는 바와 같이 한국전쟁 기간 중 항공작전 통계를 보면, 근접항공작전(CAS)보다 차단작전(interdiction)이 많아서 지상군이 필요할 때 지원을 소홀히 하지

---

265) Tucker, p.158.

않았나 하는 오해를 갖게 할 수 있었다. 그러나 극동공군과 제5공군은 지상군의 근접항
공지원 요구보다 더욱 많이 지원하기 위하여 최선의 노력을 다했으며, 공군의 항공후방
차단작전도 근접항공지원과 마찬가지로 적의 공격을 저지하고 격파하는 효과적인 작전
이었고 항공력의 합리적인 사용이라고 계속 주장했다. 전쟁 당시 미 공군의 새로운
교리의 개념이 항공력의 중앙집권적 통제에 있었기 때문이기도 했다.

[표 2] 유엔군 임무별 출격 회수

United Nations Command
Air War Sorties, 1950–1953

	Total	Interdiction	CAS
U.S. Air Force	720,980	192,581	57,665
U.S. Navy (TF 77)	167,552	82,100*	35,185*
U.S. Marine Corps	107,303	47,873	32,482
Allied	44,873	15,359	6,063

(출처) Allan R. Millett, "Korea, 1950–1953," *Case Studies in the Development of Close Air Support*, Office of Air Force History USAF (1990), p.396.

한국전쟁 중, 항공작전에서 통합전력을 발휘하기 위한 협조·통제는 극동사령부가
중재를 위해 만든 신조어로 그 권위를 발휘할 수 없었다. 특히 미 해군은 미 공군의
통제를 받으려고 하지 않았으며, 합동작전 중에 단독 항공작전까지도 서슴지 않아 효과
적인 항공전력 사용에서 문제를 일으키고는 했었다. 한편, 미 공군은 미 해병이 상륙작전
교리에 의거 배속된 전투기를 자체적으로 운용하는 것을 어느 정도 인정했다. 그러나
해병대는 항공기 활약을 언론에 과도히 부각해 정치화함으로써 미 공군의 중앙집권적인
항공력 운용을 방해하곤 했었다. 미 육군은 항공력 중앙통제의 효율성을 잘 알면서도
일선 지휘관들이 선호하는 해군·해병과 같은 주장을 반복했다. 부산방어선 근접항공지
원 결과, 공군과 해군·해병대 간의 근접항공지원 상이점은 확인하였지만 해결되지 않았
다. 그러나 그 이후, 인천상륙작전과 장진호 후퇴작전에서 해군·해병대체계의 장점들을
충분히 보여주었다.[266)
여하튼 한국전쟁에서 미 해공군이 합동으로 수행한 공대지 항공작전, 즉 근접항공지

원과 후방차단작전은 성공적으로 수행되었다고 할 수 있었다. 특히 1950년 전쟁 첫해에 해군은 대부분의 CAS 임무를 해병대와 함께 수행했다. 해군·해병대 합동 임무는 1950년 전 기간에 성공적인 작전결과를 가져왔다. 특히 인천상륙작전과 서울 수복작전 그리고 장진호 작전에서 성공적이었다.267)

극동공군사령관 스트레이트마이어 장군은 그의 한국전쟁 일기 *His Korean War Diary*에서 당시의 어려움을 이렇게 기록했다.268)

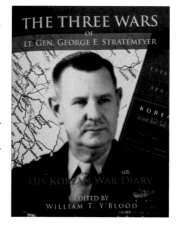

"나는 한국전쟁에서 세 가지 전쟁을 치러야만 했다. 물론, 가장 중요한 전쟁은 공산주의자들과 싸운 전쟁이었으나 제한전쟁으로 정치적 제약이 있었다. 그러나 관심을 집중해야만 했던 또 다른 두 가지 전쟁이 있었다. 하나는 언론과의 전쟁이었고, 나머지 하나는 미 육군 및 해군과의 전쟁이었다."

미국의 군사사학자(military historian) 밀렛(Allan R. Millett) 박사는 이렇게 이야기했다. "마침내 미래의 전쟁에서 근접항공지원의 통제에 관해 미 육군과 공군이 실제로 한 가지에는 의견의 일치를 보았다. 그것은 '어느 군이 주도해야 할 것인가에 양측이 모두 동의하지 않는다' 였다."269) 해군과 해병대의 입장도 같았다.

1953년 7월 27일 한국전쟁 정전협상이 조인되고, 1개월이 지난 1953년 8월 28일에 각군 대표가 참석한 회의가 공지합동작전 문제를 토의하기 위해서 서울에서 개최되었다. 이 회의의 결론은 '급변하는 한반도 전술 상황에서 항공작전의 효율성을 제약하는 엄격한 통제절차를 반대한다'였다. 그리고 1953년을 모델로 한 합동작전본부의 설치를 권고했다. 다행히도 합동항공지원교리 확립의 "긴급 필요성(urgent requirement)"에 대해서는 모두가 동의했다.270)

---

266) Cagle·Manson, p.74.
267) Southard, p.59.
268) Stratemeyer, p.24.
269) Y'Blood(2002), p.48

제8장

맺는 글

제8장

맺는 글

한국전쟁 초기 유엔 공군의 제공권(air supremacy) 확보로 지상군은 적의 공중위협 없이 자유스럽게 활동할 수 있었다. 따라서 지상군은 전투 중에 항상 항공지원을 받을 수 있었다. 그리고 미 제7함대가 주력이었던 유엔 해상전력은 해상통제권(Control of the Sea)을 장악하여 병력과 군수 지원을 원활하게 한 것도 자유로운 지상군 작전 수행 에 한몫했다. 반대로 적은 항공지원 없이 유엔군과 싸워야만 했다. 이는 한국전쟁 이후 왜 김일성이 '공군 제일주의'를 주장했는지를 알 수 있는 이유이기도 하다.

제2차 세계대전 후, 미국 정부는 해군 항공력과 항공모함이 조용히 역사의 뒤안길로 사라질 때가 되었다고 판단했다. 그때 예측하지 못했던 일이 발생하였다. 미국 정부가 전쟁의 가능성이 거의 없다고 판단했던 한반도에서 전쟁이 발발한 것이었다.[271]

유엔 해상 전력을 주도했던 제7함대의 제77기동부대(TF77) 항공모함은 여러 종류의 전함들과 함께 유엔 해군력의 중심이었다. 특히 항공작전에서 미 항모 함재기들은 미 공군 전투기·폭격기와 합동작전을 성공적으로 수행했다. 한국전쟁에 참전한 미 해군 항공모함은 고속항모(CV) 11척, 경항모(CVL) 1척, 그리고 호위항모(CVE) 5척으로, 이 들 총 17척의 항모들이 순차적으로 참전했다. 그리고 영국 극동해군의 경항모 HMS *Triumph* 외에 5척의 경항공모함이 참전하였고, 호주 해군의 항모 HMAS *Sydney*가 미 극동해군 TF77의 작전 통제 아래 한국전쟁에서 임무를 수행했다.[272]

---

271) Knott, p.289.
272) 미국 해군의 경우 초기에는 별다른 구분 없이 모두 단순히 항공모함(CV)으로 불렀다. 그러나 2

한국전쟁에서 유엔 해군의 주력이었던 미 해군력의 역할을 회고하면 몇 가지 명백한 것이 있었다. 첫째, 합동성(jointness) 문제였다. 국가의 미래전략을 발전시키려고 할 때, 합동성 개념에 대한 강조가 명백함이 분명해졌다. 둘째, 해상 지배(dominance) 문제다. 한국전쟁의 수행은 미국의 완벽한 해상통제가 없었다면 불가능했을 것이다. 미 해군력은 광활한 태평양 위에 펼쳐져 있는 주요 병참선을 보호할 필요가 있었다. 셋째, 미 해군은 부산방어선(Pusan Perimeter)을 고수하는 데 큰 역할을 했다. 그러나 한국에서 해군작전들은 지상 작전만큼 큰 관심을 끌지 못했다. 그 이유는 육군과 해병이 32,000명이나 전사한 데 비해 해군은 고작 458명이 전사했기 때문이기도 했었다. 한반도 상공에서 제공권을 유지하기 위한 유엔 공군력의 필사적이고 극적인 공중전투가 세계의 이목을 끌었다. 그러나 이에 비해 전쟁 수행에 필수적인 해상통제권에는 주목하지도 않았고 의심하지도 않았다. 미 해군이 주도한 유엔 해군력이 한국전쟁 발발 이후 곧바로 해상통제권을 수립하였고 정전 때까지 잃은 적이 없었기 때문이기도 했다.[273]

전쟁 발발 후, 북한 인민군의 급속한 남진으로, 7월 말에 유엔군은 낙동강을 주전선으로 하여 '부산방어선'을 형성했다. 미 극동공군은 항공기를 운영할 수 있는 지상기지를 남한에서 거의 확보할 수 없게 되었고, 전략폭격기 B-29를 전술공군 임무에 투입하기도 했다. 이런 이유로 움직이는 해상의 비행장(mobile airfield)인 항공모함의 필요성은 자연스럽게 대두되었다.

차대전 이후 경순양함을 개조한 항공모함이 등장하면서, 경항모(CVL)라는 분류가 생겼다. 또한, 다양한 유형의 수송선(특히 유조선)을 개조해 호위 항공모함(CVE) 건조를 시작했다. 그리고 1951년 CV(고속항모)를 CVA(공격항모)로 재분류했다. 2차대전 당시 군함의 크기 기준은 승무원, 탄약, 소모품을 포함한 기준배수량(standard displacement)이었다. ①한국전쟁에 참전한 미 해군의 고속/공격항모(CV/CVA)는 대부분 에식스급 디젤 항공모함으로, 기준배수량이 27,000톤, 전장은 약 270m, 최대 속도 32knots, 탑재 함재기 90-100기였다. ②호위항모(CVE) 중에서 커먼스먼트 베이급은 기준배수량 21,000톤, 전장 150m~200m, 속도 약 19knots, 탑재 함재기 약 30여 대였다. 유조선을 개조한 항모들은 정규항모와 맞먹었을 정도의 크기였다. ③경항모(CVS)는 인디펜던스급 항공모함의 경우, 경하배수량(light displacement) 11,000톤, 속도 33kts, 탑재 함재기는 30여 대였다. 그러나 미 해군의 표준 항공모함보다는 크기가 작아 표준항모의 1/2에서 2/3 정도였다. 경항모는 속도가 빠른 것을 제외하면 호위항모와 매우 유사했다. 그밖에 영국 해군에서는 2차대전 중에 취역한 20,000톤 이하의 항모를 경항모로 분류했다. 상세 내용은 [부록 II, III] 참조.

273) Cutler, pp.1-3.

그리고 1950년 9월 15일 맥아더 장군은 인천에 상륙작전을 감행했다. 미 해군 함재기와 미 해병대 항공기가 상륙작전 지역의 항공지원을 담당했다. 그리고 미 극동공군은 적의 병참선을 차단했고 적 항공기의 출격을 저지시켰다. 상륙작전의 성공 결과는 적에게 결정적인 위협이 되었고, 낙동강 전선의 적군을 급속히 와해시켰다.

1950년 겨울, 장진호 전투에서 미 해병대가 혹한의 추위와 악천후 속에서 중공군과 싸우며 후퇴 작전에 성공했다. 철수에 성공하고 살아남은 용사들을 '초신 휴(Chosin Few)'라고 불렀다. 이들이 후퇴에 성공할 수 있었던 것은 해상에서 화력을 지원한 해군 항공모함과 해병대 조종사 및 지원 요원들, 그리고 보급품의 공중투하와 사상자를 후송한 미 전투공수사령부의 수송기 승무원들이 있었기 때문이었다. 후세의 역사학자들은 장진호 전투에서 미 해병대가 중공군의 남하를 지연시켜 12월 15일 개시된 흥남철수작전이 성공할 수 있었다고 평가한다.

그리고 낙동강 전선이나 장진호후퇴작전에서 경험한 바와 같이 지상의 공군기지를 사용할 수 없었을 경우, '움직이는 비행'인 항공모함이 공군력에 대한 보완적인 역할을 할 수 있음을 실제로 확실히 증명했다.

이처럼 한국전쟁 중에 한반도 전역에서 벌어진 유엔군의 항공작전은 전쟁 승리에 큰 역할을 하였지만, 근접항공지원작전에서는 미 해군과 공군 간의 항공기 통제에서 합동성(jointness)의 문제가 제기되었다. 극동공군은 "한반도에서 벌어지는 모든 항공작전은 단일 공중사령관의 책임하에 수행되어야 한다"라고 강력하게 주장했다. 맥아더 장군도 이를 인정했다. 그러나 미 해군·해병 항공기는 미 극동공군과 "협조·통제(Coordination Control)"한다는 애매한 관계로 전력을 운용하였다.

특히 이러한 애매한 관계는 전쟁 초기 미 해·공군 간의 합동작전(근접항공지원작전)에서 무전기의 호환성, 공용 지도의 부족, 그리고 숙련된 작전 요원 부족 등과 함께 실제 합동작전에서 많은 문제를 일으켰다. 그러나 이는 근본적으로 교리 문제로 미 해·공군의 작전수행체계가 달랐고, 이에 따른 사전 훈련 부족에 있었다. 이런 점은 합동성이 결여된 상황 속에서 실제로 전쟁을 수행하면서 실패를 극복하는 과정이 얼마나 어렵고 비효율적인가를 보여주는 좋은 사례라고 할 수 있었다. 따라서 합동/연합작전의 합동성을 추구하는 우리 군에게도 좋은 교훈이 된다.

한국전쟁이 끝났을 때 미 해군은 34척의 항모를 보유하게 되었다. 이는 2년 반 전의 2배를 넘었다. 한국전쟁의 경험은 해군 항공의 역할이 미 국방에 필수적임을 재확인시켜 주었다.[274] 그리고 한국전쟁은 현대에 들어와 미국이 처음 겪은 '제한전쟁(limited war)으로 미 해군 역사의 분수령이었다. 해군 지도자들은 완전한 승리가 국가목표가 아닐 때 전투를 수행하는 방법을 배워야만 했다.

글을 맺으며 남기고 싶은 말이있다. 특이하게도 우리나라에서 한국전쟁과 관련된 역사 서적들은 온통 지상전 위주로 기록되어 있어 지상전만 수행한 것으로 착각할 정도다. 앞에서도 언급한 바와 같이 한국전쟁 초기에 너무 빨리 제공권과 제해권을 확보했기 때문인지도 모르겠다. 물론 한국전쟁 시 한국 해군과 공군은 그 세력이 매우 미약하여 미군이 모든 전쟁을 대신 수행했지만, 이 전쟁은 유엔을 대표하여 싸운 미국 육·해·공 3군의 합동전략과 전술 그리고 유엔군의 연합작전으로 수행된 전쟁이었다.

이런 점에서 일부였지만 한국전쟁에서 유엔 해군 항공모함의 활약을 포함하여 항공력의 역할을 되돌아본 것은 의미 있는 일이라고 생각된다. 앞으로 이 글이 계기가 되어 한국전쟁의 미 해군·해병 항공에 관한 지속적인 연구는 물론, 그 밖에 유엔 참전국 공군의 활약에 대한 더욱 많은 연구가 이루어졌으면 한다.

한국 해군 독도함 (LPH 6111), 강습상륙함

---

274) 미 해군의 항모는 2차대전 말, 최대 100척에 이르던 것이 1950년 6월에는 15척에 불과했었다. 그리고 한국전쟁이 끝났을 때의 34척은 공격항모(CVA)의 에섹스급 14척과 미드웨이급 3척, 그리고 경항모(CVL) 5척, 호위항모(CVE) 12척이었다. Knott, pp.290, 343-344.

[참고문헌]

공군본부. 『공군사: 공군 창군과 6·25전쟁(1집 개정판)』 충남: 공군본부, 2010.
공군본부 역. 퍼트렐(R. Futrell) 원저, 『6·25전쟁 미 공군 항공전사』 충남공군본부, 2021.
　　　　[원표제] *The United States Air force in Korea, 1950-1953.* 1988.
공군역사기록관리단. 『UN공군사(상권): 한국전쟁(1950.6.25.~1952.6.30)』 충남공군본부,
　　　　2017.
-------. 『UN공군사(하권): 한국전쟁(1952.7.1.~1953.7.27.)』 충남공군본부, 2017.
국방부 국방군사연구소. 『한국전쟁피해통계집』 서울: 국방부 국방군사연구소, 1996,
국방부 군사편찬연구소. 『6·25전쟁과 UN군』 서울: 국방부 군사편찬연구소, 2015.
-------. 『6·25전쟁사(5) 낙동강선 방어작전』 서울: 국방부 군사편찬연구소, 2008.
-------. 『6·25전쟁사(6) 인천상륙작전과 반격작전』 서울: 국방부 군사편찬연구소, 2009.
-------. 『6·25전쟁사(7) 중공군 참전과 유엔군의 철수』 서울: 국방부 군사편찬연구소, 2010.
-------. 『6·25전쟁의 실상』 서울: 6·25전쟁 50주년 기념사업위원회, 2000.
김인승. "한국형 항공모함 도입계획과 6·25전쟁기 해상항공작전의 함의," 『국방정책연구』
　　　　제35권 제4호, 2019년 겨울호(통권 제126호).
문관현 외 3인 역 『한국전쟁 일기』 (극동공군 사령관 조지 E. 스트레이트마이어 장군 일기)
　　　　서울: 플래닛미디어, 2011.
박휘락. "한국군의 합동성 수준과 과제," 『군사논단』 제68호 2011년 겨울.
백선엽. 『길고 긴 여름날 1950년 6월 25일』 서울: 도서출판 지구촌, 1999.
신형식 역. 『한국전쟁 해전사』 서울: 21세기군사연구소. 2003.
오세찬 역. 노가미 아키토·사카모토 마사유키 원저, 『도해 항공모함』서울: 에이케이 커뮤니케이션스,
　　　　2014.
이상호. 『맥아더와 한국전쟁』 서울: 도서출판 푸른역사, 2012.
이인균. "인천상륙작전과 맥아더 장군(상/하)," 『월간 영웅』 Vol. 23/24, 2017년 9/10월.
장성규. 『6·25 전쟁기 미국의 항공전략』 서울: 도서출판 좋은땅, 2013.
장호근. 『6·25전쟁과 정보실패』 서울: 인쇄의창, 2018.
-----. 『미 공군의 한국전쟁 항공작전: 잘 알려지지 않은 숨은 이야기』 서울: 인쇄의 창, 2023.
최용희·정경두, "합동성 제고를 위한 6·25전쟁 초기 미 해군의 지상군 화력지원 실태분석,"
　　　　『군사연구』 제145집, 충남: 육군본부, 2018.

Air Force History and Museums, *Steadfast and Courageous: FEAF Bomber Command and the Air
　　　　War in Korea, 1950-1953,* the Korean War Fiftieth Anniversary Commemorative Edition,
　　　　Air Force History and Museums Program, 2000.
Cagle, Malcolm W. and Frank A. Manson, *The Sea War in Korea,* Annapolis MD: United States
　　　　Naval Institute Press, 1957.
Culter, Thomas J. "Sea Power and Defense of the Pusan Pocket-September 1950," *The United States
　　　　Navy in the Korean War* edited by Edward J, Marolda, U.S. Naval Institute, Annapolis

Maryland, 2007.

Field, Jr. James A. *History of United States Naval Operations: Korea,* U.S. Government Printing Office, 1962.

Fultrell, Robert F. *The United States Air Force in Korea, 1950-1953.* New York: Duell, Sloan, and Pearce, 1961

Knott, Richard C. "Attack from the Sky: Naval Air Operation in the Korean War," *The United States Navy in the Korean War* edited by Edward J, Marolda, U.S. Naval Institute, Annapolis Maryland, 2007.

Leary, William M. *Anything Anywhere, Anytime: Combat Cargo in the Korean War,* the Korean War Fiftieth Anniversary Commemorative Edition, Air Force History and Museums Program, Air University Press 2000.

McFarland, Stephen L. *A Concise History of the U.S. Air Force,* Air Force, Fiftieth Anniversary Commemorative Edition, Air Force History and Museums Program, Air University Press 1997.

RAND, "Rethinking Jointness?: The Strategic Value of Jointness in Major Power Competition and Conflict," Research Report, RAND Cooperation, CA: Santa Monica, 2023.

Southard, John D. *Working Toward Cohesion: The Marine Air-Ground Team in Korea 1950,* A doctoral dissertation, Texas Christian University, 2006.

Stratemeyer, George E. edited by William T. Y'Blood, *The three wars of Lt. Gen. George E. Stratemeyer: his Korean War diary,* Washington DC: Air Force History and Museums Program, 1999.

Thompson, Wayne. and Bernard C. Nalty. *Within Limits: The U.S. Air Force and the Korean War,* Air Force History and Museums Program, 1996.

Tucker, Spencer C. editor, *Encyclopedia of The Korean War,* New York: Checkmark Books, 2002,

Utz, Curtis A. "Assault from the Sea: The Amphibious Landing at Inchon," *The United States Navy in the Korean War* edited by Edward J, Marolda, U.S. Naval Institute, Annapolis Maryland, 2007.

Warnock, A. Timothy. *The USAF in Korea: A Chronology 1950-1953,* the Korean War Fiftieth Anniversary Commemorative Edition, Air Force History and Museums Program, in association with Air University Press 2000.

Y'Blood, William T. *Down in the Weeds: Close Air Support, the Korean War,* Fiftieth Anniversary Commemorative Edition, Air Force History and Museums Program, 2002.

----------, *MiG Alley: Flight for Air Superiority,* Air Force History and Museums Program, Air University Press 2000.

"6·25 결정적 전투들: 다부동 전투, '대구를 사수하라!' 사상 첫 한미연합작전 눈부신 전과 https://www.korea.kr/special/policyFocusView.do?newsId=148695114&pkgId=49500506, (검색일: 2023년 5월 5일).

"6·25 결정적 전투들: ⑤인천상륙작전. 인민군 일거에 포위 격멸…대반격작전으로 전환." https://www.korea.kr/special/policyFocusView.do?newsId=148695317&pkgId=49500506, (검

색일: 2023년 3월 30일).

"6·25전쟁 구국의 3대 전투." 행정안전부, 국가기록원, 국가보훈처. https://www.archives.go.kr/next/search/listSubjectDescription.do?id=009670&sitePage, (검색일:2022년 12월 15일).

이선호. "9월의 기적, 인천상륙작전," http://www.newswinkorea.com/mobile/article.html,(검색일: 2023년 9월 9일).

"왜관_전면_융단폭격작전." 왜관 전면 융단폭격작전 - 위키백과, 우리 모두의 백과사전(wikipedia.org), (검색일 2022년 12월 16일).

"월미도," 월미도-위키백과, 우리 모두의 백과사전 (wikipedia.org), (검색일: 2023년 9월 22일).

유용원, "합참 작전참모부장(작전본부장 예하)에 육군 6명, 공군 1명… 해군은 없어,"『조선일보』 2010년 4월 28일.

"인천상륙작전," 인천 상륙 작전 - 나무위키 (namu.wiki), (검색일: 2023년 9월 9일).

"인천상륙작전," 인천 상륙 작전 - 위키백과, 우리 모두의 백과사전 (wikipedia.org), (검색일 2023년, 9월 8일).

"창녕·영산전투," 창녕·영산전투 – 나무위키, (검색일: 2024년 1월 1일).

"Category: Korean War aircraft carriers of the United States," Category: Korean War aircraft carriers of the United States - Wikipedia(검색일: 2024년 1월 20일).

"Chosin Reservoir: Battle, Fighting Retreat, Evacuation," Chosin Reservoir (navy.mil)(검색일: 2023년 8월 18일).

Millet, Allan R. "Korea, 1950-1953," *Case Studies in the Development of Close Air Support* edited by Benjamin F. Cooling, Washington, DC: Office of Air Force History USAF, 1990. AFD-100924-035(CAS), (검색일: 2024년 6월 4일)

"Korean War Chronology," Korean War Chronology_US Navy. (검색일: 2023년 12월 10일).

"Task Force 77 (United States Navy)," - Wikipedia, (검색일: 2023년 8월 26일).

"The Sea Services in the Korean War 1950-1953," The Sea Services in the Korean War 1950-1953 PCN 19000412100_10 (marines.mil), (검색일: 2023년 9월 22일).

"U.S. 7th Fleet," History (navy.mil), (검색일: 2024년 2월 1일).

"USAF Organizations in Korea 1950-1953," USAFOrganizationsinKorea.pdf, (검색일: 2023년 8월 15일).

U.S. Naval History and Heritage Command, *"Korean War Chronology,"* Korean War Chronology (navy.mil), (검색일: 2023년 10월 10일)

U.S. Pacific Fleet, *korean war u.s. pacific fleet operations: commander in chief u.s. pacific fleet interim evaluation report no.1, period 25 june to 15 November, 1950.* (검색일: 2024년 4월 26일)

[Abstract]

The U.S. Navy's Air Operations During the Korean War

Focusing on the air-to-ground operations of the U.S. Navy and Marine fighter aircraft -

Chang, Ho-Kun, MajGen(ret.) ROKAF, Ph.D.

On June 25, 1950, North Korea invaded South Korea. The Korean War broke out and lasted 3 years. The War had three phases. From June to November 1950(the first phase), the U.N. Forces defended the South and defeated the invader. From November 1950 until July 1951(the second phase), the U.N. had to deal with the intervention of Communist China. Beginning on July 10, 1951(the third phase), fighting continued until the armistice signed in July 1953, even though negotiations for cease-fire were under way.

During the War, the air power which consisted of the aircraft from the USAF, the US Navy and Marine and the other UN Allied Air Forces played a significant role. However this study focuses only on the air-to-ground operations of the U.S. Navy and Marine fighter/bomber aircraft launching from their aircraft carriers or ground bases.

In the first phase, the urgent close air support(CAS) missions of the U.S. Navy's fighter/bomber aircraft played a critical role to defend the Pusan Perimeter. Then after, without air assaults from the sea, the Inchon amphibious landing, "Operation Chromite" would not be also successful.

In the second phase, the 1st Marine Division's retreat from Chosin reservoir could not happen again without CAS missions provided by fighter/bombers of aircraft carrier on the East Sea. In spite of inclemental weather the pilots from the sea performed the effective CAS mission to hold enemy back.

In the third phase, the aircraft carrier fighter/bombers again conducted successfully the joint operations with B-29 bombers of the Bomber Command, FEAF to interdict enemy supply lines. At that time, the 5th Air Force fighters had a limitation in combat radius to perform those air interdiction mission near the Yalu River in the North. Thus the USAF fighter aircraft could not participate in those joint operations.

After examining the roles of the aircraft carriers in the major events of each phase, this study concluded that aircraft carrier may be necessary to play the role of "mobile airfield" for the worst possible situation. However it can not replace the air force but would be a strong complement. In addition, several joint operations revealed the problems of "jointness". It was a problem of military doctrine which should be solved in future.

Key Words: air power, aircraft carrier, mobile airfield, jointness

부록 Ⅰ.
한국전쟁 미 해군·해병대 주요 전투기

부록 Ⅱ.
한국전쟁 참전 미 항공모함

부록 Ⅲ.
한국전쟁 유엔 참전국 항공작전

영국 항모 HMS *Theseus*　　　호주 항모 HMAS *Sydney*

한국전쟁 미 해군·해병대 주요 전투기

① F4U Corsair: 단좌 단발 프로펠러 전투기
② AD Skyraider: 단좌 단발 프로펠러 전투기
③ F7F-3 Tigercat: 단/복좌 주/야간 쌍발 프로펠러 전투기
④ F9F-2 Panther: 단좌 단발 제트 전투기
⑤ F2H Banshee: 단좌 쌍발 제트 전투기
⑥ F3D Skynight: 단/복좌 주/야간 쌍발 제트 전투기
✔ HO3S-1(H-5): 다목적 헬리콥터

① F4U Corsair (콜세어: 해적선)

한국전쟁 시 미 해병대의 F4U-4.
(Wikipedia)

한국전쟁 시 미 해군의 F4U-5NL.
(Wikipedia)

F4U Corsair 함재기들이 한국 상공
에서 편대비행하고 있는 모습.
(미국 국가기록원)

미 보우트(Vought) 항공사의 F4U Corsair는 제2차 세계대전과 한국전쟁에서 운용된 미국의 프로펠러 전투기다. 1944년부터 해군의 항공모함에 배치되어 활약했다.

■ 한국전쟁

한국전쟁에서 콜세어(Corsair)는 주로 근접항공지원 전투기로 운용되었다. 이 기간에 활동한 파생형은 AU-1, F4U-4B, -4P, -5N 그리고 5-NL이 있었다. 파생형인 F4U-5N와 -5NL은 야간 작전에 투입되어 열차와 트럭 등의 보급 행렬을 공격하였고, 야간 조명탄 투하 임무를 수행하는 미 공군 C-47 Skytrain 수송기를 호위하였다. 그외에도 콜세어는 적의 야포나 탱크 등 지상 표적을 폭탄과 로켓으로 공격하는 임무를 수행하였다.

한국전쟁 초기 F4U 콜세어는 북한군 단발 프로펠러 전투기 Yak-9와 공중전을 벌여 승리하기도 했다. 그러나 소련의 MiG-15가 등장하자 콜세어는 제트전투기를 상대할 수가 없었다.

AU-1. (Public Domain)

F4U는 프로펠러 전투기 시대의 대미를 장식한 걸작이었다. (Public Domain)

인천상륙작전 시 우군 함대 상공을 초계 중인 미 해군 제113비행대대 F4U-4B.
(Public Domain)

■ F4U-4의 제원

- **일반특성**
  - 승무원: 1명
  - 동체 길이: 33ft 8in (10.26m)   · 날개 길이: 41ft (12.50m)
  - 높이: 14ft 9in (4.50m)   · 중량: 9,167lbs (4,158kg)
  - 엔진: 프랫 앤 휘트니 R-2800-18W 성형 엔진, 프로펠러: 4엽
- **성능**
  - 최대 속도: 746km/h (403kn)   · 실속 속도: 117km/h (63kn)
  - 항속 거리: 1666km (895nmi)   · 상승 한도: 42,000ft (12,802m)
  - 상승률: 4,770ft/min (24.23m/s)

- **무장**
  - 기관총 6×0.50in (12.7mm), 또는 기관포 4×0.79in (20mm)
  - 8×5in 로켓 또는 폭탄 4,000파운드 (1,800kg)

[출처]

- Edward J, Marolda, edited *The United States Navy in the Korean War*, U.S. Naval Institute, Annapolis Maryland, 2007.
- Vought F4U Corsair - Wikipedia.
- Korean War Chronology (navy.mil).

② AD Skyraider

AD Skyraider 프로펠러 전투기는 한국전쟁에서 뛰어난 전투기임이 증명되었다. (Naval Aviation News)

A-1 (AD) Skyraider는 체공 시간이 길었고 많은 양의 폭탄을 적재할 수 있었다. (Wikipedia)

미 더글러스(Douglas) 항공사의 A-1 Skyraider(1962년 이전 공식 명칭은 AD)는 프로펠러 엔진의 단좌형 공격기로 제2차대전 시 미 해군 항공모함의 장거리 고성능/어뢰 폭격기로 개발되었다. 이 항공기는 1946년에서 1970년대 초까지 미 해군/해병대와 미 공군에서 장기간 운용되어 한국전쟁과 베트남전쟁에서 활약했다.

Skyraider의 파생형에는 7개의 유형이 있었다. 원형 AD를 약간 개선한 AD-1, AD-2 AD-3, 엔진 추력을 증가시킨 AD-4, 복좌형의 AD-5 그리고 야간 전투기 AD-5N은 4인승이었다. 그밖에도 전자전 장비 탑재, 어뢰 공격 등을 위한 다양한 파생형이 있었다.

■ 한국전쟁

Skyraider는 생산이 늦어 2차대전에는 참전할 수 없었으나, 한국전쟁에서는 미 해군 함재기로 그리고 미 해병대의 주력 공격기로 운용되었다.

한국전쟁 시 미 항모 USS *Princeton*에서 이륙 대기 중인 AD-4 Skyraider. (Wikipedia)

1950년 7월 3일, 최초의 AD가 항모 USS *Valley Forge*에서 발진하여 평양 공격을 시작으로 실전에 참전했다. 이때 AD는 10시간의 비행을 기록하여 제트전투기보다 공중에 체공 시간에서 우월함을 증명했다.

1951년 5월 2일, Skyraider는 북한이 점령한 화천댐을 공중에서 어뢰(torpedo)를 발사하여 파괴하기도 했다.

1953년 6월 16일, 미 해병대 AD-4(2인승)는 소련제 복엽기 Po-2를 격추했다. 이는 전쟁 중 유일한 Skyraider의 공중전 승리였다.

전쟁 기간에 AD-3N과 AD-4N은 폭탄과 프레어(flare) 조명탄으로 무장하고 야간 공격 임무를 수행했다. 그리고 레이더를 탑재한 (항모 또는 지상기지의) AD는 적 레이더 재밍을 실시했다. 전쟁 중에 AD는 미 해군과 해병대에서만, 운용했다. 항공기 도장을 진한 남색(dark navy blue)으로 위장해 적이 'Blue Plane'이라고 불렀다.

해병대 Skyraider는 저고도 근접항공작전에서 적의 대공포로 막대한 손실을 입었다. 이런 이유로 항공기 동체 배면과 측면의 알루미늄 두께를 보강했다. 전쟁 중에 미 해군과 해병대 Skyraider 손실은 128였다. 이 중에서 101대는 전투로(combat loss), 27대는 작전 수행 중의 손실(operational loss)이었다. 작전 중 손실은 주로 항공기의 추력이 너무 커서 착륙 중 출력 조절을 잘못했을 경우 발생하는 토르크(torque roll) 현상 때문이었다.

■ **일반 제원: AD-6/A-1H Skyraider**

- **특성**
  - 승무원: 1명
  - 기장: 38ft 10in · 기폭: 50ft 0.25in · 기고: 15ft 8.25in
  - 이륙 중량: 18,106lb · 엔진: 1×Wright R-3350-26WA, 2,700hp
  - 프로펠러: 4엽

- **성능**
  - 최대속도: 322mph (518km/h, 280kn)
  - 순항속도: 198mph (319km/h, 172kn)
  - 항속거리: 1,316mi (2,118km, 1,144nmi)
  - 상승고도: 28,500ft (8,700m)
  - 상승률: 2,850ft/min (14.5m/s)
  - 날개 하중: 46.6lb/sqft (228kg/m2)

- **무장**
  - 기관포: 4x 20mm(200발x4문)
  - 날개 하드포인트(hard point) 15개: 8,000파운드(3,600kg) 용량으로 폭탄, 어뢰, 로켓, Mine dispensers, Gun pod 등 장착 가능

[출처]

- Edward J, Marolda, edited *The United States Navy in the Korean War*, U.S. Naval Institute, Annapolis Maryland, 2007.
- https://en.wikipedia.org/wiki/Douglas_A-1_Skyraider.
- Korean War Chronology (navy.mil).

③ F7F-3 Tigercat (살쾡이)

비행 중인 미 해병대 표식의 F7F-3P. (Wikipedia)

1950년 4월, 제513해병야간전투비행대대(VMF(N)-513)의 야간 전투기 F7F-3N. (Wikipedia)

미 그루만(Grumman) 항공사의 F7F Tigercat은 제2차 세계대전 말에서 1954년까지 미 해군과 해병대에서 운용한 중 전투기(heavy fighter)로 미 해군이 개발한 최초의 쌍발엔진 전투기였다. 한국전쟁에서는 야간 전투기와 공격기로 활약했다. 원래 F7F는 중형(medium class) 항공모함용 함재기로 설계했으나 초기 파생형은 지상기지에서 운용하다가 후기 파생형인 F7F-4N만이 항모에서 운용이 인가되었다.

F7F-3 Tigercat은 단좌형 전투폭격기로 2개의 R-2800-34W radial piston engine을 장착했다. 그러나 복좌형 F7F-3N은 야간 전투기로, F7F-3E 복좌형은 전자전 전용기로, F7F-3P는 항공사진 및 정찰기로 활용되었다. 그리고 테일 훅(tail hook)을 장착한 F7F-4N 복좌형 야간전투기가 항모에서 운용되었다.

■ 한국전쟁

한국전쟁 초기에 F7F-3N을 보유한 미 해병513야간전투비행대대(VMF(N)-513)는 야간 항공차단작전 임무를 수행했다. 그리고 북한 공군 Po-2 복엽기 2대를 격추한 전투 기록을 수립하기도 했다.

1950년 9월 15일 인천상륙작전 성공 이후, 9월 18일 제33해병항공단(Marine Air Group 33)의 선발대가 김포 기지에 도착했다. 그 이후 제212해병비행대대(VMF-212)와 제312해병비행대대의 Corsair전투기, 그리고 제542비행대대(VMF-542)의 F7F-3N Tigercat 야간 전투기가 일본에서 도착하였다.

쌍발엔진의 Tigercat은 2인승 복좌형 야간 전천후 전투기로 레이다가 장착되어 있었고, 20미리 기관포 4정, 1,000파운드 폭탄을 운반할 수 있어 지상 작전 지원에 이상적인 항공기였다. 따라서 주 임무는 야간 공격, 특히 차단작전, 폭격기 호위, 그리고 공중전투초계(CAP)였다. 김포 기지 도착 다음 날부터 해병대 근접항공지원작전을 수행했고 야간에 서울 방면 보급로를 타격했다.

■ **일반 제원: F7F-4N**

• **특성**
  · 승무원: 2명
  · 기장: 45ft 4in　　· 기폭: 51ft 6in　　· 기고: 16ft 7in
  · 최대 이륙 중량: 25,720lb (11,666kg)　· 프로펠러: 3엽
  · 엔진: 2×Pratt & Whitney R-2800-34W piston engines, 2,100hp

• **성능**
  · 최대속도: 460mph (740km/h, 400kn)
  · 항속거리: 1,200mi (1,900km, 1,000nmi)
  · 최대상승고도: 40,400ft (12,300m) 상승률: 4,530ft/min (23.0m/s)

• **무장**
  · 기관포: (wing roots) 4×20 mm (0.79 in)
  　　　　　 (nose) 4×0.50 in (12.7 mm)
  · 폭탄: 2×1,000 lb (454 kg)bombs, 또는 8×127mm rockets 1×napalm
  　　　 tank under fuselage, 또는 1×torpedo fuselage

• **전자장비:** AN/APS-19 radar

[출처]
· Richard C. Knott, "Attack from the Sky: Naval Air Operation in the Korean War," *The United States Navy in the Korean War* edited by Edward J, Marolda, U.S. Naval Institute, Annapolis Maryland, 2007.
· Grumman F7F Tigercat - Wikipedia.
· Korean War Chronology (navy.mil).

④ F9F-2 Panther (검은 표범)

미 그루만(Grumman) 항공사의 F9F Panther는 초기 항공모함의 제트함재기로 설계되고 생산되었다. Panther는 미 해군의 최초 제트전투기였고, Grumman 항공사의 첫 번째 제트전투기이기도 했다. 1949년 처음으로 항모에서 비행을 시작한, 단발 제트엔진 직선익(straight-wing) 주간전투기로 4문의 20미리 기관포와 공대지 무장이 가능했다. 직선익 제트기로 속도가 느렸지만, 항모 운용에 적합했다.

비행 중인 미 해군 F9F-2 Panther. (Wikipedia)

한반도 상공에서 비행 중인 제721비행대대(VF-721)의 F9F-2B Panther 2대. (Wikipedia)

■ 한국전쟁

미 그루만(Grumman) 항공사가 제작한 F9F Panther는 일자형 직선 날개의 제트 전투기로 미 해군이 전투에 처음 운용했다. 그리고 이 전투기는 직선익 제트기로 속도가 느려 오히려 항모에서 함재기로 운용하는 데에는 적합했다.

Panther는 한국전쟁 기간에 미 해군과 해병대의 주력 제트전투기로 공대공 전투와 공대지 공격 임무에 광범위하게 운용되었다. 그리고 날개에 20미리 기관포 4문을 장착해 프로펠러 공격 항공기를 위한 공중전투초계(CAP: Combat Air Patrol) 임무와 적의 대공포 무력화를 위한 방공망제압(SEAD: Suppression of Enemy Air Defense) 임무에 운용되기도 하였다. 물론 지상 표적에 대한 기총 공격도 수행했다.

이 강인한 전투기는 미그기의 공중공격과 공대지 임무 시 자주 조우한 적의 지상 대공포화에도 잘 견디어 내어 전쟁 중에 78,000회 비행을 수행했다. 파생형(variants) F9F-2P는 한반도에서 사진 정찰임무를 수행했다. 전쟁 후반에는 약간의 폭탄을 적재할 수 있게 개조되어 항모에서도 전투폭격기로 운용되었다. 그러나 Panther 제트기는 후퇴익 MiG-15와 비교할 때 속도와 기동성에서 매우 열세했다.

1950년 7월 3일, 미 해군 제77기동부대(TF77) 소속 함재기 F9F-3 Panther는 실전에서 적의 프로펠러 전투기 Yak-9를 격추하여 미 해군 최초 승리를 기록했다. 그리고 상대적으로 속도가 느렸지만, 전쟁 중 Panther 조종사들은 총 7대의 MiG-15 격추 기록을 수립했다. 나중에 미국 우주인이 된 Neil Amstrong과 John Glenn도 F9F를 비행했다. 그리고 미국 프로야구(MLB)선수 Ted Williams도 역시 미 해병대 조종사로 F9F를 비행했다. 전쟁이 지속됨에 따라 Panther는 지상공격이 주 임무가 되었다. 그리고 북한군의 대공화기 증가로 Panther의 위험도도 더욱 증가했다.

1951년 4월, 당시 고속항모의 유압식 캐터펄트는 정풍이 없을 때 Panther 제트기를 이륙시킬 수 있을 만큼 강력하지 못했다. 항모는 30노트의 최대 속력을 낼 수 있었지만, Panther 제트기는 기체의 무게(제트기 이륙 하중) 때문에 이륙하기 위해 35노트 이상의 상대속도가 필요했다. 이런 이유로 전쟁 초기 Panther 제트기는 기총 무장만 하고 항모에서 이륙해, 지상 표적에 기총 공격만을 하거나 공중에서 다른 공격기를 호위하는 임무에만 운용되었다. 그러나 Panther를 전투폭격기로 운용하기 시작하면서 (폭탄 탑재로 이륙 중량이 증가해) 항모에서의 운용이 문제가 되었다. 이런 문제는 종전 후, 사주갑판(angled deck)과 증기 캐터펄트의 출현 그리고 제트엔진의 추력 향상으로 해결되었다.

1951년 미 해군 특수비행 팀 Blue Angels는 최초 제트기로 Panther를 4년간 운용했다.

미 항모 USS *Philippine Sea* 갑판의 Panther 전투기들. 1951년 11월 한국 연안에서 눈보라가 지나가기를 기다리고 있다. 한반도 겨울 바다의 악천후는 미 해병의 장진호 전투에서 근접항공지원을 어렵게 만들었다. (미국 국가기록원)

1953년, 미 항모 USS *Lake Champlain* 제111비행대대(VF-111) F9F-5 Panther. (Wikipedia)

- **일반제원: F9F-5 Panther**
  - **특성**
    - · 승무원: 1명 · 기장: 38ft 10in · 기폭: 38ft 0in · 기고: 12ft 3in
    - · 중량: 18,721lb (8,492kg)
    - · 엔진: 1x J48-P-6A turbojet, 6,250lbf (27.8kN) thrust
  - **성능**
    - · 최대속도: 503kn (579mph, 932km/h)
    - · 순항속도 :418kn (481mph, 774km/h)
    - · 항속거리: 1,100nmi (1,300mi, 2,100km) · 상승고도: 42,800ft (13,000m)
    - · 상승률: 5,090ft/min (25.9m/s)
  - **무장**
    - · 기관포: 4 × 20 mm (0.79 in) 760발
    - · 하드포인트(hardpoint): 8개, 총 3,465파운드 (1,572kg)

[출처]

- · Richard C. Knott, "Attack from the Sky: Naval Air Operation in the Korean War," *The United States Navy in the Korean War* edited by Edward J, Marolda, U.S. Naval Institute, Annapolis Maryland, 2007.
- · Grumman F9F Panther - Wikipedia.
- · Korean War Chronology (navy.mil).

⑤ F2H Banshee (아일랜드 유령)

미 맥도넬(McDonnell) 항공사의 F2H Banshee는 항공모함 함재기용 단좌 쌍발 제트 엔진 전투기였다. 이 항공기는 미 해군·해병대 에서 항모용 호위전투기로 운용된 초기 제트전 투기였다. 그러나 항공모함에서 운용된 직선형 날개의 제트기로, 공중전 능력은 우수하지 못 했다. 그런데도 전투폭격기로 운용했을 때,

F2H Banshee. (Wikipedia)

제172비행대대 F2H-2 Banshee 전투기들이 임무를 마치고 모함으로 귀환하는 모습. (미국 국가기록원)

이 제트전투기는 교량, 철도, 기타 지상 표적을 공격하는 임무를 훌륭히 수행했다. Banshee는 동체에 20미리 기관포 4문을 장착했고, 소량의 폭탄을 날개에 탑재했다.

이 항공기는 과거 함재기와 비교하면 여압 조종실, 기수의 착륙 바퀴, 비상 탈출 좌석 등 많은 부분이 추가되고 개선되었다. 1947년 1월 최초 비행을 한 이래, 1948년 8월 F2H-1 생산형이 완성되었다. 파생형으로 F2H-2B는 핵무기 장착, 야간 전투기, F2H-2P는 사진 정찰용이었다. 그러나 F2H-2N 형은 미 해군 최초의 항공모함용 야간 쌍발 제트전투기였다.

■ 한국전쟁

Banshee는 한국전쟁에서 미 주력 전투기 중의 하나로 운용되었고, 특히 호위 항공기와 정찰 항공기로 미 해군 TF77, 그리고 해병대에서 운영했다.

1951년 8월 23일 Banshee는 한국 전역의 미 항모 USS *Essex*에서 처음으로 전투 임무 비행을 시작했다. 그리고 Banshee는 고고도에서 미 공군 폭격기를 호위하는 임무에 적합하다는 것이 처음 증명되었다. 이런 점에서 쌍발 제트기 Banshee가 단발 제트기

1951년, 한국 해역의 미 항모 USS *Essex*의 제172비행대대 (VF-172) F2H-2 Banshee. (Wikipedia)

Panther보다 성능이 좋다는 점을 과시했다. 그러나 Banshee는 당시 지상기지의 전투기보다 속도가 느린 것이 단점이었다. MiG-15가 출현하고 공군의 F-86 Saber가 이에 대응하게 되자, Banshee 제트전투기는 그러나 전쟁 기간 중 전투지역 정찰 임무에 무한한 가치가 있었다. F2H-2P형은 미 해병대에서 주로 정찰 임무를 수행했다. 그 이유는 육안으로 조준하는 적의 대공포는 고속, 고고도로 비행하는 항공기를 격추하는

것은 어려웠기 때문이었다. 따라서 F2H-2P의 고고도 비행은 비교적 안전했다. 한국전쟁 이후 미 해군은 레이더를 탑재한 F2H-3와 F2H-4를 함대 전천후 방어를 위해 전개했다.

- ■ 일반제원: F2H-3
  - • 특성
    - · 승무원: 1명 · 기장: 48ft 2in · 기폭: 41ft 9in · 기고: 14ft 6in
    - · 중량: 21,013lb (9,531kg) · 최대이륙중량: 25,214lb (11,437kg)
    - · 엔진: 2×J34-WE-34 turbojet engines, 3,250lbf (14.5kN) thrust each
  - • 성능
    - · 최대속도: 580mph (930km/h, 500kn) · 순항속도: 461mph (742km/h, 401kn)
    - · 전투행동반경: 1,168mi (1,880km, 1,015nmi) with internal fuel
    - · 최대항속거리: 1,710mi (2,760km, 1,490nmi) with two 170-gal tanks
    - · 최대상승고도: 47,000ft (14,000m) · 상승률: 6,000ft/min (30m/s)
  - • 무장
    - · 기관포: 4×20mm (0.787in) 220/250 rounds(upper/lower pair)
    - · 로켓: 8×60lb (27kg) H.E rockets,
    - · 폭탄/로켓: 6×500lb (230kg) bombs and 2×60lb (27kg) H.E. rockets
    - · 공대공 유도탄: 2×AIM-9 Sidewinder 미사일

[출처]

- · Richard C. Knott, "Attack from the Sky: Naval Air Operation in the Korean War," *The United States Navy in the Korean War* edited by Edward J, Marolda, U.S. Naval Institute, Annapolis Maryland, 2007.
- · McDonnell F2H Banshee - Wikipedia.
- · Korean War Chronology (navy.mil).

⑥ F3D Skynight

미 Douglas 항공사 F3D(F-10) Skyknight. (Wikipedia)

1952년 한국 평택비행장(K-6)에 착륙 중인 F3D-2 Skynight. (Wikipedia)

미 더글러스(Douglas) 항공사의 F3D Skyknight (후에 F-10 Skyknight으로 명칭 변경)는 직선형 날개의 항모용 야간전천후 대형 쌍발 제트폭격기로 조종사와 레이다 조작사가 탑승했다. 1948년 3월 최초 비행한 Skyknight는 미 해군과 해병대가 야간 전투기로 운용했다. 설계 단계에서부터 미 해군의 작전 요구 (제트엔진 추진, 레이더 탑재, 야간전투용 함재기)로 공중요격(AI) 레이더가 탑재되고 복좌형으로 항공기 동체가 통통하고 매우 컸다. Skyknight는 야간 전투기여서 20mm 기관포 4문만 장착했다. 그리고 3개의 레이다가 있어 후미에 접근하는 물체를 탐지할 능력이 있었다.

Skynight는 AIM-7 Sparrow 반자동(semi active) 공대공 미사일 개발에 중요한 역할을 하였고, 베트남전쟁에서 전자전(Electronic Warfare) 장비를 탑재하기도 하여 미 해군의 전자전 전용기 EA-6B Prowler의 선도자(precursor)이기도 했다.

한국에 배치된 미 해군 제트전투기 중에 3번째 기종인 F3D Skynight는 야간에 B-29 호위 임무를 훌륭하게 수행할 수 있음을 증명하였다. (미 해군 역사센터)

■ 한국전쟁

F3D-2 Skyknight는 1952년 8월부터 한반도에서 미 해병대의 지상기지 비행대대에서만 작전 운용을 시작했다. 작전을 시작하자 북한의 재밍이 탑재 레이더에 영향을 준다는 것이 증명되었다. 이런 재밍은 Skynight 조종사가 적에게 접근하여 식별하고 레이더 고착(lock on)하는 절차를 힘들게 했다.

북한에는 레이더 유도 탐조등(search light)을 갖춘 지상의 대공포가 많았다. 야간 작전에서는 이런 대공포가 미그기보다 더욱 위협이 되는 존재였다. 적은 이러한 대공포의 유효 범위 내로 Skynight를 유도하기 위해 미끼로 미그기를 이용하기도 했다.

MiG-15에 비해 속도가 느리고 기동성이 열세했지만, 정교한 레이더 시스템은 소련제 항공기의 성능을 능가하는 이점을 갖고 있었다. 한국전쟁에서 Skynight의 가장 중요한 임무는 야간폭격작전을 하는 B-29를 야간에 공중엄호하는 것이었다. Skynight는 대형 전투기로 속도와 기동에서 미그기보다 열세했으나 서해안 초도에 있는 지상관제요격(GCI: Ground Control Intercept) 레이더의 유도를 받은 후, 탑재하고 있는 최첨단 공중요격(AI: Airborne Intercept) 레이더를 이용하여, (모든 정보를 지상관제에 의존하는) 미그기를 요격할 수 있었다.

1952년 후반 항모 USS *Lake Champlain*이 Skytnight을 탑재하고 한국에 입항했고, 이 항공기는 1953년 6월 21일 평택(K-6) 비행장에 도착했다. Skynight는 제트엔진 후미 배기관(tail pipe)이 아래로 경사져서 항모에서 이륙할 때 갑판을 손상시킬 수 있었다. 이런 이유로 초기형은 지상기지에서만 운용했다. 나중에 이런 문제를 개선한 파생형은 항모에서 작전을 수행했다.

그래서 처음에는 지상기지로 파견되어 야간에 B-29 호위 임무를 수행했다. 군산 비행장(K-8)에서 Tigercat 복좌 야간 프로펠러 전투기를 운용하고 있던 제513해병야간비행대대(VMF(N)-513)도 야간 복좌 제트기인 F3D Skynight을 인수하였다. 그리고 11월 2일, Flying Nightmare라는 별명을 가진 제513비행대대의 Skynight가 야간 작전에서 Yak-15를 격추하여 최초로 공중전 승리를 기록했다. 이것은 야간에 레이더를 이용하여 제트기가 다른 제트기를 요격하고 격추에 성공한 최초 기록이었다.

1953년 1월 중에 해병대 Skynight 야간 전투기의 수는 갑절이 늘어 24대가 되었다. 이로써 B-29의 야간 폭격 임무 때 호위를 효과적으로 할 수 있었다. 1953년 1월 12일 제513비행대대의 F3D-2 Skyknight는 B-29를 호위하던 중 4번째 적기를 격추했다. 종전 때까지 Skyknight는 적기 6대(1/Po-2, 1/Yak-15, 4/MiG-15)를 격추했다고 주장했다. 그러나 1953년 5월 29일 야간에 1대가 MiG-15 의해 격추되기도 했다.

■ 일반제원: F3D-2

- **특성**
  - 승무원: 2명 · 기장: 45ft 5in · 기폭: 50ft 0 in/ 26ft 10in (folded)
  - 기고: 16ft 1in wings spread,/16ft 6in wings folded
  - 최대 이륙 중량: 26,731lb   · 최대 착륙 중량: 24,500lb
  - 탑재 연료: 1,350 US gal (5,100L) internal
                  and 2x150 US gal (570L) drop-tanks
  - 엔진: 2×34-WE-36 turbojet engine, 3,400lbf (15kN) thrust each
- **성능**
  - 최대속도: 460kn (530mph, 850km/h) · 순항속도: 395kn (455mph, 732km/h)
  - 실속 속도: 80.6kn (92.8mph, 149.3km/h)
  - 전투행동반경: 995nmi (1,145mi, 1,843km)
  - 최대항속거리: 1,195nmi (1,375mi, 2,213km) with 2 ×150 USgal drop-tanks
  - 최대상승고도: 36,700ft (11,200m) · 상승률: 3,570ft/min (18.1m/s)
- **무장**
  - 기관포: 4×20mm (0.787in) cannon · 로켓: 2×11.75in (298mm)
  - 미사일: 4×Sparrow I air-to-air missiles (F3D-2M)
  - 폭탄: 2×2,000lb (910kg)
- **전자장비**
  - AN/APQ-35A or -35B radar · Westinghouse AN/APQ-36 radar

[출처]

· Richard C. Knott, "Attack from the Sky: Naval Air Operation in the Korean War," *The United States Navy in the Korean War* edited by Edward J, Marolda, U.S. Naval Institute, Annapolis Maryland, 2007.

· Douglas F3D Skyknight – Wikipedia.
· Korean War Chronology (navy.mil).

✔ HO3S-1(H-5)

Sikorsky 미 항공사의 H-5(HO3S) 헬리콥터는 1946년 상용으로 사용되기 시작하여, 미 공군(R-5), 해군/해병대(HO3S-1), 해안 경비대에서 운용한 다목적용 헬리콥터로 조난자 구조, 의무후송에 사용되었다.

■ 한국전쟁

미 해군은 한국전쟁에서 HO3S-1을 운용했다. 베트남전쟁이 헬리콥터 전쟁(Helicopter War)으로 불리지만, 이 특별한 비행기였던 헬리콥터는 한국전쟁에서 처음 운용되었다. 주요 임무는 인명구조와 포병 관측용에 이어 해병 상륙 병력 공수까지 활용 범위가 확대되었다.

전쟁이 발발하자 샌디에이고의 제1해군헬리콥터지원대대(Helicopter Utility Squadron 1)는 해상의 항공모함에 배치되었다. 항모에서 헬기는 함재기 이착륙 시 조종사 구조 임무, 적지에서 조난 조종사 구조 임무를 수행했다.

미 항모 USS *Boxer*에서 F4U Corsair가 이륙 대기하는 동안 HO3S 구조 헬기가 공중에서 대기하고 있는 모습. (미 해군 역사센터)

한국 인천의 한 야전에 주기되어 있는 미 해병대 HO3S-1 헬리콥터. (Wikipedia)

한국전쟁에서 작전 중인 미 해군 HO3S-1 헬리콥터. (Wikipedia)

174

　　1950년 8월, 해병대는 부산방어선(Pusan Perimeter)에서 헬기를 활용했다. 제6해병정찰비행대대(Marine Observation Squadron 6, VMO) 소속 헬기는 전장에 도착 3일 만에 최초로 추락한 조종사를 구출했다. 그 밖에 지휘관 수송, 부상환자 후송, 필수 보급품 공수 등과 같은 임무를 수행했다.

　　1951년 1월, 항모 USS *Bataan*의 해병대 Corsair 전투기 1대가 수원 인근에서 피해를 당해 눈 덮인 논바닥에 비상 착륙했다. 조종사는 평택에서 이륙한 미 공군 제3구조비행대대 헬기에 의해 구조되어 항모로 귀환했다.

　　전차상륙함(LST)의 일부는 항공갑판이 협소했지만, 헬기항모로 이용되었다. 이러한 LST에 탑재된 기뢰 관측용 HO3S-1 헬기에는 구조 임무가 추가되었다. 1951년 3월, LST-799(Green Country)는 최초의 헬기항모로 HO3S-1 헬기 2대를 싣고 원산으로 출동하였다. 그리고 1대 이상의 LST 헬기항모가 원산 앞바다의 여도(麗島) 부근에 대기했다. 유엔군 조종사들은 조종 불능 상태가 되면 여도 부근으로 향하라고 지시를 받았다. 4월 5일, LST-799 헬기항모는 조종사를 첫 번째 구조한 이후, 한국전쟁에서 모두 24명의 조종사를 지상과 해상에서 구조했다. 미국이 일본에 제공한 수척의 상륙함들도 화물선으로 전환했다가 다시 헬기항모로 개조되었다.

한국전쟁 시 미 해군 항모 USS *Sicily*에서 작전 중인 HRS-1 헬기. (미 해병대)

헬기 조종사들은 인명구조는 물론, 함포사격 탄착 수정을 했고, 기뢰를 탐색하여 소총으로 파괴하는 등 소해정 임무도 지원했다. 그러나 해병대 상륙작전을 위해 HO3S-1 헬기는 병력 수송에 한계가 있었다. 이를 보완하고자 미 해병대는 시코르스키 HRS-1 대형 헬기 비행대대를 편성하여 한국전쟁에 투입하였다. HRS-1 헬기는 조종사 2명과 1개 분대의 병력이 탑승할 수 있는 대형 기종으로 화물수송도 가능하였다.

1951년 9월 21일, 해병대 HRS-1 헬기가 새로운 임무에 도전했다. 상륙 지역 확보를 위해 해병대원 몇 명을 간성(杆城) 북동쪽으로 항공수송했다. 선발대 성공 후, 많은 헬기가 병력과 다량의 장비를 항공수송했다. 단시간에 228명의 해병대원을 고립된 전초 기지로 항공 수송한 첫 번째 사례였다.

헬기는 한국전쟁 기간 수많은 분야에서 유용성을 증명하였다. 구조와 의무 후송 임무에 추가하여 병력 및 보급품의 수송 수단이었고, 초계기, 함포사격과 포병 관측 역할을 하였다. 헬기는 항공모함과 상륙함뿐만 아니라 순양함과 전함에서도 작전을 수행했다. 전쟁 초기에 이러한 헬기는 야간 작전을 위한 계기비행 능력이 없었지만 필요할 때는 항상 운용되었다. 전쟁 중에 이 임무는 신형 헬기 H-19 Chickasaw로 교체되었다.

- **일반제원**
  - **특성**
    - 승무원: 1~2명 · 운반 용량: 기체 양편 외부에 들것 (2개)
    - 기장: 57ft 1in (17.40m)
    - 기고: 13ft 0in (3.96m)
    - 총 중량: 4,825lb (2,189kg)
    - 엔진: 1×R-985 Wasp Junior9-cylinder radial piston engine, 450hp
    - 메인로터 직경: 48ft 0in (14.63m) · 메인로터 면적: 1,810sqft (168m2)
  - **성능**
    - 최대속도: 106mph (171km/h, 92kn) · 항속거리: 360mi (580km, 310nmi)
    - 상승고도: 14,400ft (4,400m)
    - 일정 고도 도달 시간: 10,000ft (3,000m) 상승에 15분

[출처]

· Richard C. Knott, "Attack from the Sky: Naval Air Operation in the Korean War," *The United States Navy in the Korean War* edited by Edward J, Marolda, U.S. Naval Institute, Annapolis Maryland, 2007.
· https://en.wikipedia.org/wiki/Sikorsky_H-5.
· Korean War Chronology (navy.mil).
· 이오지마급 헬기상륙함 - 유용원의군사세계 - 전문가광장 〉무기백과 (chosun.com).

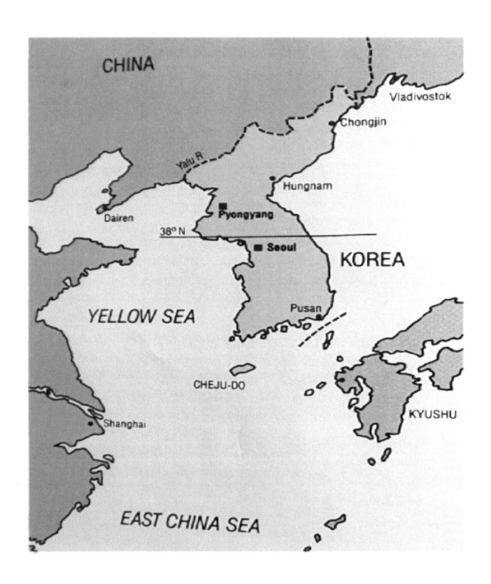

부록 II

한국전쟁 참전 미 항공모함

◉ **한국전쟁 참전 항공모함의 주요 활동 (요약)**

- 한국전쟁 발발과 항공모함
- 미 항공모함 긴급 전개
- 전쟁 초기 항모의 공격작전
- 부산방어선과 근접항공지원
- 인천상륙작전과 항공지원
- 장진호 전투 항공지원
- 흥남철수작전과 항공모함
- 주요 항공후방차단작전과 항공모함
- 휴전 임박과 항공지원

◉ **한국전쟁 참전 미 항공모함 현황**

◉ **개별 미 항공모함 소개 (미국 해군 항모: 17척)**

◼ 한국전쟁 참전 항공모함의 주요 활동 (요약)

한국전쟁 발발 이후 극동해군의 제77기동부대(TF77) 항공모함이 일본에서 출동하여 한반도 해역에서 임무를 수행하면서, 지속적인 작전을 위해 대부분 항공모함은 일본의 극동해군 기지를 모항으로 활동했다. 따라서 여기에 정리한 내용은 항공모함의 모든 활동에 대한 것이 아니라 전쟁 중 한반도 전역에 출동하여 수행한 임무를 독자들의 이해를 돕기 위해 한국전쟁에서의 활약을 중점으로 요약한 내용이다.

■ 한국전쟁 발발과 항공모함

전쟁 발발 당시 한반도에 투입할 수 있는 미국의 항모는 벨리포지(USS *Valley Forge*, CV-45)가 유일했다. 그러나 다행히 영국 극동해군의 항모 트라이엄프(HMS *Triumph*, R16)가 전쟁에 합류할 수 있었다.

미국의 제7함대 소속의 에식스(Essex)급 고속항모인 USS *Valley Forge*는 항해 속도가 33knots 정도였고, 탑재한 함재기는 F9F-2 Panther, F4U Corsair, AD-4 Skyraider 등 총 86대였다. 그리고 영국 극동해군 소속의 경항모인 HMS *Triumph*는 항해 속도가 23knots 정도였으며, Firefly 와 Seafire 등 20여 대의 프로펠러 전투기를 탑재했다.

■ 미 항공모함 긴급 전개

1950년 7월과 8월에 태평양함대의 에식스(Essex)급 항모들이 한반도로 향했다. 7월 4일, 항모 시실리(USS *Sicily*, CVE-118)는 샌디에이고(Sandiego)를 출항해 일본 요코스카(Yokoska)로 향했다. 7월 14일, 바둥스트레이트(USS *Badoeng Strait*, CVE-116)는 샌디에이고에서 출항하여 일본 고베(Kobe)에 7월 31일 도착하였다. 7월 14일, 박서(USS *Boxer*, CV-21)는 F-51 Mustang 145대를 수송했다. *Boxer*는 캘리포니아 알라미다(Alameda)를 출항하여 7월 22일 일본 요코스카에 도착하여, 8일 16시간이라는 태평양 횡단항해기록을 수립했다. 8월 1일에 필리핀씨(USS *Philippine Sea*, CV-47)는 오키나와 버크너 만(Buckner Bay)에 도착했다.

전쟁 초기였던 7월과 8월, 샌디에이고에 정박 중인 미 항모 USS *Boxer*와 USS *Philippine Sea* 그리고 태평양함대 소속의 항모 USS *Sicily*와 USS *Badoeng Strait*,

총 4척의 항모가 TF77에 배속되었다. 그리고 전쟁이 장기화 양상을 띠게 되자, 예비 함정들이 현역으로 복귀하기 시작했다. 8월 28일, 2차대전 당시 마지막으로 건조된 항모 프린스턴(USS *Princeton*, CV-37)이 첫 번째로 재취역했다.

■ **전쟁 초기 항모의 공격작전**

• **평양과 해주 비행장 공격**

1950년 7월이 되어 중공과 소련의 전쟁 개입 위협이 일부 수그러들자, 7월 3일, TF77의 항모 2척(미 항모 USS *Valley Forge*와 영국 항모 HMS *Triumph*)은 순양함 2척과 구축함 10척을 동반하고 한반도 서해에 도착하였다. 그리고 북한의 수도 평양 부근의 비행장들을 첫 번째 표적으로 선정했다.

3일 새벽에 2척의 항공모함에서 모든 함재기가 출격했다. USS *Valley Forge*의 함재기들은 평양을 향했다. 영국 항모 HMS *Triumph*의 함재기들은 평양 남쪽 65마일에 위치한 해주 비행장을 공격하기 위해 출격했다. 이 공격은 7월 3일 오후에 이어서 4일에도 지속되었다.

• **원산 정유시설 공격**

1950년 7월 16일, 2척의 항모를 보유한 TF77은 오키나와에서 출항하여 이번에는 한국 동해로 향했다. 함재기들은 주로 북한의 정유시설을 공격했다. 원산 정유시설이 일차 목표였다.

7월 18일, USS *Valley Forge*는 북한의 동해안에 투입되었다. 함재기들은 주간에 평양을 공격하였고, 저녁에는 원산의 정유공장을 급습하였다.

• **한강철교 폭파 작전**

1950년 8월 19일, 극동공군 폭격사령부의 B-29 폭격기가 한강철교(West Bridge over the Han at Seoul)에 폭탄을 54톤이나 투하하여 명중시켰으나 완전히 파괴하지 못했다.

TF77은 제5공군의 요청으로 이 공격에 참여했다. 8월 19일 15시경 항모 USS *Valley Forge*와 USS *Philippine Sea*에서 Corsair 전투기와 Skyraider 전폭기 37대가 출격하여 한강철교를 폭격한 후에 앞으로 상당 기간 사용하지 못할 것이라고 보고했다.

8월 20일, 한강철교 폭격을 위해 다시 출격한 B-29 승무원들은 철교 경간 2개가 물속에 잠겨있는 것을 확인하였다. 그리고 3번째 경간을 공격해 파괴했다. 맥아더 장군은 임무성공을 극찬했다.

전쟁 초기였던 7월과 8월에 위와 같은 해군 항공모함의 활동, 특히 전쟁 발발 후 첫 번째 공습이었던 평양 공격은 유엔 항모 함재기들이 적의 수도를 아무 저항도 없이 공격할 수 있었다는 데 의미가 있었다. 또한, 한반도 모든 지역이 항모의 공격권에 있다는 것을 보여 준 사례였다.

■ 부산방어선과 근접항공지원

전쟁이 7월 말에 이르자 낙동강을 주 전선으로 하여 '부산방어선(Pusan Perimeter)'이 형성되었다. 1950년 7월 23일 미 제8군은 TF77에 "항공지원"을 요청하는 긴급 전문을 보냈다. 이에 따라 USS *Valley Forge*와 HMS *Triumph* 항공모함이 동해로 급파되었다. 7월 25일 오전 8시, 항모에서 이륙한 함재기들은 20분 만에 전선에 도착하여 근접항공지원을 시작했다.

• 서부 방어선과 항공지원

8월 초, 북한군이 부산 방어선을 돌파하기 위해 총공세를 펼치자 모든 항공자산을 근접항공지원에 집중했다. 이때 USS *Philippine Sea*(CV-47)가 TF77에 합류했다. 이에 따라 제7함대사령관은 항공모함 USS *Valley Forge*와 HMS *Triumph* 중에서 최소한 1척은 한국 연안에 주둔해 있도록 지시했다.

8월 3일, USS *Sicily*는 일본에서 곧바로 제8군의 지원에 나섰다. 제1해병여단은 미 항모 USS *Sicily*와 USS *Badoeng Strait*로부터 근접항공지원을 받았다.

8월과 9월에 부산 방어선을 방어하는데, 가장 중요한 역할을 한 것은 호위 항모 USS *Sicily*와 USS *Badoeng Strait*에서 이륙한 해병대 함재기들이었다. USS *Valley Forge*와 USS *Philippine Sea*의 함재기도 공산군의 공세를 저지하는데 일조했다.

8월 초, 계속해서 USS *Philippine Sea*와 USS *Valley Forge*의 함재기들은 서부 방어선 지상군에 대한 항공지원을 수행했다. 이렇게 시작된 항공지원은 '체크 정찰대'의 활동, '킨(Kean)특수임무부대의 반격작전'에 항공력을 집중했다.

1950년 9월 1일 아침에 함안이 피탈되었다. 항공모함 USS *Valley Forge*와 USS *Philippine Sea*에서 함재기가 출격하여 공중지원을 하여 적을 격퇴했다.

이러한 전투 결과 1950년 8월 19일, 미 지상군은 항공지원의 도움을 받아 북한군을 영산 교두보에서 낙동강 건너로 몰아내 제1차 낙동강 돌출부(bulge) 전투를 끝냈다.

• 동부 방어선과 항공지원

1950년 8월 둘째 주가 끝나가고 있을 때, 당시 한국군 제3사단이 방어하고 있던 포항에서 위기가 발생했다. USS *Philippine Sea*에서 이륙한 함재기들이 공중에서 임무가 전환되었다. USS *Valley Forge*의 함재기들이 대구 인근의 트럭, 보급품, 그리고 유류저장소를 공격했으나 공격 임무의 중심은 포항에 있었다. 8월 16일, 포항 북쪽 10마일의 청하(淸河)에 있던 한국군 제3사단의 내륙 주둔 병력이 고립되어 전멸 위기에 빠졌다. 다행히 항공지원이 가능한 지역 내에 머물러 있어 저녁 무렵 후퇴 준비가 이루어졌다. 그리고 다음 날 새벽 미 해군 상륙함(LST) 4척으로 해안을 떠나 후퇴에 성공한 후 다음날 구룡포에 다시 상륙하여 전투에 재투입되었다.

• 북부 방어선과 항공지원

부산 방어선 북부의 전략요충지인 왜관·다부동·대구 북부의 전투는 1950년 8월 1일부터 9월 14일 인천상륙작전 직전까지 북한군 4개 사단과 미 제1기병사단이 싸운 치열한 전투였다. 북한군은 8월 15일부터 총공격을 재개했다. 낙동강 방어선 모든 전선에서 인민군의 총공세로 인해 미 제8군은 왜관 정면의 적에 대한 별다른 대비책이 없었다. 이에 미측에서는 16일 융단폭격을 시행했다. 그러나 융단폭격이 북한군을 향한 직접적인 피해와 파괴 효과는 크지 않은 것으로 보였다.

1950년 8월 31일 자정, 북한 인민군 지도부는 최후의 대규모 공세를 감행했다. 그러자 9월 1일, 제8군은 제5공군에 항공지원을 요청했다. 제5공군은 일본에 있는 F-80 전투기를 투입하는 동시에 일본 사세보(Sasebo) 항에 있는 USS *Sicily*와 USS *Badoeng Strait*의 전개도 건의했다. 2척의 항공모함 중에서 USS *Badoeng Strait*의 함재기들은 9월 2일부터 한반도에 출격했다. 그러나 함재기들이 합동작전본부(JOC)의 지시를 받아 임무를 수행했으나 특별한 성과를 거두지 못했다.

9월 초 부산 방어선에서 공산군의 마지막 총공세가 개시되자, 항모 USS *Valley Forge*

와 USS *Philippine Sea*는 북한군의 공세를 저지하는 방어 작전에 일조했다. TF77의 함재기와 새로 도착한 해병대 비행대대의 모든 가용한 함재기가 전투에 투입되었다.

9월 두 번째 주가 되자 극동군사령부가 처음에 선택했던 목표가 달성되었음이 분명해 보였다. 여러 어려움에도 불구하고, 제8군은 부산방어선을 고수하는 데 성공했다. 이제는 모든 것이 인천상륙작전에 달려있었다.

■ 인천상륙작전과 항공지원

인천상륙작전을 위한 항공지원은 미 해군·해병부대에 편성된 자체 항공부대에 의해서 수행하는 것을 원칙으로 했다. 따라서 상륙작전 시 항공지원은 제7합동상륙기동부대(JTF7) 예하의 고속항모 기동부대가 전담했다.

작전상 혼란을 방지하고 항공력을 보다 효율적으로 운용하기 위해 미 해군과 공군은 각각의 작전영역과 임무를 구분하였다. 따라서 상륙 장소로부터 반경 35마일(55km) 이내에서의 항공작전은 JTF7 예하의 고속항모기동부대가 전담하고 극동공군은 목표지역 밖에서 항공차단 작전을 담당하기로 합의했다.

• 양동작전

1950년 9월 7일부터 14일까지 유엔 해군과 공군은 동해와 서해에서 양동작전을 지원했다. 이 작전에 항모 USS *Badoeng Strait*와 영국 항모 HMS *Triumph*의 함재기들이 합세했다.

• 실제작전 지원

9월 12일부터는 TF77의 해군 함재기들도 월미도 공격에 합류했다. USS *Sicily*와 USS *Badoeng Strait*의 함재기들이 월미도를 네이팜탄으로 맹폭하여 무력화시켰다. 그리고 인천지역의 표적들도 폭격하였다. 9월 13일, 14일에는 항모 USS *Philippine Sea*와 USS *Valley Forge*에서 이륙한 함재기들이 월미도에 맹공을 가했다.

인천상륙작전 D일, 9월 15일에 상륙작전 항공지원을 위해 전술항공통제본부(TACC: Tactical Air Control Center)가 공격 수송함(attack transport) 죠지 클라이머(USS *George Clymer*, APA-27)에 설치되었다.

9월 15일 새벽 05시 40분, 순양함과 구축함들은 인천 주변 여러 표적에 대한 공격 준비를 했다. 이어서 항모 USS *Badoeng Strait*와 USS *Sicily*에서 이륙한 해병 함재기들이 월미도를 다시 공격해 초토화했다. USS *Valley Forge*와 USS *Philippine Sea*의 함재기들은 해상에서 공중 초계 비행을 했고, 상륙 제1파가 최종 질주하는 것을 엄호하기 위해 함재기들이 상륙주정 상공을 지나 해안선을 맹공격하였다.

9월 16일 이후 해병대가 김포기지와 서울로 진격하였다. 이들을 공중 지원하기 위해 제일 먼저 활동을 개시한 것은 해상의 함재기들이었다. 항모 USS *Sicily*의 함재기들이 해병대를 항공지원했다.

9월 17일 미 해병대가 김포기지를 탈환한 후, 해안교두보(beachhead) 확보 작전 중에 TF77의 고속항모 3척 이 추가로 함대에 합류했고, 항공모함 USS *Boxer*에서 출격한 함재기들이 공중엄호를 했다.

9월 18일, TACP를 통제하는 해군의 항공함포연락중대(ANGLICO)가 인천에 상륙하여 본격적으로 인천상륙작전 이후의 함포지원사격과 근접지원 항공기 유도 임무를 수행했다. 같은 날, TACP가 해안에 상륙하자 CAS 작전을 통제하기 시작했다. 인천 상륙 후 서울 수복 작전을 수행할 때, 미 제1해병사단에는 20개의 전술항공통제반(TACP)이 제공되었다. 이는 적어도 각 보병대대에 1개의 전방항공통제관(FAC)이 배치되었음을 뜻했다. 상륙한 미 제7보병사단에는 공군과 해병대 양측의 9개 TACP가 함께 배치되었다

인천상륙작전의 주력은 미 해군과 해병대였다. 3척의 미 해군 고속항모(USS *Valley Forge*, USS *Philippine Sea*, USS *Boxer*)와 2척의 호위 항모(USS *Badoeng Strait*, USS *Sicily*) 함재기들이 공중폭격과 근접항공지원을 수행하였다. 또한, 초계기들은 초계, 호위, 정찰, 대잠 임무를 수행했다. 그리고 영국 항모 USS *Triumph*의 Seafire와 Firefly 전투기는 유엔해군에 공중엄호를 수행했다. '또한, 영국 공군의 2개 Sunderland 비행정(flying boat) 대대가 초계와 정찰에 동참했다.

■ 장진호전투 항공지원

미 제1해병사단은 1950년 10월 25일 원산에 상륙했다. 그리고 10월 30일, 장진호 방향으로 진격했다.

1950년 11월 5일에는 미 항모 USS *Princeton*이 동해에 보충되었다. 이어서 USS *Valley Forge*도 도착했다. 이 2척의 항모는 서해에 배치되어 임무 수행 중에 동해로 전개한 것이었다. 11월 7일 USS *Sicily*의 함재기들이 해병대를 지원하였다. 11월 16일 항모 USS *Bataan*은 일본에 항공기를 하역한 후, 다시 항모 USS *Sicily*와 USS *Badoeng Strait*와 합류하였다. 그리고 함재기에 추가해서 해병비행대대가 연포 기지 (K-27)와 원산 기지(K-25)에서 출격했다. 이러한 조치는 해병대 후퇴의 위급상황에 대처하기 위한 것이었다.

11월 24일 이후, TF77의 함재기들이 이미 동해 상공의 만주 국경 남쪽에서 초계 비행을 시작했다. 그러나 장진호 상황이 더욱 악화하자, 초계구역을 더욱 남쪽으로 더 확대했다. 그리고 집중적인 근접항공지원 작전을 실시했다

11월 말, 전쟁 발발 이후 해상작전에 계속 참전했던 항모 USS *Valley Forge*가 미국으로 떠났다. 그러나 항모 USS *Sicily*는 일본 항구에 정박하고 있었다. 장진호 인근 해역 현장에 있던 유일한 항모 USS *Badoeng Strait*가 새로운 상황에 즉시 대응하였다. USS *Philippine Sea*와 USS *Leyte*와 함께 3척의 항모 함재기와 연포 기지 (K-27) 해병 전투기들이 해병대를 지원하기 위해 출격하였다. 미국으로 귀향했던 항모 USS *Valley Forge*가 비상사태로 황급히 소환되었다.

1950년 11월 말경, 후퇴하는 미 제1해병사단을 근접항공지원할 수 있는 전력은 원산 기지(K-25)의 3개 해병비행대대 그리고 연포 기지(K-27)의 2개 해병비행대대가 있었다. 미 해군 함재기로는 USS *Badoeng Strait*의 1개 비행대대가 있었고, 미 공군으로는 연포 기지의 F-51 Mustang 전폭기 전대가 있었다. 그리고 장진호 주변에서 임무 가 가능한 공격 항모는 미 해군 USS *Philippine Sea*와 USS *Leyte* 2척이 있었다.

12월 2일, 해병대 철수 작전이 시작되었다. 항모 함재기와 지상기지 해병대 항공기 는 중공군을 무자비하게 포격하기 시작했다.

해병대 전술 항공의 근접항공지원에 대한 예를 들면 이러했다. (후퇴 진로 개척을 위해 야포 사격과 함께) 철수 행렬의 선두에 위치한 해병대 (TACP)의 항공지원을 요청으로 지상의 적을 공격해 퇴로를 개척해 나갔다. 특히 12월 6일부터는 R-5D Skymaster(해군용 C-54)가 통신이 잘 안되는 산악지역 상공에서 체공하면서 공중전술항공지시소(TADC: Tactical Air Direction Center) 역할을 수행하기 시작했다. 이날 해병대가 후퇴하는 행렬 상공에 USS Leyte 항모에서 출격한 항공기 8대 그리고 214비행대대(VMF214)로부터 지원된 Corsair 18대가 6기씩 3개 편대로 나누어 8,000피트, 9,000피트, 10,000피트 상공을 선회하면서 대기하고 있다가 지상의 해병대 전방항공통제관의 요청과 체공 중인 공중 TADC의 지시에 따라 지상의 적을 공격해 퇴로를 열어 주었다. 그리고 철수 작전 중, 공군은 C-119를 이용하여 탄약, 의약품, 물, C레이션(C-ration) 등 다량의 보급품을 낙하산으로 공중 투하해 주었고 부상자들을 헬기로 후송하였다. 매일 같은 일이 반복되었다.

12월 7일 철수하는 해병대의 마지막 병력이 목적지인 고토리에 도착했다.

■ 흥남철수작전과 항공모함

1950년 12월 15일에서 24일까지 열흘간 진행된 흥남철수작전에서 항공모함들은 공산군의 접근을 차단하는 중대한 임무를 수행하였다. 당시 흥남철수작전에는 부산방어선에서 활약하였던 미군 소속 항모 4척(USS *Valley Forge*, USS *Philippine Sea*, USS *Badoeng Strait*, USS *Sicily*) 그리고 추가로 전개한 USS *Princeton*과 함께 USS *Leyte*와 USS *Bataan*을 포함 총 7척의 항모가 동해 인근에 전개해 있었다.

12월 15일부터 흥남에서 반경 35마일(55km) 지역에 대한 모든 항공지원은 TF90 사령관 도일(Doyle) 제독이 통제했다. 함재기들의 임무는 근접항공지원, 종심 표적 공격, 정찰 비행 등으로 철수 작전 방해를 사전에 방지하기 위한 활동이었다. 작전 기간에 영국 경항공모함 HMS *Theseus*의 함재기들이 우군 함대 상공에서 초계 비행을 수행했다.

■ 주요 항공후방차단작전과 항공모함

1950년 11월 초, 중공군이 본격적으로 전쟁에 개입했을 때 TF77은 특별한 임무를 맡게 되었다. 그것은 중공군의 진출을 막기 위하여 전장을 고립시키는 것이었다. 이런 역할은 TF77 소속 함재기들이 적군의 보급로를 차단하기 위하여 약 20개월 동안 계속 수행하게 될 임무의 시작이었다.

• 압록강 교량 폭파작전

1950년 11월 9일에서 21일까지 해군 함재기들은 신의주 교량 등 압록강 교량 폭파를 위해 총 593회 출격하여, 232톤의 폭탄을 투하했다. 압록강 교량들의 공격에는 USS *Valley Forge*와 USS *Philippine Sea,* 그리고 USS *Leyte* 3척의 항공모함이 참여했다.

• 화천댐 어뢰공격

1951년 4월, 화천댐 어뢰공격이 있었다. USS *Princeton*의 Skyraider, Corsair 함재기가 임무에 투입되었다. Skyraider가 수면 가깝게 저공으로 비행하면서 발사한 6발의 어뢰가 명중하여 댐을 파괴했다.

• 질식작전(Operation Strangle)

1951년 6월 5일경, 질식작전에 참여한 해군·해병대 항공기들은 39도선 부근의 도로, 교량, 해안 사이의 터널 차단 작전을 수행했다. TF77의 항공모함에서 Corsair와 Skyraider, 그리고 수영 비행장(K-9)의 해병대 Corsair와 Tigercat이 작전에 참여했다. 그러나 이러한 유엔군의 노력에도 불구하고 후방차단 작전은 적의 보급을 멈추게 하는 데 실패했다.

• 나진항 급습작전

1951년 8월 유엔군은 항구 도시 나진을 합동작전으로 급습했다. 항모 USS *Essex*의 Panther와 Skyraider, 그리고 F2H-2 밴쉬(Banshee) 제트전투기가 B-29 폭격기와 합동으로 나진 항을 폭격했다.

• **수력발전소 폭격작전**

1952년 6월 미 공군과 미 해군은 합동으로 수풍댐을 비롯한 북한 북부의 수력발전소 공격을 수행했다. TF77의 고속항공모함, USS *Boxer*, USS *Princeton*, USS *Bon Homme Richard*, USS *Philippine Sea*, 4척의 항공모함 함재기들이 작전에 참여했다. 공격 결과 북한 내의 수력발전소의 90% 이상을 불가동 상태로 만들었다.

• **그 밖의 항공후방차단작전**

그밖에 1952년 TF77의 항공모함 함재기들은 Package와 Derail 작전, Moonlight Sonata(월광곡) 작전, Insomnia(불면증) 작전, 평양과 그 주변 산업시설에 대한 대규모 폭격, 아오지(阿吾地) 정유공장 폭격, 그리고 고원(高原) 철도보급소 폭격 등의 차단작전을 합동 또는 단독으로 수행했다.

이러한 작전에는 미국 항모 USS *Princeton*, USS *Bon Homme Richard*, USS *Essex*, USS *Boxer*, USS *Kearsarge*, USS *Oriskany*, 그리고 영국 항모 HMS *Ocean* 이 참여했다.

■ **휴전 임박과 항공지원**

휴전협상이 진행되면서 1953년의 몇 달 동안 TF77은 근접항공지원, 보급로차단과 산업시설 공격 등 다양한 임무를 계속 수행했다.

1953년 4월 항모 USS *Philippine Sea*와 USS *Oriskany*의 함재기들은 북한 북동쪽 항구 도시 청진을 폭격했다. 항모 USS *Oriskany*와 USS *Princeton*의 함재기들도 또 다른 작전을 지원했다. 극동해군은 TF77 소속의 항모, USS *Boxer*, USS *Lake Champlain*, USS *Philippine Sea*, 그리고 USS *Princeton*에 근접항공지원 작전에 총력을 동원할 것을 지시하기도 했다.

° ° ° ° ° ° ° ° ° ° ° °

한국전쟁이 끝났을 때, 미 해군은 34척의 항모를 보유하게 되었다. 이는 2년 반 전의 2배를 넘었다. 한국전쟁의 경험은 해군 항공의 역할이 미 국방에 필수 전력임을 재확인시켜 주었다. 그리고 특히 인천상륙작전의 성공으로 미 해군의 항공모함 필요성이 다시 대두되었고, 미 해병대 상륙작전의 중요성이 인정되었다.

A series of Korean War commemorative medals. (Google)

▣ 한국전쟁 참전 미 항공모함 현황

• 한국전쟁에 미 해군 항공모함 중에서 고속항모(CV) 11척, 경항모(CVL) 1척, 그리고 호위항모(CVE) 5척, 총 17척이 순차적으로 참전했다.

• 미국 해군의 경우 초기에는 별다른 구분 없이 모두 단순히 항공모함(CV)으로 불렀다. 그러나 2차대전 이후 경순양함을 개조한 항공모함(기준 배수량: 11,000톤)이 등장하면서, 경항모(CVL)라는 분류가 생겼다. 그리고 1951년 CV(고속항모)를 CVA(공격항모)로 재분류했다. 영국 해군에서는 2차대전 중에 취역한 20,000톤 이하의 항모를 경항모로 분류했다.

• 2차대전 당시 군함의 크기 기준은 승무원, 탄약, 소모품을 포함한 기준(표준 및 기본)배수량(standard displacement)으로 했다. 현대에 와서는 연료와 보일러 물까지 포함한 만재배수량(full load displacement)을 사용한다. 그 밖에 경하배수량(light displacement)도 있다. 경하배수량은 화물, 연료, 밸러스트, 승객 등은 제외하고 보일러 수(水)는 포함하는 배수량이다. 즉, 고정적이고 기본적인 선체의 중량을 의미한다.[275]

---

275) 오세찬 역, 노가미 아키토·사카모토 마사유키 원저, 『도해 항공모함』 (서울: 에이케이커뮤니케션스, 2014), pp.18-19; "배수량," https://namu.wiki/w/%EB%B0%B0%EC%88%98%EB%9F%89. (검색일: 2024년 3월 5일).

한국전쟁 참전 미국 항공모함

(총 17척이 순차적으로 참전)

고속항모(CV)	경항모(CVL)	호위항모(CVE)
Essex(CV-9)	*Bataan*(CVL-29)	*Rendova*(CVE-114)
Boxer(CV-21)		*Bairoko*(CVE-115)
Bon Homme Richard(CV-31)		*Badoeng Strait*(CVE-116)
Leyte(CV-32)		*Sicily*(CVE-116)
Kearsarge(CV-33)		*Point Cruz*(CVE-119)
Oriskany(CV-34)		
Antietam(CV-36)		
Princeton(CV-37)		
Lake Champlain(CV-39)		
Valley Forge(CV-45)		
Philippine Sea(CV-47)		
# 1951년 10월 1일, CV(고속 항모)는 CVA(공격 항모)로 재지정 되었음		

[출처] Richard C. Knott, "Attack from the Sky: Naval Air Operation in the Korean War," *The United States Navy in the Korean War* edited by Edward J. Marolda, U.S. Naval Institute, Annapolis Maryland, 2007. p.312.

- 'long ton'은 영국 톤으로 톤당 2,240파운드이며, imperial ton 또는 displacement ton이라고도 부른다. 반면에 'short ton'은 미국 톤으로 톤당 2,000파운드이다.[276)]
- 미국 항공모함 이외에 유엔함대의 일원으로 영국 극동해군의 경항모 6척(HMS *Triumph*, HMS *Glory*, HMS *Theseus*, HMS *Ocean*, HMS *Unicorn*, HMS *Warrior*)이 참전하였고, 호주 해군의 항모 HMAS *Sydney*도 미 극동해군 TF77의 작전 통제 아래 한국전쟁에서 임무를 수행했다.

  [HMS: Her Majesty's Ship, HMAS: His Majesty's Australia Ship]

---

276) "long ton," https://en.wikipedia.org/wiki/Long_ton, (검색일: 2024년 6월 10일).

\# 미국 이외 6개국의 항모 함재기를 비롯한 해·공군 전투기의 항공작전에 대해서는 [부록 III] "한국전쟁 유엔 참전국 항공작전"에서 별도로 소개한다.

▣ 개별 미 항공모함 소개

앞장에서 설명한 바와 같이 한국전쟁에는 미 해군 항모 17척이 순차적으로 참전했었고, 영국 해군의 항모 6척 그리고 호주 해군 항모 1척도 3년 동안의 전쟁 중에 번갈아 참전했었다.

독자들의 이해를 돕기 위해, 이 중에서 본문 내용에서 언급되는 순서로 미 해군 항모 17척에 대해 한국전쟁에서 임무 내용을 중점으로 요약해서 소개한다.

목 차

[USS: United States Ship]

① 벨리포지(USS *Valley Forge*, CV-45)

밸리포지(USS *Valley Forge*, CV-45)는 미국 해군이 20세기에 가장 많이 건조한 디젤 항공모함인 에식스급 항공모함(Essex-class aircraft carriers) 24척 중에서 22번째 건조된 항공모함이다. 밸리포지라는 명칭은 미 독립전쟁 당시 워싱턴 장군이 지휘한 대륙육군의 필라델피아 근교 겨울 숙영지 이름을 따서 지은 함명이다.

밸리포지는 2차대전 직전에 건조되어 1946년 11월에 취역했다. 따라서 밸리포지는 한국전

1950년 7월 21일, 미 항모 USS *Valley Forge*에서 F9F Panther 전투기가 북한지역 표적 공격을 위해 이륙 준비를 하고 있다. (미 해군)

쟁과 베트남전쟁에서 많은 임무를 수행했다. 한국전쟁 중인 1951년에 공격 항모로 분류되었다가 대잠전(ASW) 항모로 그리고 마지막으로는 헬기와 해병대를 수송하는 강습상륙함으로 분류되었다. 밸리포지는 대잠항모로서 대서양과 카리브해에 배치되기도 했었다. 특히 강습상륙함으로 개조된 후 베트남 전쟁에서 많은 임무를 수행하였다.

밸리포지는 한국전쟁에서 8개의 '전투훈장(Battle Star)'을, 그리고 베트남전쟁에서는 9개의 전투훈장을 수여 받았다. 밸리포지는 1970년 1월에 퇴역했다.

참고: 에식스급 항공모함(Essex class aircraft carrier)

- 미국 해군이 20세기에 가장 많이 건조한 디젤 항공모함으로 미국 해군이 1942년에서 1991년까지 24척을 운용했다.
- 미국은 총 5곳의 조선소에서 1941년 5척, 1942년 4척, 1943년 9척, 1944년 7척, 1945년 1척으로 총 26척을 기공했고 24척을 진수했다.
- 특징은 대규모의 항공기 탑재를 전제로 설계되어, 넓어진 비행갑판, 효율적인 항공 운영을 위해 건조된 엘리베이터, 대공/장갑 방어력 향상 및 기계적 신뢰성 확보 등 2차대전 항모 중 가장 우수한 성능을 구비했다.
- 에식스급 항모의 일반적인 제원은 초도함인 CV-9 에식스의 경우, 배수량이 27,000톤, 전장은 약 270m, 최대 속도 32knots, 웨스팅하우스 기어 증기터빈 4기(디젤엔진), 탑재 함재기 90-100기였다.

■ 한국전쟁

• 제1차 전개

밸리포지는 1950년 5월 미 서해안을 출발해 극동에 전개해 있었다. 6월 25일 전쟁 발발 시에는 홍콩에 정박하다가 뉴스를 듣고, 필리핀 수빅만에서 재보급 후에 오키나와로 이동했다.

6월 28일, 밸리포지는 미 제7함대의 기함이 되었고, 제77기동부대(TF77: Task Force 77)에 배속되었다. 6월 30일, TF77은 영국 해군의 항공모함 HMS *Triumph*를 비롯한 구축함들과 합류했다. 그리고 7월 3일 한국전쟁에서 처음으로 항공모함 함재기의 공격작전을 시작했다. 프로펠러 함재기 A-1 Skyraider와 F4U Corsair가 평양 비행장과 주변 적 시설을 폭격했고, F9F Panther 제트기가 공중 초계 임무를 수행했다. [상세내용은 본문 참조]

그 후 북한지역 항공후방차단작전은 물론 부산방어선에서 유엔 지상군 항공지원을 수행했고, 인천상륙작전에도 참가했다. 그리고 유엔군이 38선 이북으로 진격할 때에도 밸리포지 함재기들은 지상군을 항공지원했다. 이와 같은 제1차 전개 기간에 두 번의 세계 일주와 동일한 거리의 항해를 기록하면서 한반도 해역에서 큰 활약을 했다.

1950년 10월, 일본 사세보(Sasebo) 항에 정박 중인 USS *Valley Forge*와 USS *Leyte*. (Wikipedia)

• 제2차 전개

밸리포지는 1950년 12월 1일 창정비를 위해 샌디에이고로 귀환했으나, 중공군이 한국전쟁에 개입하자 12월 6일 긴급히 한국으로 소환되었다. 그리고 12월 22일 TF7에 합류해 23일부터 임무를 수행했다. F4U Corsair, A-1 Skyraider 조종사들은 병력 집결지, 보급품 저장소, 교량, 철로를 폭격했다.

유엔군이 다시 북진함에 따라 약 10개월간 한국해역에서의 임무 수행 후, 1951년 4월 다시 샌디에이고로 귀항했다. 2차 전개 때에 밸리포지 함재기들은 2,580회 출격했다.

• 제3차 전개

밸리포지는 귀항 이후 미 본토에서 오랫동안 창정비를 받고 1951년 8월 샌디에이고로 돌아왔다. 그리고 태평양함대에서 한국 전개 임무를 다시 부여받았다. 밸리포지는 3회에 걸쳐 한국전쟁에 참전하는 최초의 미 항공모함이 되었다.

• 제4차 전개

1952년 7월 3일 모항 샌디에이고에 도착후 1952년 10월 다시 극동을 향했다. 4번째 한국전쟁 전개였다. 1953년 1월 2일 밸리포지는 교착상태인 전선 후방의 중공군 보급저장소, 병력 집결지를 공격하면서 새해를 맞이했다. 제4차 전개 기간에 밸리포지의 함재기들은 3,000여톤의 폭탄을 적지에 투하했다. 그리고 1953년 6월 한국을 떠나 샌디에이고로 귀항했다. 밸리포지는 유일하게 한국전쟁에 4회 전개한 미국 항공모함이었다.

1951년 4월 30일, 미 해군 항모 USS *Valley Forge*에서 F9F 제트전투기가 북한지역 공격을 위해 이륙하고 있다. (Korean War Chronology)

■ 일반제원

- 함급: 에식스급 항공모함
- 진수: 1945년 11월 • 취역: 1946년 11월 • 퇴역: 1970년 1월
- 배수량: (기준 배수량) 27,100 long ton/27,500 short ton
- 전장: 266m   • 선폭: 45m   • 흘수: 8.66m
- 추진: 8×보일러, 4×기어 스팀 터빈, 4×축
- 속도: 33노트   • 항속거리: 37,000km
- 승조원: 3,448명 • 함재기: 90-100기
- # 'long ton'은 영국 톤으로 톤당 2,240파운드이며, imperial ton 또는 displacement ton이라고도 부른다. 반면에 'short ton'은 미국 톤으로 톤당 2,000파운드이다.

[출처]

- USS Valley Forge (CV-45) – Wikipedia.pdf.
- Category:Korean War aircraft carriers of the United States – Wikipedia.

② 시실리 (USS *Sicily*, CVE-118)

시실리(USS *Sicily*, CVE-118)는 커먼스먼트 베이급(Commencement Bay-class)의 미 해군 호위항공모함(Escort Carrier)다. 시실리라는 이름은 2차대전 시 연합군의 이탈리아 시실리섬 침공을 기념하기 위해 명명된 함정 명칭이었다. 시실리는 1945년 4월 진수한 후에 1946년 2월에 취역했다.

참고: 커먼스먼트 베이급(Commencement Bay-class) 항공모함

- 1941년 12월 일본의 진주만 기습 이후 미국의 2차대전 참전이 예상되자 미 해군은 다양한 유형의 수송선을 개조해 호위 항공모함 건조를 시작했다. 따라서 유조선들도 호위 항모로 개조되었으나 1944년 회계년도에 승인된 커먼스먼트 베이급이 매우 성공적인 사업임이 입증되었다.
- 커먼스먼트 베이급은 전장 151m에 만재 배수량 24,830톤 급 유조선(oil tanker)을 기반으로 하고있어 호위함으로는 상당히 큰 편으로 경항모보다 커서 정규항모와 맞먹었을 정도였다. 따라서 내부연료 탑재 공간이 충분해 장거리 항해가 가능했고 승강기와 사출기도 2기여서 함재기 운영에 용이했다.

■ 한국전쟁

1950년 4월, 시실리는 모항인 샌디에이고(Sandiego)의 태평양함대에 소속되어 하계 대잠작전 훈련을 수행할 계획이었다. 그러나 6월 25일 한국전쟁이 발발하자 계획이 갑자기 변경되었다. 7월 2일 극동으로 전개가 지시되었고, 7월 4일, 시실리는 샌디에이고를 출항해 일본 요코스카(Yokosuka)로 향했다. 시실리의 한국전쟁 3회 참전 중 첫 번째 전개가 시작되었

1950년 초 VMF-214의 모함인 USS *Sicily*. (Korean War Chronology)

다. 그리고 8월 3일, 해병 제214비행대대 (VMF-214) 함재기들이 항모 시실리에서 출격을 시작해, 부산방어선에서 미 제8군을 위한 항공지원을 수행했다.

이 기간에 시실리는 포항에서 제1해병여단에 근접항공지원 임무를 수행했고, 인천상륙작전과 해병대가 서울로 진격할 때도 항공지원을 했다. 그리고 제1해병사단이 장진호에서 흥남까지 철수할 때도 지원했다. 시실리는 1951년 2월 5일 샌디에이고로 귀항하면서 제1차 전개 임무를 마쳤다.

제2차 한국전쟁 전개는 1951년 5월 13일에서 10월 12일까지로 한반도 서해와 동해 해안에서 작전을 수행했다. 그리고 시실리의 제3차 마지막 전개는 1952년 5월 8일에서 12월 4일로, 이 기간에는 유엔군 호위와 봉쇄전력(blockading force)으로 운용되었다.

그 후에도 시실리는 1953년 7월 14일에서 1954년 2월 25일까지 또다시 극동에 전개했다가 미국으로 귀환한 후 예비함대로 분류되었다가 1954년 10월 4일 퇴역했다.

미 항모 USS *Sicily*에 미 해병대 헬리콥터가 착륙하고 있다. (Korean War Chronology)

1950년 11월 16일, 미 항모 USS *Sicily*의 무장정비사가 이륙하는 F4U Corsair 전투기에 장착된 폭탄을 최종 점검하고 있다. (Korean War Chronology)

- **일반제원**

  - 함급: 커먼스먼트 베이급 호위항공모함
  - 진수: 1945년 4월 14일 • 취역: 1946년 2월 27일
  - 퇴역: 1954년 10월 4일
  - 배수량: (기준 배수량) 21,397 long tons/21,740 short tons
  - 전장: 169.8m • 선폭: 32.05m • 흘수: 9.35m
  - 추진기관: 2×4기통 증기터빈(16,000hp) 2×프로펠러
  - 속도: 19.25노트 • 함재기: 평균 30기 탑재
  # 'long ton'은 영국 톤으로 톤당 2,240파운드이며, imperial ton 또는 displacement ton이라고도 부른다. 반면에 'short ton'은 미국 톤으로 톤당 2,000파운드이다.

[출처]

- USS Sicily - Wikipedia.
- 커먼스먼트 베이급 호위항공모함-유용원의군사세계-전문가광장 〉 무기백과 (chosun.com).
- "Korean War Chronology," Korean War Chronology_US Navy.pdf.

③ 바둥스트레이트 (USS _Badoeng Strait_, CVE-116)

미 항모 바둥스트레이트(USS _Badoeng Strait_, CVE-116)는 한국전쟁 기간 중 활동한 미 해군의 커먼스먼트 베이급 호위항공모함(Commencement Bay-class Escort Carrier)이다. 함정 이름은, 1944년 11월 2차대전 때 미국이 일본 해군과 싸운 해전 전적지인 인도네시아 발리 인근의 바둥 만에서 유래했다. 바둥스트레이트는 1945년 2월 진수했고, 1945년 11월 태평양함대 소속으로 취역했다.

참고: 커먼스먼트 베이급(Commencement Bay-class) 항공모함

- 1941년 12월 일본의 진주만 기습 이후 미국의 2차대전 참전이 예상되자 미 해군은 다양한 유형의 수송선을 개조해 호위 항공모함 건조를 시작했다. 따라서 유조선들도 호위 항모로 개조되었으나 1944년 회계년도에 승인된 커먼스먼트 베이급이 매우 성공적인 사업임이 입증되었다.

1950년 7월 14일, 미 항모 _Badeong Strait_ 가 해병대 전투기를 탑재하고 샌디에이고 항구를 출발하고 있다. (미 해군)

- 커먼스먼트 베이급은 전장 151m에 만재 배수량 24,830톤 급 유조선(oil tanker)을 기반으로 하고있어 호위함으로는 상당히 큰 편으로 경항모보다 커서 정규항모와 맞먹었을 정도였다. 따라서 내부 연료 탑재 공간이 충분해 장거리 항해가 가능했고 승강기와 사출기도 2기여서 함재기 운영에 용이했다.

■ 한국전쟁

바둥스트레이트는 1950년 7월부터 1953년 2월 사이에 3차에 걸쳐 한반도에 전개해, 극동해군 제77기동부대(TF77)에 배속되어 임무를 수행했다.

- 1차 전개: 1950.7.29.-1951.1.23.
- 2차 전개: 1951.10.2.-1952.2.14.
- 3차 전개: 1952.10.6.-1953.2.11.

한국전쟁에서 바둥스트레이트는 대잠작전 그리고 봉쇄 및 호위전력으로 임무를 수행했다. 바둥스트레이트의 함재기들은 전쟁 초기 아주 강력한 근접항공지원 작전을 수행했다. 특히 부산방어선 (1950년 8월 6일-9월 12일), 흥남철수작전(1950년 12월 9-24일)에서 큰 역할을 해, 한국전쟁에서 6개의 '전투훈장(Battle Star)'을 받았다.

■ 일반제원

- 함급: 커먼스먼트 베이급 호위항공모함   • 진수: 1945년 2월 15일
- 취역: 1945년 11월 14일   • 퇴역: 1957년 5월 17일
- 배수량: (기준 배수량) 21,397 long tons/21,740 short tons
- 전장: 169.80m   • 선 폭: 32.05m   • 흘수: 9.35m
- 속도: 19.9 kts   • 승조원: 1,072 명   • 함재기 34대
- \# 'long ton'은 영국 톤으로 톤당 2,240파운드이며, imperial ton 또는 displacement ton이라고도 부른다. 반면에 'short ton'은 미국 톤으로 톤당 2,000파운드이다.

1950년 12월 30일 한국전쟁 참전 당시에 갑판 제설 작업 중인 USS *Badoeng Strait* CVE-116. (Public Domain)

1952년 한국 해안의 USS *Badoeng Strait* CVE-116. (Wikipedia)

[출처]

- https://en.wikipedia.org/wiki/USS_Badoeng_Strait.
- 커먼스먼트 베이급 호위항공모함-유용원의군사세계-전문가광장〉 무기백과 (chosun.com).

④ 박서 (USS *Boxer* CV-21)

미 항모 박서(USS *Boxer* CV-21)는 미국 해군 에식스급 항공모함 24척 중 13번째 항공모함으로 1944년 12월에 건조되어 1945년 4월에 취역했다. 박서라는 함명은 1812년 영미전쟁 시 메인주 인근에서 미국이 포획한 영국 전함 HMS *Boxer*에서 유래했다. 항모 박서는 동일 명칭의 5번째 함정이었다.

박서는 3회에 걸쳐 한반도에 전개했고, 38선 부근에 전선이 교착되자 유엔군을 위한 근접항공지원과 후방차단작전을 수행했다. 한국전쟁 이후에는 대잠전 항모, 상륙작전 항모, 아폴로 우주선 회수 등에서 활약했고, 베트남전쟁에서 병력수송 등 다양한 임무를 수행한 후에 1969년 12월 퇴역했다.

참고: 에식스급 항공모함(Essex class aircraft carrier)

- 미국 해군이 20세기에 가장 많이 건조한 디젤 항공모함으로 미국 해군이 1942년에서 1991년까지 24척을 운용했다.
- 미국은 총 5곳의 조선소에서 1941년 5척, 1942년 4척, 1943년 9척, 1944년 7척, 1945년 1척으로 총 26척을 기공했고 24척을 진수했다.
- 특징은 대규모의 항공기 탑재를 전제로 설계되어, 넓어진 비행갑판, 효율적인 항공 운영을 위해 설계된 엘리베이터, 대공/장갑 방어력 향상 및 기계적 신뢰성 확보 등 2차대전 항모 중 가장 우수한 성능을 가졌다.
- 에식스급 항모의 일반적인 제원은 초도함 에식스(USS *Essex*, CV-9)의 경우, 배수량이 27,000톤, 전장은 약 270m, 최대속도 32knots, 증기터빈 4기(디젤엔진), 탑재 함재기 90-100기였다.

■ 한국전쟁

1950년 6월 25일, 한국전쟁이 발발하자 극동의 미군은 보급품과 항공기가 긴급히 필요했다. 당시 한반도 인근에 있는 항공모함은 USS *Valley Forge*와 HMS *Triumph* 였다. 당시 캘리포니아에 있었던 박서는 한반도 전투지역으로 항공기 운반 명령을 받고, 캘리포니아 샌프란시스코의 알라미다(Alameda)에서 1950년 7월 14일 출발해서 7월 23일 일본 요코스카에 8일 7시간 만에 도착하는 태평양 횡단 기록을 수립했다. 첫 번째 전개였다. 박서에는 미 극동공군이 필요한 P-51 Mustang 145대와 L-5 Sentinel 6대, 그리고 해군 항공기 19대를 비롯한 지원 병력과 유엔군 보급품 및 긴급 소요 부품과 무기들을 적재하였다.

1950년 7월 샌프란시스코 인근 Alameda 해군기지에서 USS *Boxer*에 한국 전역으로 보내는 미 공군 F-51 Mustang을 선적하고 있다. (Wikipedia)

1951년, USS *Boxer*에서 Air Group 101의 F4U Corsair 편대가 한국에서 임무 수행을 위해 출격하고 있다. 이 중 동체 번호 "416"인 3번기(위에서 3번째)는 전쟁에서 살아남아 2016년에도 비행이 가능했다. (Wikipedia)

그 후 박서는 1950년 7월 27일 일본 요코스카(Yokosuka)에서 캘리포니아로 귀항했다. 그러나 캘리포니아에서 긴급 정비를 마친 후, 프로펠러 전투폭격기 F4U Corsair의 제2항모비행전대(Carrier Air Group 2)를 싣고 1950년 8월 24일 한반도로 출발했다. 이번에는 함재기 110대를 탑재한 전투 임무였다. 당시 박서는 연료 소모가 많은 제트기는 연료를 공급할 수 없어 프로펠러 항공기만 탑재했다. 이즈음 박서는 한국에 전개한 4번째 항모였다. HMS *Triumph*와 USS *Valley Forge*는 8월에 도착했고, USS *Philippine Sea*는 8월 초에 전개했었다.

박서는 한국으로 항해 도중 태풍으로 도착이 지연되어 인천상륙작전 개시 후에 도착했다. 또한, 작전 초기 엔진 문제가 발생해 최대속도가 26노트로 제한되었다. 그래서 9월 15일 정오가 되어서야 전장에 도착하였다. 박서의 제2항모비행전대(Carrier Air Group 2)는 4개의 Corsair 비행대대와 1개의 Skyraider 비행대대를 탑재하고 있어, 상륙작전을 지원하는 데 이상적인 조합을 이루고 있었다.

박서는 유엔군의 서울 탈환 작전 시와 그 이후 유엔군이 38선을 돌파해 북진을 시작했을 때도 지상군 지원을 계속했다. 하지만 1950년 창정비를 위해 미국으로 다시 귀환해야만 했다. 미군 고위 지휘관들이 전쟁이 끝났다고 믿었던 시기에 대부분의 항모는 한국 전역을 떠나 있었기 때문에 중공군이 한국전쟁 개입을 시작한 장진호전투 초기에는 전쟁 준비가 부족한 상태였다. 전장의 지휘관들은 박서가 한국 전역으로 다시 전개할 것을 요청했다. 그러나 박서는 즉시 전개할 수 없었다. 미 해군의 지휘관들이 다른 지역에서 비상사태가 돌발할 경우 대응 능력이 저하되는 것을 우려했기 때문이었다. 또한, 박서의 추진계통 문제는 집중적인 수리가 필요했다. 그래서 이를 위해 샌디에이고에 입항했다.

1951년 6월 25일, USS *Boxer* 비행갑판에서 항공정비 승무원들이 전투기에 연료 공급을 하고 있다. (Korean War Chronology)

박서는 정비 후에 두 번째 전개를 준비했다. 이번에는 제101항모비행전대(Carrier Air Group 101)를 탑재했다. 제101항모비행전대는 해군예비군 비행부대로 조종사들도 예비군에서 소집된 인력 자원이었다. 박서는 다시 TF77에 합류했고 1951년 3월 29일 한국에서 작전을 개시했다. 박서의 해군 비행대대 예비군 조종사들의 한국에서 임무 시작은 예비군 조종사로서는 첫 번째 작전 참여였다. 대부분의 임무는 38도선 인근의 중공군에 대한 지상공격 임무였다. 이런 임무는 1951년 10월 24일까지 계속되었다. 그 후 미국으로 귀환하여 재정비와 충전의 시간을 가졌다.

그리고 박서는 1952년 2월 8일 한국에 세 번째 전개했다. 이번에는 F9F Panther, F4U Corsair, AD Skyraider를 보유한 제2항모비행전대(Carrier Air Group 2)를 탑재했다. 그리고 TF77에 합류해 북한에 대한 항공후방차단을 주로 수행했다. 1952년 6월 23일과 24일, USS *Boxer*는 USS *Princeton*, USS *Bon Homme Richard*, 그리고 USS *Philippine Sea*와 함께 수풍화력발전소 폭격을 실시했다.

1952년 8월 5일, 동해에서 임무 중 갑판에 화재 발생으로 인명 피해와 항공기 손실이 있었다. 그래서 8월 11일 긴급 수리를 위해 요코스카(Yokosuka)로 향했고, 다시 한반도 전장으로 출동해 8월 28일에서 9월 2일에는 새로운 무기시험을 수행했다. 박서에서 작전을 수행한 제90유도탄부대(Guided Missile Unit 90)는 북한 해변의 표적에 유도미사일 F6F-5K Hellcat(drone) 6기를 발사했다. 이 중에서 1발은 명중했고(hit), 4발은 빗나갔으며(miss), 1발은 작동 불능 상태(operational abort)였다. 그것은 실제

전투 중 항공모함에서 발사한 최초의 유도탄이었다. 9월 1일에는 만주 국경의 아오지 정유소 공격 임무를 수행하기도 했다.

1952년 9월 25일, 박서는 집중적인 수리를 위해 샌프란시스코로 귀환했다. 수리 후에 박서는 1953년 3월 30일 다시 한국을 향했다. 네 번째 전개였다. 그리고 약 1개월 후 박서에 탑재된 Corsair 전투기들은 작전을 재개했다. 이즈음 박서의 임무는 전략 표적에 대한 항공후방차단작전이었다. 그러나 그 결과는 미지수였다. 또한, 1953년 판문점에서 정전 협상이 이루어지기 전 마지막 주에도 유엔군을 위한 근접항공지원 임무를 수행했다. 박서는 1953년 11월까지 한국해역에 머물렀다. 그리고 8개의 한국전 참전 '전투훈장(Battle of Star)'을 수여받았다.

USS *Boxer* 비행갑판에서 이동 중인 F9F Panther 제트전투기. (Korean War Chronology)

1951년 9월 10일, USS *Boxer*의 F4U Corsair 2대가 북한의 철도, 조차장, 열차를 폭격한 후에 귀환하고 있다. (Korean War Chronology)

■ 일반제원

- 함급: 에식스급 항공모함 • 진수: 1944년 12월
- 취역: 1945년 4월 • 퇴역: 1969년 12월
- 배수량: (기준 배수량) 27,100 long ton/27,500 short ton
- 전장: 271m • 선폭: 28m • 흘수: 8.71m
- 추진: 8×보일러, 4×기어 스팀 터빈, 4×축
- 속도: 33 노트 • 승조원: 3,448명 • 함재기: 90-100기

'long ton'은 영국 톤으로 톤당 2,240파운드이며, imperial ton 또는 displacement ton 이라고도 부른다. 반면에 'short ton'은 미국 톤으로 톤당 2,000파운드이다.

[출처]

- USS Boxer (CV-21) - Wikipedia.
- "Korean War Chronology," Korean War Chronology_US Navy.pdf.
- Knott, Richard C. "Attack from the Sky: Naval Air Operation in the Korean War," *The United States Navy in the Korean War* edited by Edward J, Marolda, U.S. Naval Institute, Annapolis Maryland, 2007.

⑤ 필리핀씨 (USS *Philippine Sea*, CV-47)

미 해군 항공모함 필리핀씨(USS *Philippine Sea*, CV-47)는 미국의 에식스급 항공모함(Essex class aircraft carrier) 24척 중의 하나로 2차대전 종전 후, 1945년 9월에 건조되어 1946년 11월에 취역했다. 항공모함 명칭은 2차대전 '필리핀해전투(Battle of the Philippine Sea)'에서 유래했다.

1950년 6월 25일 한국전쟁이 발발하자 USS *Valley Forge*와 HMS *Triumph*에 이어 3번째로 한반도 해역에 전개한 항공모함으로 부산방어선, 인천상륙작전, 서울 탈환, 그리고 장진호전투에서 유엔군을 지원했다.

필리핀씨는 3차례 한국전쟁에 참전해 9개의 '전투훈장(battle star)'을 수여받았다. 그리고 한국전쟁 후에도 수차례 극동에 전개해 임무를 수행한 후 1958년 12월에 퇴역했다.

참고: 에식스급 항공모함(Essex class aircraft carrier)

- 미국 해군이 20세기에 가장 많이 건조한 디젤 항공모함으로 미국 해군이 1942년에서 1991년까지 24척을 운용했다.
- 미국은 총 5곳의 조선소에서 1941년 5척, 1942년 4척, 1943년 9척, 1944년 7척, 1945년 1척으로 총 26척을 기공했고 24척을 진수했다.
- 특징은 대규모의 항공기 탑재를 전제로 설계되어, 넓어진 비행갑판, 효율적인 항공 운영을 위해 설계된 엘리베이터, 대공/장갑 방어력 향상 및 기계적 신뢰성 확보 등 2차대전 항모 중 가장 우수한 성능을 가졌다.

• 에식스급 항모의 일반적인 제원은 초도함 에식스(USS *Essex*, CV-9)의 경우, 배수량이 27,000톤, 전장은 약 270m, 최대속도 32knots, 증기터빈 4기(디젤엔진), 탑재 함재기 90-100기였다.

■ 한국전쟁

1953년 5월 3일, 한국전쟁에서 작전 중인 미 해군 항모 USS *Philippine Sea*. (Wikipedia)

한국전쟁이 발발하자 필리핀씨는 하와이 진주만(Naval Base Pearl Harbor)으로 항해하라는 명령을 받았다. 1950년 7월 5일 진주만에서 F4U Corsair 4개 비행대대로 구성된 제11항모비행전대(Carrier Air Group 11)를 싣고 7월 24일 일본으로 출발했다. 필리핀씨는 7월에 이미 전개한 동급의 미 항모 USS *Valley Forge*와 영국 항모 HMS *Triumph*에 이어 한국전쟁에 참전한 3번째 항공모함이었다.

필리핀씨는 한국해역에 1950년 8월 1일 도착해 8월 5일 TF77의 기함이 되었다. 그리고 즉시 부산방어선의 유엔 지상군 지원에 투입되었다. 필리핀씨 함재기들의 첫 번째 공격은 이리, 목포, 그리고 군산의 북한군이었다. 처음에는 북한군 병참선을 표적으로 공격했으나 부산방어선의 전투가 격렬해 짐에 따라 유엔 지상군을 지원하는 근접 항공작전이 함재기의 주 임무가 되었다. 동시에 임무 중에 발견된 북한의 보트, 교량, 땜과 같은 임기표적(targets of opportunity) 공격도 수행했다. 필리핀씨에서는 일일 140회 정도 많은 출격을 했다. 재무장, 연료 보급, 또는 수리를 위한 짧은 휴식을 제외하고는 작전을 지속했다. 그리고 항모 중에 적어도 1척는 항상 한반도 해역에서 함재기를 출격시키기 위해 USS *Valley Forge*와 교대로 작전을 수행했다.

1950년 8월 31일 부산방어선에서 북한군의 총공세가 시작되자. USS *Philippine Sea*와 USS *Valley Forge*는 유엔 지상군 지원을 위해 일일 263회 출격했다. 마산 전투 기간에는 마산 방어를 위해 필리핀 씨가 200마일(320km) 떨어진 거리에 있었음에도 항공지원을 했다. 다음 날 9월 1일에는 마산 지역 방어 지원을 쉽게 하려고 27노트로 한반도 남단으로 향했다.

1950년 9월에는 TF77의 다른 항모들과 함께 필리핀씨는 원산 인근 표적과 적이 점령한 서울 주변의 철도, 적 통신센터 등을 표적으로 삼았다. 이러한 공격은 인천상륙작전 수행 전 양동작전 계획의 하나이기도 했다. 또한, 인천상륙작전 준비단계에서 서해에 정박한 필리핀씨 함재기들은 인천과 월미도를 여러 차례 공격했다.

1951년 한국전쟁 시 미 해군 항모 *Philippine Sea*에서 출격 대기 중인 F4U Corsair. (Wikipedia)

1950년 가을 USS *Philippine Sea*에서 AD-4 Skyraider가 북한 표적 공격을 위해 이륙하고 있다. (Wikipedia)

그리고 9월 15일 상륙 당일에는 함재기들이 내륙의 북한군의 진지를 파괴했고, 상륙을 막기 위한 적의 병력 보충을 저지시켰다. 이어서 서울 탈환 작전을 위한 근접항공지원을 제공했다.

1950년 11월 중공군의 개입이 시작되었을 때, 미 해군은 전쟁이 곧 끝날 것이라고 낙관하고 USS *Valley Forge*와 다른 함정들을 한반도에서 철수했었다. 그래서 전역에 남아는 있었으나 준비가 부족했던 미 해군 부대들이 시련을 겪게 되었다. 그러나 유엔군이 압록강에서 후퇴하는 과정에서 4척의 항공모함에서 출격한 Panther, Skyraider와 Corsair는 근접항공을 지원했다. 장진호 작전에서도 미 제10군단을 지원했다. 혹한의 추위가 필리핀씨의 작전에 문제를 가져왔지만, 필리핀씨는 미 제1해병사단의 탈출을 계속 지원해 흥남까지 후퇴하는 퇴로를 열 수 있게 했다.

흥남철수작전에서 USS *Valley Forge*와 USS *Philippine Sea*가 USS *Leyte* 및 USS *Princeton*과 일체가 되어 긴밀히 작전을 수행했다. 필리핀씨에서도 수백 회 출격

했다. 하지만 해군 지휘관들은 이들 항모가 MiG-15의 공격 표적이 될 가능성이 있어 이를 우려했다. 1950년 12월과 1951년 초, 필리핀씨는 유엔군이 후퇴함에 따라 중공군의 진격을 늦추기 위해 38선 인근의 중공군 표적을 여러 차례 공격했다. 항모 수리와 승무원 휴식을 위해 잠시 작전을 중지하기는 했으나 필리핀씨의 함재기들은 출격을 멈추지 않았다.

1951년 3월 말, 필리핀씨는 함정 수리를 위해 일본 요코스카(Yokosuka) 해군기지에 입항한 후, 제1항모비행전대(Carrier Air Group 1)의 Corsair를 다시 싣고 3월 28일에는 대만해협에서 임무를 수행했다. 그러나 중공군이 공세를 지속함에 따라 바로 한국으로 돌아와 유엔 지상군을 위한 근접항공지원 임무를 수행했다. 그 후 필리핀씨는 제1차 한국전쟁 전개를 마치고 1951년 6월 9일 샌프란시스코로 귀항했다.

1952년 1월, 필리핀씨는 제2차 전개를 위해 다시 요코스카로 항해했다. 그리고 1월 20일 제11항모비행전대(Carrier Air Group 11)를 탑재하고 도착했다. 이번에는 F4U Corsair, 5개 비행대대 약 100대의 함재기를 보유했다. 이번 제2차 전개 시에는 한반도 전선이 대부분 안정되어 있어 수풍댐 공격과 같은 전략 표적에 집중했다. 수풍댐 공격작전은 6월 23일, USS *Boxer*, USS *Princeton*, 그리고 USS *Bon Homme Richard* 항모와 함께 수행했다. 그리고 필리핀씨는 1952년 8월 샌디에이고로 귀환했다.

1952년 한국전쟁 시, 미 해군 항모 USS *Philippine Sea*의 F9F Panther. (Wikipedia)

그 후 1952년 12월 초 제3차 전개를 위해 극동으로 항해를 시작했다. 이번에는 5개 비행대대 이상의 전력으로 구성된 제9항모비행전대(Carrier Air Group 9)의 약 100대 함재기와 함께 참전했다. 제3차 한국 전개 때에는 전선으로 공급되는 적의 보급을 차단하기 위해 북한의 철도, 병참선를 공격하는 항공후방차단작전에 일차적으로 초점을 맞추었다. 같은 시기에 휴전 회담이 판문점에서 재개되자 필리핀씨의 함재기들의 24시간 출격이 시작되었다. 이런 임무는 전선의 유엔 지상군을 지원하고 북한군과 중공군을 약화시키기 위한 작전이었다. 이 임무는 1953년 여름 정전협정이 조인될 때까지 지속되었다. 1953년 8월 14일 필리핀씨는 3차 한국전쟁 전개를 마치고 샌프란시스코 알라미다(Alameda)로 귀환했다.

- ■ **일반제원**
  - 함급: 에식스급 항공모함 • 진수: 1945년 9월 • 취역: 1946년 5월
  - 퇴역: 1958년 12월
  - 배수량: (기준 배수량) 27,100 long tons/27,500short ton
  - 전장: 271m   • 선폭: 28m • 흘수: 8.71m
  - 추진: 4×기어 스팀 터빈, 4×축
  - 속도: 33노트   • 승조원: 3,448명
  - 함재기: 90-100기
  # 'long ton'은 영국 톤으로 톤당 2,240파운드이며, imperial ton 또는 displacement ton이라고도 부른다. 반면에 'short ton'은 미국 톤으로 톤당 2,000파운드이다.

[출처]
- https://en.wikipedia.org/wiki/USS_Philippine_Sea_(CV-47).
- https://academic-accelerator.com/encyclopedia/kr/naval-air-station-alameda.

⑥ 프린스턴 (USS *Princeton*, CV-37)

미 해군 항공모함 프린스턴(USS *Princeton*, CV-37)은 미국의 에식스급 항공모함 (Essex class aircraft carrier) 24척 중의 하나로 2차대전 종전 후, 1945년 11월에 취역했다. 항공모함 명칭은 미국 독립 전쟁 전적지 뉴저지주 프린스턴전투 (Battle of Princeton)에서 유래했다. 이 항모는 프린스턴이라는 명칭을 사용한 미 해군의 5번째 함정이다.

프린스턴은 2차대전에는 참여하지 못했으나 한국전쟁에는 참전해 8개의 '전투훈장 (battle star)'을 받았고 베트남전쟁에도 참여했었다. 프린스턴은 1950년 초 공격항모로 분류되었고, 대잠항공모함, 상륙공격함으로도 활약했으며, 아폴로(Apollo 10) 우주선 회수 임무를 수행하기도 했다.

1945년 취역 이후에는 미 해군 제7함대 소속으로 필리핀과 중국해역에서 활약하다

1948년 중국 칭다오(青島, Qīngdǎo) 해안의 USS *Princeton*. (Wikipedia)

가 1948년 10월에서 12월에는 미국 서해안, 하와이 해역, 그리고 서태평양에서 임무를 수행하기도 했다. 그 후에 프린스턴은 퇴역을 준비했다. 1949년 6월 20일 퇴역하고 태평양예비함대(Pacific Reserve Fleet)에 합류했다. 그러나 1950년 6월 한국전쟁이 발발하고, 전쟁이 장기화 양상을 띄게 되자, 프린스턴 항모는 1950년 8월 28일 첫 번째로 재취역했다. 그 후 1970년에 퇴역했다.

참고: 에식스급 항공모함(Essex class aircraft carrier)

- 미국이 20세기에 가장 많이 건조한 디젤 항공모함으로 미국 해군이 1942년에서 1991년까지24척을 운용했다.
- 미국은 총 5곳의 조선소에서 1941년 5척, 1942년 4척, 1943년 9척, 1944년 7척, 1945년 1척으로 총 26척을 기공했고 24척을 진수했다.
- 특징은 대규모의 항공기 탑재를 전제로 설계되어, 넓어진 비행갑판, 효율적인 항공 운영을 위한 엘리베이터 설치, 대공/장갑 방어력 향상 및 기계적 신뢰성 확보 등 2차대전 항모 중 가장 우수한 성능을 가졌다.
- 에식스급 항모의 일반적인 제원은 초도함 에식스(USS *Essex*, CV-9)의 경우, 배수량이 27,000톤, 전장은 약 270m, 최대속도 32knots, 증기터빈 4기(디젤엔진), 탑재 함재기 90-100기였다.

■ 한국전쟁

1950년 6월 한국전쟁이 발발하자 미 해군의 예비 함정들이 현역으로 복귀하기 시작했다. 2차대전 당시 마지막으로 건조되어 활동하다가 예비함대에 편입되었던 프린스턴 항모가 15개월 만인 1950년 8월 28일 첫 번째로 재취역했다.

프린스턴의 예비군 승무원들은 집중적인 재훈련으로 현역 수준으로 다시 태어났다. 1950년 12월 5일 프린스턴은 한반도 해역에서 TF77에 합류했고, 프린스턴 항모의 제19항모비행전대(Carrier Air Group 19) 조종사들은 예비군이 전투지역 상공에서 다시 전투 초계를 정상적으로 재개할 수 있음을 보여주었다. 그리고 1950년 12월 프린스턴은 해병대 장진호후퇴작전을 지원했다.

한국전쟁 시 미 항모 USS *Princeton*에서 이륙 대기 중인 AD-4 Skyraider. (Wikipedia)

중공군의 개입으로 유엔군이 후퇴하기 시작하자 동부전선에서는 1950년 12월 11일 모든 부대가 해안에 집결했다. 프린스턴의 함재기들은 미 해군과 해병, 그리고 미 공군 전투기와 함께 흥남철수작전을 지원했다. 작전은 12월 24일 끝났다.

그 후 프린스턴은 후방차단 작전을 수행했다. 프린스턴의 함재기들은 1951년 4월 4일까지 철로 54개소를 사용 불가하게 만들었고, 교량 37개소를 파괴했으며 그 외에 44개소 이상의 교량에도 피해를 주었다. 1951년 5월에는 순천, 신안주, 가천에서 평양을 연결하는 한반도 횡단 철도와 철교 공격에 나섰다. 그리고 화천 저수지의 발전 시설을 공격하는 근접항공작전도 수행했다. 그 후 전선이 안정되자 다시 항공후방차단작전을 재개했다. 1951년 8월에 프린스턴은 미국으로 향했고, 8월 29일 샌디에이고에 도착했다.

1951년 5월 23일, F9F Panther 2대가 한국해역에 있는 USS Princeton에 착륙 전에 중량을 줄이기 위해 연료를 공중에 방출 (fuel dump)하고 있다. (Korean War Chronology)

1952년 4월 30일, 프린스턴은 한반도 전투 해역의 TF77에 다시 합류했다. 이후 138일 동안 함재기들은 적을 공격했다. 이 기간에 적군이 해안가의 섬들을 점령하는 것을 막기 위해 적의 소형 선박을 격침했고, 적 후방의 보급품 저장소를 폭파했으며 적의 장비를 파괴했다. 그밖에도 압록강의 수풍수력발전소 단지를 공격해 전력을 차단하는 합동작전에 참여하기도 했고, 평안 인근의 대공포 포대와 보급저장소를 파괴했으며, 신덕, 무산, 아오지, 나진에 있는 광산과 무기공장을 공격해 파괴하기도 했다.

프린스턴은 1952년 11월 3일 2개월 간의 재정비를 위해 캘리포니아로 돌아왔다. 그리고 1953년 2월, 한반도로 다시 전개해서 7월 27일 휴전될 때까지 체로키(Cherokee) 작전과 같은 항공후방차단 임무와 전선의 유엔군을 지원하는 근접항공작전을 지속적으로 수행했다.

프린스턴은 휴전 이후에도 한반도 해역에 잔류하다가 1953년 9월 7일 샌디에이고로 귀항했다.

1950년 12월 5일, F9F Panther 제트전투기 한 대가 USS *Princeton*에서 이륙하기 위해 사출기(catapult)에서 대기하고 있는 모습. (Korean War Chronology)

한국전쟁 시 미 해군 항모 USS *Princeton*에서 AD-4 Skyraider가 이륙을 위해 날개를 펴고 있다. (Korean War Chronology)

■ **일반제원**

- 함급: 에식스급 항공모함
- 진수: 1945년 7월 • 취역: 1945년 11월 • 퇴역: 1949년 6월
- 재취역: 1950년 8월 • 퇴역: 1970년 1월
- 배수량: (기준 배수량) 27,100 long ton/27,500 short ton
- 전장: 271m • 선폭: 28m • 흘수: 8.71m
- 추진: 8×보일러, 4×기어 스팀 터빈, 4×축
- 속도: 33노트, • 승조원: 3,448명, • 함재기: 90-100기

#'long ton'은 영국 톤으로 톤당 2,240파운드이며, imperial ton 또는 displacement ton이라고도 부른다. 반면에 'short ton'은 미국 톤으로 톤당 2,000파운드이다.

[출처]

- https://hmn.wiki/ko/USS_Princeton_(CV-37).
- USS Princeton (CV-37) - Wikipedia.
- Knott, Richard C. "Attack from the Sky: Naval Air Operation in the Korean War," The United States Navy in the Korean War edited by Edward J, Marolda, U.S. Naval Institute, Annapolis Maryland, 2007.

⑦ 레이테 (USS *Leyte*, CV-32)

미 항모 레이테(USS *Leyte* CV-32)는 2차대전 직후 미 해군을 위해 건조한 24척의 에식스급 항공모함(Essex class aircraft carrier) 중의 하나다. 레이테는 2차대전 중 필리핀 레이테 만 해전(Battle of Leyte Gulf)에서 이름을 따온 세 번째 미 해군 함정이었으나, 1946년 4월에 취역하여 2차대전에는 참전하지 못했다.

레이테는 취역 후 대부분 임무를 대서양, 카리브해, 지중해에서 수행하다가 한국전쟁에도 참전해, 2개의 '전투훈장(battle star)'을 받았다.

레이테는 1950년 초에 공격항모(CVA) 그리고 대잠항모로도 분류되었고, 실전에서 퇴역 후에는 항공기 수송함의 임무를 수행했다. 레이테는 1945년 8월 23일에 건조되어 1946년 4월 11일 취역했으나 1959년에 퇴역했다.

1950년 11월 15일, Panther가 원산 부근의 북한군 전투기 소탕 작전을 마치고 미 항모 USS *Leyte*로 귀환하고 있다. (Korean War Chronology)

참고: 에식스급 항공모함(Essex class aircraft carrier)

- 미국 해군이 20세기에 가장 많이 건조한 디젤 항공모함으로 미국 해군이 1942년에서 1991년까지 24척을 운용했다.
- 미국은 총 5곳의 조선소에서 1941년 5척, 1942년 4척, 1943년 9척, 1944년 7척, 1945년 1척으로 총 26척을 기공했고 24척을 진수했다.
- 특징은 대규모의 항공기 탑재를 위해 설계되어, 넓어진 비행갑판, 효율적인 항공운

영을 위한 엘리베이터 설치, 대공/장갑 방어력 향상 및 기계적 신뢰성 확보 등 2차대전 항모 중 가장 우수한 성능을 가졌다.

• 에식스급 항모의 일반적인 제원은 초도함 에식스(USS *Essex*, CV-9)의 경우, 배수량이 27,000톤, 전장은 약 270m, 최대속도 32knots, 증기터빈 4기(디젤엔진), 탑재 함재기 90-100기였다.

■ 한국전쟁

1950년 11월 미 해군 항모 USS *Leyte*가 일본 사세보 (Sasebo) 항에 정박하고 있다. (미 해군)

1950년 6월 한국전쟁이 발발한 후, 전쟁이 진행되고 있던 기간에 레이테는 대서양과 카리브 해에서 예비군 훈련을 수행하고 지중해에 전개하고 있다가 버지니아 노폭(Norfolk) 해군기지로 1950년 8월 24일 귀환했다. 그리고 2주간의 준비를 마친 후 9월 6일 한국해역의 TF77에 합류하기 위해 극동으로 향했다. 레이테는 사세보 (Sasebo) 항에 1950년 10월 8일에 도착한 후 전투작전을 위한 최종준비에 들어갔다.

다음 날 10월 9일부터 다음 해 1951년 1월 19일까지 레이테 항모와 함재기들은 해상에서 92일을 보내면서 북한군과 중공군을 공격하기 위해 3,933회 출격을 했다. 레이테 함재기 조종사들은 적의 병력집결소, 보급창고, 교통수단 그리고 통신 시설에 대량의 피해를 주었다. 이러한 작전에서 총 11,000시간이라는 비행시간을 기록했다.

레이테는 1951년 2월 25일 창정비를 위해 버지니아주 노퍽(Norfolk)으로 귀항했다. 그 후 카리브해, 대서양, 지중해에서 임무를 수행하고, 퇴역 준비를 위해 1953년 2월 보스톤 항으로 귀환했으나 8월에 대잠항모 등으로 임무를 변경한 후 현역 함정으로 퇴역 때까지 활약했다. 레이테는 1959년 6월 15일 퇴역했다.

1950년-1952년, 미 해군 항모 USS *Leyte* 승무원들이 갑판에 함정 이름 알파벳을 썼다. 갑판 후미에 F9F-2 Panther가 보인다. (Wikipedia)

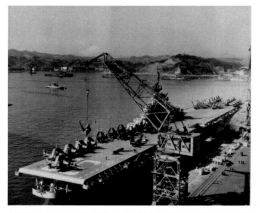

1951년 1월 24일 한반도 전개를 마치고 미국으로 귀환하기 위해 일본 요코스카(Yokosuka)에서 항공기를 선적하고 있는 USS *Leyte*. 멀리 희미하게 흰 눈으로 덮인 후지산이 보인다. (미 해군)

1950년 11월 14일 USS *Leyte* 함재기의 압록강 교량 폭파 작전 결과, 교량 남단(신의주 쪽)의 교각 3개는 파괴되었으나 철교는 건재했다. 위에 보이는 도시가 만주의 안동이다. 레이테 함재기가 촬영한 사진이다. (미 해군)

■ 일반제원

- 함급: 에식스급 항공모함 • 진수: 1945년 8월
- 취역: 1946년 4월 • 퇴역: 1959년 6월
- 배수량: (기준 배수량) 27,100 long ton/27,500 short ton
- 전장: 271m • 선폭: 28m • 흘수: 8.71m
- 추진: 4×기어 스팀 터빈, 4×축
- 속도: 33 노트 • 항속거리: 37,000km
- 승조원: 3,448명 • 함재기: 90-100기

'long ton'은 영국 톤으로 톤당 2,240파운드이며, imperial ton 또는 displacement ton이라고도 부른다. 반면에 'short ton'은 미국 톤으로 톤당 2,000파운드이다.

[출처]

- https://en.wikipedia.org/wiki/USS_Leyte_(CV-32).

⑧ 바탄 (USS *Bataan*, CVL-29)

미 항모 바탄은 (USS *Bataan*, CVL-29)은 11,000톤 인디펜던스급(Independence-class) 경항공모함(light aircraft carrier)으로 함정 명칭은 2차대전 중 1942년 미국과 필리핀이 일본군과 싸운 '바탄전투(Battle of Bataan)'에서 유래했다. 바탄은 2차대전 중인 1943년 11월에 취역하였다. 그 후 태평양 전역의 모든 전투에서 임무를 수행했고, 종전 후에는 대잠항모로 임무 전환되었다가 1947년 2월에는 예비 함정으로 분류되어 현역에서 퇴역했다.

하지만 바탄은 2차대전 종전 후 미소 냉전이 격화되자 1950년 5월 재취역했다. 그리고 6월 한국전쟁이 발발하자 3차에 걸쳐 극동에 전개했다. 그리고 한국전쟁 휴전 후 1953년 8월에 진주만으로 돌아와 퇴역 준비에 들어갔다. 바탄은 1954년 4월 다시 퇴역한 후 태평양예비함대에 소속되었다가 1959년 5월 해군 함정명단에서 완전히 삭제되었다.

바탄은 한국전쟁에서 7개의 '전투훈장(Battle Star)'을 받았고, 2차대전에서는 6개를 받은 바 있었다.

참고: 인디펜던스급 항공모함(Independence-class aircraft carrier)

- 인디펜던스급 항공모함은 2차대전 당시 미 해군의 경항공모함(Light Aircraft Carrier)이다.
- 경항공모함은 미 해군의 표준 항공모함보다는 크기가 작았다. 국가마다 분류 기준이 다양하지만, 미국의 경항모 크기는 표준함대 항모의 1/2에서 2/3 정도였다.
- 경항모는 속도가 빠른 것을 제외하면 호위항모(Escort Carrier)와 매우 유사했다.

■ 한국전쟁

미소 냉전이 격화되자 1950년 미 해군이 보강되기 시작했다. 1950년 5월 13일 경항모 바탄은 재취역했다. 그리고 6월 25일 북한이 남침하고 유엔군이 참전하게 되자 미 해군은 한국전쟁에 참전할 조종사를 훈련하고 항공기를 수송해야 하는 긴급 소요가 발생했다.

1950년 7월 샌디에이고에 도착한 바탄은 4개월간 훈련에 돌입했다. 그리고 11월 16일, 미 공군 화물과 병력을 싣고 일본을 향했다. 화물을 하역한 후에 바탄은 한반도 북부해안에서 TF77에 신고(합류)했다.

• 제1차 전개

바탄은 한국전쟁의 중요한 시기에 극동해군 기동함대에 합류했다. 1950년 11월 24일 중공군이 전쟁에 개입하자 유엔군은 한반도 북부의 서부전선과 동부전선에서 후퇴해야만 했다. 12월 중순에 동부전선에서는 미군과 한국군이 흥남까지 후퇴했고 이어서 흥남철수작전이 개시되었다.

1951년경, 미 해군 경항모 USS *Bataan*. (Wikipedia)

1952년 1월 제2차 한국전쟁 전개를 앞두고 준비 중인 미 해군의 경항공모함 USS *Bataan* (CVL-29)이 F4U-4B Corsair 해병대 전투기 탑재하고 항해 중이다. (Wikipedia)

1950년 12월 22일, 바탄의 해병대 F4U-4 Corsair 전투기들은 철수작전을 지원하기 위해 흥남 상공을 비행하기 시작했다. 바탄의 함재기들은 미 해군 공격항모 USS *Sicily*와 USS *Badoeng Strait*와 함께 흥남 항만의 지상군과 해상 수송단을 위해 공중초계를 시행했다. 그리고 바탄 함재기들은 38선 중부 산악지역 상공에서 무장정찰과 근접항공지원 임무를 수행했다.

1950년 12월 31일 중공군의 2차 공세가 시작되었다. 바탄의 함재기들은 서울 인근의 적 병력집결지를 공격했다. 그리고 서해 상공에서 봉쇄 임무를 수행했다. 바탄에서는 함재기가 하루에 40회 출격했다. 이들 임무는 전투초계(CAP) 근접항공지원(CAS), 무장정찰((AR), 그리고 후방차단작전이었다.

1951년 2월과 3월에 바탄은 인천과 서울을 향해 북진하는 유엔군의 반격을 지원했다. 특히 진남포 공격에 집중했다. 또한, 바탄 함재기 편대들은 유엔군 진격을 위해 순양함들이 사전 폭격할 때 공중탐지작전(air spotting mission)도 수행했다. 1951년 4월, 바탄의 Corsair 전투기들은 원산, 함흥, 송지 부근의 공산군 보급로를 폭격했다. 그리고 서해에서 영국 항모와 함께 교대로 공중초계 임무를 수행했다. 그리고 4월 22일 공산군이 서울을 향해 또다시 공격을 감행하자 근접항공지원을 수행하기도 했다.

1951년 4월 말 바탄은 일본 사세보(Sasebo)에서 재보급 후에 5월 1일에도 다시 서해로 출동해 영국 항모와 함께 중공군의 병력집결지를 공격해 중공군의 공세를 저지하고 전세의 역전을 지원했다. 그리고 그 후에 바탄의 Corsair 함재기들은 대동강의 소형 중국 선박도 공격해 파괴했다.

1951년 6월 25일 바탄은 샌디에이고로 귀항하여 승무원들 휴식 후, 7월 9일 집중적인 창정비를 위해 워싱턴주 브레머턴(Bremerton) 해군기지로 향했다. 그리고 11월 7일 창정비를 마치고 다시 샌디에이고로 돌아온 다음 제2차 극동 전개를 위한 훈련을 준비했다.

• **제2차 전개**

1952년 1월 27일 바탄은 다시 일본 요코스카(Yokosuka)로 향했다. 그리고 2월에서 4월까지 오키나와(Okinawa)에서 대잠전훈련(ASW Exercises)을 실시했다. 이는 소련 잠수함이 전쟁에 개입할 경우를 대비한 유엔 해군의 훈련이었다.

1952년 4월 바탄은 요코스카와 사세보(Sasebo)에서 재급유와 휴식을 마친 후, 4월 29일 한반도 임무를 위해 일본에서 출동했다. 그리고 다음 날부터 함재기들은 출격을 시작했다. 1951년 6월 이후 전선이 38선 부근에서 교착되고 이런 상태가 1952년에도 지속하자, 바탄의 함재기들도 화천과 연안 간의 중공군 보급망 차단 작전에 들어갔다. 함재기들은 중공군의 보급품 저장소, 철도, 교량, 그리고 차량을 공격하기 위해 하루에

30회 이상을 출격했다. 그러나 적의 대공포에 의한 함재기들의 손실도 있었고 착륙 중 함재기의 사고로 비행갑판에 화재도 발생했었다. 바탄은 요코스카에서 비행갑판을 수리한 후, 6월과 7월에도 다시 서해에서 중공군 보급로를 차단하는 작전을 계속했다.

1952년 8월 4일 바탄은 샌디에이고를 향해 출발했고, 26일 도착했다. 그리고 9월 11일 캘리포니아 롱비치(Long Beach) 해군 조선소에서 창정비를 마친 후 제3차 전개 준비를 시작했다.

• 제3차 전개

1952년 10월 28일, 바탄은 창정비 후에 다시 오키나와로 향했다. 이즈음 소련의 전쟁 개입 우려는 감소했지만, 바탄은 1952년 11월에서 1953년 1월까지 한반도와 일본 그리고 오키나와 근해의 대잠훈련에 계속 참여했다.

한국해역에서 바탄의 함재기들은 1953년 2월 15일 임무를 다시 개시했다. 평소와 같이 무장정찰과 해안의 표적 공격이었다. 중국 본토에 인접한 유엔 관할 도서에 대량의 중공군 공격이 예상된다는 정보에 따라 바탄의 해병대 Corsair 전투기들은 옹진반도와 진남포 남쪽의 공산군 병력집결소를 강타했다.

바탄은 1953년 3월 7일에서 5월 5일 사이에 봄철 악기상에도 불구하고 4회 이상 한반도 해역에 출동했다. 바탄의 해병대 전투기들은 우군 게릴라 요원들의 정보에 따라 적의 병력집결지와 보급물자 저장소, 그리고 도로, 철로, 교량을 공격했다.

1953년 5월 10일 바탄은 요코스카를 떠나 26일 샌디에이고에 도착했다. 그리고 샌디에이고에서 함정을 수리하던 중에 있던 7월 27일 판문점에

1953년 5월 22일, 제3차 한국 전개를 마치고 샌디에이고로 향하는 미 해군의 경항모 USS *Bataan* 승무원들이 갑판에 "HOME"이라는 로마자 알파벳과 화살 표시를 만들었다. (Wikipedia)

서 정전협정이 조인되었다. 그 후에도 7월 31일 항공기와 장비를 싣고 일본을 향해 출항해, 일본 고베(Kobe)와 요코스카까지 왕복 항해를 하기도 했다.

■ 일반제원

- 함급: 인디펜던스급 경항공모함
- 진수: 1945년 8월
- 취역: 1946년 4월 • 퇴역: 1959년 6월
- 재취역: 1950년 5월 • 퇴역: 1954년 4월
- 배수량: (경하 배수량) 11,120 long ton/11,300 short ton
            (만재 배수량) 16,260 long ton/16,520 short ton
- 전장: 271m • 선폭: 28m • 흘수: 8.71m
- 추진: 4×기어 스팀 터빈, 4×축
- 속도: 33 노트 • 항속거리: 37,000km • 승조원: 3,448명
- 함재기: 약 30기(Independence-class)
- \# 'long ton'은 영국 톤으로 톤당 2,240파운드이며, imperial ton 또는 displacement ton이라고도 부른다. 반면에 'short ton'은 미국 톤으로 톤당 2,000파운드이다.

[출처]

- https://en.wikipedia.org/wiki/USS_Bataan_(CVL-29).
- Independence-class aircraft carrier - Wikipedia.
- Light aircraft carrier - Wikipedia.

⑨ 에식스(USS *Essex*, CV-9)

미 해군 에식스 항모(USS *Essex*, CV-9)는 미국이 2차대전 기간에 건조한 24척의 '에식스급 항공모함' 중에서 첫 번째 항모다. 에식스라는 이름은 1799년 카리브해에서 미국과 프랑스 해군의 유사 전쟁(quasi-war)에서 활약한 미 해군 범선 구축함(sailing frigate)의 명칭에서 유래했다. 에식스라는 이름을 사용한 미 해군의 함선은 이 CV-9 항공모함이 네 번째였다.

항모 에식스는 1941년 4월 건조가 시작되었으나 동년 12월 일본의 진주만 기습으로 건조가 빨라져 1942년 7월 진수해 1942년 취역했다.

그 후 에식스는 태평양 전역에서 다양한 작전을 수행하다가 종전 후 1947년 1월 퇴역했지만, 다시 1950년 초에 현대화되어 공격 항공모함(CVA)으로 1951년 1월 재취역했다. 한국전쟁에도 참전해 4개의 '전투 훈장(battle star)'을 받았다.

1945년 5월 20일, 오키나와 작전 기간에 항해 중인 미 해군 항모 USS *Essex*. (Wikipedia)

현대화 이후 미 해군 항모 USS *Essex*의 1956년 사진. (Public Domain)

그리고 1954년 봄에는 남지나해(South China Sea)에서, 1957년경에는 지중해와 중동, 대서양 등에서 임무를 수행했다. 그리고 1960년에 대잠작전(ASW) 항모로 전환했다가 1962년 10월 쿠바 미사일 위기에서 임무를 수행하기도 했다. 그리고 1968년 아폴로(Apollo 7) 우주선 회수 작전에도 참여한 바 있었다. 에식스는 1969년 6월 30일 퇴역했다.

참고: 에식스급 항공모함(Essex class aircraft carrier)

- 미국 해군이 20세기에 가장 많이 건조한 디젤 항공모함으로 미국 해군이 1942년에서 1991년까지 24척을 운용했다.
- 미국은 총 5곳의 조선소에서 1941년 5척, 1942년 4척, 1943년 9척, 1944년 7척, 1945년 1척으로 총 26척을 기공했고 24척을 진수했다.

- 특징은 대규모의 항공기 탑재를 전제로 설계되어, 넓어진 비행갑판, 효율적인 항공운영을 위한 엘리베이터 설치, 대공/장갑 방어력 향상 및 기계적 신뢰성 확보 등 2차대전 항모 중 가장 우수한 성능을 가졌다.

미 항모 USS *Essex*에서 이륙한 F2H-22 Banshee 2대가 북한의 표적을 찾아 나서고 있다. (미 해군)

- 에식스급 항모의 일반적인 제원은 초도함 에식스(USS *Essex*, CV-9)의 경우, 배수량이 27,000톤, 전장은 약 270m, 최대속도 32knots, 증기터빈 4기(디젤엔진), 탑재 함재기 90-100기였다.

■ 한국전쟁

1951년 1월 16일 취역한 에식스는 한국전쟁이 진행되던 시기에 극동으로 출발했다. 이는 한국전쟁 기간 중, 극동에 3회 전개 중에 첫 번째 전개였다. 한국해역에 도착해서는 TF77의 기함으로 활동했다. 에식스는 단좌 쌍발 제트엔진의 함재기 F2H Banshees를 전투 임무에 출격시킨 첫 번째 항모였다. 한국전쟁에서는 압록강 인근의 표적 공격까지 광범위하게 여러 작전에 참여하면서 유엔군을 지원하는 근접항공작전을 수행했다.

에식스의 한국전쟁 전개는 1차는 1951년 8월~1952년 3월, 그리고 2차는 1952년 7월~1953년 1월에 있었다. 3차는 1953년 12월 1일부터 있었다. 이때는 아시아 전개를 위해 동지나해(East China Sea)로 항해했다.

1952년 1월 18일, 미 항모 USS *Essex*의 함재기들이 출격을 위해 폭설이 그치기를 기다리고 있다.
(Sea Service in the Korean War)

1951년, 한국해역의 미 항모 USS *Essex*의 제172비행대대(VF-172) F2H-2 Banshee.
(Wikipedia)

■ 일반제원

- 함급: 에식스급 항공모함 • 진수: 1942년 7월
- 취역: 1942년 12월 • 퇴역: 1947년 1월
- 재취역: 1951년 1월 • 퇴역: 1969년 6월
- 배수량: (기준 배수량) 27,100 long ton/27,500 short ton
           (만재 배수량) 36,380 long ton/36,960 short ton

- 전장: 265.8m · 선폭: 28.3m · 흘수: 10.41m
- 추진: 4×기어 스팀 터빈, 4×축,
- 속도: 33노트 · 항속거리: 26,100km,
- 승조원: 2,600명, · 함재기: 90기
- \# 'long ton'은 영국 톤으로 톤당 2,240파운드이며, imperial ton 또는 displacement ton이라고도 부른다. 반면에 'short ton'은 미국 톤으로 톤당 2,000파운드이다.

1952년 1월 7일, 미 해군 항모 USS *Essex*에서 눈과 얼음으로 덮힌 비행갑판을 승무원들이 청소하고 있다. (Sea Service in the Korean War)

[출처]

- https://en.wikipedia.org/wiki/USS_Essex_(CV-9).
- https://www.history.navy.mil/content/history.

⑩ 본옴리처드 (USS *Bon Homme Richard*, CV-31)

미 항모 본옴리처드(USS *Bon Homme Richard*, CV-31)는 미국 해군의 에식스급 항공모함 24척 중 14번 함으로 한국전쟁에 참전한 11척의 에식스급 항모 중 하나이기도 하다. 본옴리처드라는 이름은 미국의 국부 Benjamin Franklin의 프랑스 필명 Bonhomme Richard에서 유래했다.

본옴리처드는 마지막 에식스급 항모로 1944년 11월에 취역해 2차대전에 참전했다.

1951년, 미 해군 항모 USS *Bon Homme Richard*가 재취역 후 항해하고 있다. 1947년 퇴역했을 때와 다른 점은 한국전쟁에 필요한 대공감시레이더(SPS-6) 장착이었다. (Wikipedia)

그 후 태평양함대 소속으로 태평양 전역에서도 임무를 수행하다가 1947년 1월에 퇴역했다. 그러나 1950년 한국전쟁이 발발하자 다시 1951년 1월 15일 재취역해 한국전쟁에 참전했다. 1951년 10월 1일 본옴리처드는 공격항공모함(CVA-31)으로 분류되었다.

본옴리처드는 한국전쟁에서 다양한 임무를 수행해 5개의 '전투훈장(Battle Star)'을 받았다. 그 후 1955년 함정 현대화 개조를 마치고

베트남 전쟁에도 참전했다가 1971년에 퇴역했다. 그리고 1989년 9월 미 해군 함정 명단에서 삭제되었다.

참고: 에식스급 항공모함(Essex class aircraft carrier)

- 미국 해군이 20세기에 가장 많이 건조한 디젤 항공모함으로 미국 해군이 1942년에서 1991년까지 24척을 운용했다.
- 미국은 총 5곳의 조선소에서 1941년 5척, 1942년 4척, 1943년 9척, 1944년 7척, 1945년 1척으로 총 26척을 기공했고 24척을 진수했다.
- 특징은 대규모 항공기 탑재를 전제로 설계되어, 넓어진 비행갑판, 효율적인 항공운영을 위한 엘리베이터 설치, 대공/장갑 방어력 향상 및 기계적 신뢰성 확보 등으로 2차대전 항모 중 가장 우수한 성능을 가졌다.
- 에식스급 항모의 일반적인 제원은 초도함인 CV-9 에식스의 경우, 배수량이 27,000톤, 전장은 약 270m, 최대속도 32knots, 추진은 기어 증기터빈 4기(디젤엔진), 탑재 함재기는 90-100기였다.

■ 한국전쟁

1950년 6월 25일, 한국전쟁이 발발하자, 퇴역했던 본옴리처드는 현역으로 소환되어 함정이 현대화되지 않은 상태에서 1951년 1월 15일 재취역하였다. 그리고 5월 29일 한반도 해역의 미 극동해군 TF77에 합류했다. 5월 31일, 한국해역 도착 2일 후, 본옴리처드의 제102항모비행전대(CVG-102) 함재기들은 첫 번째 공격을 위해 출격을 개시했다. 본옴리처드는 1951년 11월 20일까지 TF77과 작전을 계속했다. 그리고 12월 중순 샌디에이고로 돌아왔다.

그 후 본옴리쳐드는 1952년 5월 20일 극동으로 다시 출항했다. 이번에는 제7항모비행전대(CVG-7)와 함께였다. 6월 23일 다시 TF77에 합류했다. 그리고 6월 24일-25일 대규모의 수풍댐 공격작전에 참여했고, 10월 12일-16일에는 고저(Kojo) 상륙 양동작전에 참가했다.

본옴리처드는 1952년 12월 18일까지 북한 내 표적 공격작전을 계속했다. 그리고 샌프란시스코로 항해를 시작해 1953년 1월 8일 도착했다. 한국전역에서는 중공군 보급로를 차단하는 항공후방차단작전과 유엔 지상군을 지원하는 근접항공지원을 수행했다.

■ 일반제원

- 함급: 에식스급 항공모함
- 진수: 1944년 4월
- 취역: 1944년 11월
- 퇴역: 1947년 1월
- 재취역: 1951년 1월
- 퇴역: 1953년 5월
- 재취역: 1955년(현대화)
- 퇴역: 9월 71년 7월
- 배수량: (기준 배수량) 27,100 long ton/27,500 short ton
  (만재 배수량) 36,380 long ton/36,960 short ton
- 전장: 265.8m • 선폭: 28.3m • 흘수: 10.41m
- 추진: 4×기어 스팀 터빈, 4×축
- 속도: 33 노트, • 항속거리: 26,100km
- 승조원: 2,600명, • 함재기: 90기

'long ton'은 영국 톤으로 톤당 2,240파운드이며, imperial ton 또는 displacement ton이라고도 부른다. 반면에 'short ton'은 미국 톤으로 톤당 2,000파운드이다.

[출처]

- https://en.wikipedia.org/wiki/USS_Essex_(CV-9).
- https://en.wikipedia.org/wiki/USS_Bon_Homme_Richard_(CV-31).

1951년 11월 22일, 미 고속항모 USS *Bon Homme Richard* 비행갑판에 바퀴 하나로 착륙을 시도하는 Panther 제트전투기. (Sea Service in the Korean War)

1951년 10월 8일, 미 고속항모 USS *Bon Homme Richard* 비행갑판에서 함재기 3대가 이륙 전 검사를 위해 대기하고 있다. (Sea Service in the Korean War)

⑪ 키어사지(USS *Kearsarge*, CV-33)

미 항공모함 키어사지(USS *Kearsarge*, CV-33)는 2차대전 중 또는 직후 미 해군을 위해 건조된 에식스급 항공모함(Essex-class aircraft carrier) 24척 중의 하나다. 키어사지라는 명칭은 남북전쟁 당시 1861년 증기 범선(steam sloop)의 이름에서 유래한 것으로 항모 키어사지는 동일 명칭을 사용한 4번째 함정이었다.

키어사지는 1945년 5월 진수해 1946년 3월 취역한 후, 미 동부와 카리브해에서 훈련 임무, 지중해에서는 제6함대 소속으로 중동의 평화를 위한 임무 등을 수행하다가 1950년 6월 16일 퇴역하여 현대화를 위한 창정비에 들어갔다. 그리고 현대화 작업을 마치고 공격항모(CVA)가 되어 제트전투기 탑재능력을 구비하게 되었다.

키어사지는 1952년 2월 재취역한 후, 한국전쟁에도 참전하여 2개의 전투 훈장(battle star)을 받았고, 1950년 말에는 추가 현대화 작업도 마쳐 대잠항모(CVS)로 분류되었다. 키어사지는 1962-1963년 머큐리 우주선 계획(Project Mercury Space)에도 참여했다.

그리고 베트남전쟁에도 참전해 5개의 전투 훈장을 받은 후, 전함으로의 임무를 종료했다. 키어사지는 1970년 2월 13일 퇴역해 3년간 예비함대에 편입되었다가 1973년 5월 미 해군 함정명단에서 삭제되었다.

1940년대 말, 항구에 정박 중인 미 해군 항모 USS *Kearsage* CV-33 승무원들이 검열을 위해 비행갑판에 정렬해 있다. (Wikipedia)

1952년 경, 태평양에서 항해 중인 미 해군 항모 USS *Kearsarge* CV-33. (Wikipedia)

참고: 에식스급 항공모함(Essex class aircraft carrier)

- 미국 해군이 20세기에 가장 많이 건조한 디젤 항공모함으로 미국 해군이 1942년에서 1991년까지 24척을 운용했다.
- 미국은 총 5곳의 조선소에서 1941년 5척, 1942년 4척, 1943년 9척, 1944년 7척, 1945년 1척으로 총 26척을 기공했고 24척을 진수했다.
- 특징은 대규모 항공기 탑재를 전제로 설계되어, 넓어진 비행갑판, 효율적인 항공운영을 위한 엘리베이터 설치, 대공/장갑 방어력 향상 및 기계적 신뢰성 확보 등으로 2차대전 항모 중 가장 우수한 성능을 가졌다.
- 에식스급 항모의 일반적인 제원은 초도함인 CV-9 에식스의 경우, 배수량이 27,000톤, 전장은 약 270m, 최대속도 32knots, 증기터빈 4기(디젤엔진), 탑재 함재기는 90-100기였다.

■ 한국전쟁

키어사지는 1952년 2월 15일 재취역했다. 다시 정비를 마친 후, 키어사지는 8월 집중적인 비행 훈련을 위해 샌디에이고를 떠나 하와이로 출발했다. 여기서 전투 준비를 마치고 한국전쟁에 참전하기 위해 극동으로 출발했다. 1952년 9월 8일 요코스카(Yokosuka)에 도착, 6일 후 한반도 동해에서 TF77과 합류했다.

그 후 5개월 동안 키어사지 함재기들은 북한에 있는 공산군을 공격하기 위해 약 6,000회를 출격해 적에게 심한 피해를 주었다. 그리고 키어사지는 1953년 2월 말 한국전쟁 전개를 마치고 3월 17일 모항인 샌디에이고로 귀항했다.

1953년 7월 1일 키어사지는 다시 극동으로 향했다. 한국전쟁 휴전 협상이 불안한 상태였지만 이번에는 제7함대와 작전을 수행하면서 중국의 대만 공격을 예방하기 위한 감시활동을 수행했다.

■ 일반제원

- 함급: 에식스급 항공모함,
- 진수: 1945년 5월 • 취역: 1946년 3월 • 퇴역: 1950년 6월
- 재취역: 1952년 2월   • 퇴역: 1970년 2월

- 배수량: (기준 배수량) 27,100 long ton/27,500 short ton
- 전장: 271m　　• 선폭: 28m　　• 흘수 : 8.71m
- 추진: 4×기어 스팀 터빈, 4×축　　• 속도: 33 노트
- 승조원: 3,448명　• 함재기: 90-100기
- # 'long ton'은 영국 톤으로 톤당 2,240파운드이며, imperial ton 또는 displacement ton이라고도 부른다. 반면에 'short ton'은 미국 톤으로 톤당 2,000파운드이다.

[출처]

- https://en.wikipedia.org/wiki/USS_Kearsarge_(CV-33).
- USS Kearsarge (CV-33/CVA-33/CVS-33) (navy.mil).

⑫ 오리스카니(USS *Oriskany*, CV-34)

　　미 항모 오리스카니(USS *Oriskany*, CV-34)는 제2차 세계대전 이후 건조된 몇 척 안 되는 에식스급 미 해군 항공모함이다. 에식스급 항공모함은 24척이 건조되어 11척이 한국전쟁에 순차적으로 참전했다. 항모의 이름은 미국 독립전쟁 시 영국과 싸운 1777년 미국 뉴욕주 '오리스카니전투(Battle of Oriskany)'에서 유래했다.

1950년, 미 해군 항모 USS *Oriskany*. (Wikipedia)

　　오리스카니는 2차대전 중 1944년 5월 건조를 시작하여 1945년 10월 취역하였으나 현대화 개조를 위해 일단 퇴역했었다. 1947년 8월에서 1950년 9월 기간에 오리스카니는 SCB-27 현대화 계획의 기본형(prototype)으로 재설계되어 건조되었다. 새로운 세대(new generation)의 항모로 만들기 위한 주요 개조 내용은 비행갑판 구조 변경 및 보강, 강력한 성능의 엘리베이터와 유압식 캐터펄트 설치, 그리고 새로운 착륙용 어레스팅 기어(arresting gear) 설치 등이었다.

　　오리스카니는 현대화를 마친 후, 1950년 9월에 다시 취역하였다. 개조된 오리스카니는 다른 14척 에식스급 항모 현대화의 표본이 되었다. 오리스카니는 현대화 계획으로

개조한 최종 항모였다.

재취역 후, 오리스카니는 한국전쟁에도 참전해 2개의 '전투 훈장(Battle Star)'을 받았다. 그리고 1952년 10월에는 공격항모(CVA-34)로 재분류되었고 1957년 2월에 다시 퇴역했다. 그러나 다시 현대화 계획(SCB-125A)을 거쳐 1959년 3월 재취역했고 베트남전쟁에도 참전했다.

오리스카니는 1976년 9월에 최종 퇴역했고 1995년 폐함 처리되었으나, 이 항모의 역사는 일반 함정과 매우 달랐다. 2004년 해군은 오리스카니를 멕시코만 플로리다 해안에 침몰시켜 다이버(divers)를 위한 인공 산호초(artificial reef)로 활용하기로 했고, 2006년 5월 이를 시행하여 오리스카니는 인공 산호초가 된 최초의 군함이 되었다.

참고: 에식스급 항공모함(Essex class aircraft carrier)

- 미국 해군이 20세기에 가장 많이 건조한 디젤 항공모함으로 미국 해군이 1942년에서 1991년까지 24척을 운용했다.
- 미국은 총 5곳의 조선소에서 1941년 5척, 1942년 4척, 1943년 9척, 1944년 7척, 1945년 1척으로 총 26척을 기공했고 24척을 진수했다.
- 특징은 대규모의 항공기 탑재를 전제로 설계되어, 넓어진 비행갑판, 효율적인 항공운영을 위한 엘리베이터 설치, 대공/장갑 방어력 향상 및 기계적 신뢰성 확보 등 2차대전 항모 중 가장 우수한 성능을 가졌다.
- 에식스급 항모의 일반적인 제원은 초도함인 CV-9 에식스의 경우, 배수량이 27,000톤, 전장은 약 270m, 최대속도 32knots, 추진력은 증기터빈 4기(디젤 엔진), 탑재 함재기는 90-100기였다.

참고: 항모 현대화 계획 (SBC-27 Program)

- SCB-27은 1947년에서 1955년까지 시행한 미 해군의 에식스급 항모 현대화 계획 명칭이다. 이 개조를 통해 2차대전 당시 항모가 제트 함재기를 운용할 수 있게 되었다.
- USS *Oriskany*를 포함한 모든 에식스급 항모가 SCB-27 계획으로 현대화

개조를 수행했다. 그 후 USS *Lake Champlain*은 좀 더 발전된 SCB-125 현대화 계획을 적용해 개조했다.

1951년 경 제4항모비행전대(CVG-4)의 함재기를 탑재한 미 해군 항모 USS *Oriskany*. (Wikipedia)

현대화 작업 이후 미 항모 USS *Oriskany*의 사주 갑판(angled flight deck)과 폐쇄식 함수 (hurricane bow)를 볼 수 있다. (Wikipedia)

■ 한국전쟁

1952년 9월 15일, 오리스카니는 한반도의 유엔군을 지원하기 위해 샌디에이고(Sandiego)를 출항했다. 그리고 10월 17일 일본 요코스카(Yokosuka)에 도착했고 10월 31일 한반도 연안에서 TF77에 합류했다. 오리스카니의 함재기들은 폭탄과 기총공격으로 적의 보급로를 차단했고 해안의 지상군과도 폭격 임무를 협조했다.

1952년 11월 18일, 오리스카니 함재기 조종사들은 적의 MiG-15 2대를 격추했고, 또 다른 미그기 1대에는 피해를 입혔다. 함재기들의 지상공격은 2월 11일까지 지속되었다. 주요 표적은 전선의 적의 포진지, 병력 집결지 그리고 보급저장소였다.

1952년 3월 6일, 오리스카니 항모에는 항공탄의 폭발 사고가 발생해 다수의 승무원과 F4U Corsair를 손실하는 사고가 있었으나 3월 29일까지 임무를 계속했다.

1952년 4월 22일, 오리스카니는 한반도 해역에서 샌디에이고로 향해 5월 18일 도착했다. 그리고 캘리포니아 연안에서 훈련을 마치고 1953년 9월에는 샌프란시스코에서 출발해 제7함대에 합류했다. 8월 15일 요코스카에 도착한 오리스카니는 한반도의 휴전 감시를 지원하는 임무를 수행했다.

오리스카니는 한국전쟁과 또 다른 인연이 있었다. 오리스카니는 1954년 10월 한국전쟁 영화, '원한의 도곡리 다리(The Bridges at Toko-Ri)' 촬영에 참여했다.

■ 일반제원

- 함급: 에식스급 항공모함, • 진수: 1944년 4월 • 취역: 1945년 10월 13일
- 현대화 개조(SCB-27): 1947년 8월-1950년 9월
- 재취역: 1950년 9월 • 퇴역: 1957년 2월
- 현대화 개조(SCB-125A): 1957년 1월-1959년 5월
- 재취역: 1959년 3월 • 퇴역: 1976년 9월
- 배수량: (기준 배수량) 30,800 long ton/31,300 short ton
- 전장: 271m • 선폭: 39m • 흘수: 9.30m
- 추진: 4×기어 스팀 터빈, 4×축 • 속도: 33노트
- 항속거리: 26,100km • 승조원: 2,600명 • 함재기: 91-103대
- # 'long ton'은 영국 톤으로 톤당 2,240파운드이며, imperial ton 또는 displacement ton이라고도 부른다. 반면에 'short ton'은 미국 톤으로 톤당 2,000파운드이다.

[출처]
- USS Oriskany - Wikipedia.
- SCB-27 - Wikipedia.
- https://www.seaforces.org/usnships/cv/CV-34-USS-Oriskany.htm.

⑬ 레이크샘프레인(USS *Lake Champlain*, CVA-39)

미 해군 항모 레이크샘프레인(USS *Lake Champlain*, CV-39)은 2차대전 중 또는 직후 건조된 에식스급 항모(Essex-class aircraft carriers) 24척 중의 하나다.

레이크샘프레인은 동일한 명칭을 가진 2번째 미 해군 함정으로 1812년 '레이크샘프레인전투(Battle of Lake Champlain)'에서 유래했다.

레이크샘프레인전투는 1812년 샘프레인 호수에서 미국이 영국과 싸운 해전이다. 이 호수는 버몬트주와 뉴욕주를 거쳐 캐나다와 국경을 이루고 있다.

레이크샘프레인은 1943년 3월 건조되었고, 1944년 11월 선체는 진수되었으나 취역은 1945년 6월에 하게 되어, 2차대전에는 참전하지 않았다. 그러나 유럽에서 미국으로 병력을 수송하는 수송함으로 임무를 수행했다. 그리고 1947년 2월 예비함대에 편입

되었다가 다른 미국의 함정처럼 1950년 초에 퇴역했다.

그러나 1950년 8월, 레이크샘프레인은 SCB-27A 현대화 계획에 의해 개조를 시행한 후에 1952년 9월 19일 공격항모(CVA)로 재취역했다.

레이크샘프레인은 한국전쟁에 참전했다. 그 후에는 대부분의 임무를 대서양, 카리브해, 그리고 지중해에서 수행했다. 그리

1953년 미 해군 항모 USS *Lake Champlain*을 선수 방향에서 본 비행갑판 모습. 단좌 쌍발 제트전투기 F2H-2P Banshee가 보인다. (Wikipedia)

고 레이크샘프레인은 1958년-1963년의 최초 유인 우주선 머큐리 계획(Project Mercury)과 1960년대의 우주선 제미니(Gemini) 계획에서 일차적으로 우주선 회수 임무를 수행했다. 레이크샘프레인 1966년 퇴역해 예비함대 명단에 올랐고 1969년 12월 해군 함정명단에서 삭제되었다.

참고: 에식스급 항공모함(Essex class aircraft carrier)

- 미국 해군이 20세기에 가장 많이 건조한 디젤 항공모함으로 미국 해군이 1942년에서 1991년까지 24척을 운용했다.
- 미국은 총 5곳의 조선소에서 1941년 5척, 1942년 4척, 1943년 9척, 1944년 7척, 1945년 1척으로 총 26척을 기공했고 24척을 진수했다.
- 특징은 대규모 항공기 탑재를 전제로 설계되어, 넓어진 비행갑판, 효율적인 항공운영을 위한 엘리베이터 설치, 대공/장갑 방어력 향상 및 기계적 신뢰성 확보 등 2차대전 항모 중 가장 우수한 성능을 갖췄다.

- 에식스급 항모의 일반적인 제원은 초도함인 CV-9 에식스의 경우, 배수량이 27,000톤, 전장은 약 270m, 최대속도 32knots, 추진력은 증기터빈 4기(디젤엔진), 탑재 함재기는 90-100기였다.

1953년 6월 15일, 한국 전역에 도착한 지 5일 후의 미 항모 USS *Lake Champlain*. (Sea Service in the Korean War)

참고: 항모 현대화 계획 (SBC-27 Program)

- SCB-27은 1947년에서 1955년까지 시행한 미 해군의 에식스급 항모 현대화 계획 명칭이다. 이 개조를 통해 2차대전 당시 항모가 제트 함재기를 운용할 수 있게 되었다.
- USS *Oriskany*를 포함한 모든 에식스급 항모가 SCB-27 계획으로 현대화 개조를 시행했다. 그 후 USS *Lake Champlain*은 더욱 발전된 SCB-125 현대화 계획을 적용해 개조했다.

■ 한국전쟁

한국전쟁이 진행 중이었던 1950년 8월, 레이크샴프레인은 SCB-27A 현대화 개조를 시작했다. 그리고 1952년 9월에 취역한 후 그해 12월 시험운항을 마쳤다.

F2H-2 Banshee 2대가 북한 표적으로 향하는 도중 미 항모 *Lake Champlain* 상공을 지나고 있다. (미 해군)

1965년 2월 미 해군 항모 USS *Lake Champlain*이 항해 중인 모습, 갑판 위에 제54대잠비행전대(CVSG-54) 항공기가 보인다. (Wikipedia)

1953년 4월 26일 레이크샴프레인은 플로리다의 메이포트(Mayport)를 출발해 한국전쟁에 참전하기 위해 한반도로 향했다. 레이크샴프레인은 홍해, 인도양, 남지나 해를 경유해 1953년 6월 9일 일본 요코스카에 정박했다.

그리고 TF77의 기함으로 6월 11일 요코스카를 출항해 6월 14일 한반도 서해에 도착했다. 레이크샴프레인은 도착 즉시 함재기를 출격시켜, 북한의 비행장 활주로, 적 병력, 참호와 벙커, 포진지를 공격했고, 북한 지상군의 공격을 저지하기 위해 지상의 유엔군에게 근접항공을 제공했다. 그리고 함재기들은 북한의 전략 표적을 공격하는 미 공군의 B-29 폭격기를 공중엄호하는 임무도 수행했다.

레이크샴프레인은 1953년 7월 27일 정전협정이 조인될 때까지 적에 대한 공격 임무를 계속 수행했다. 그리고 10월 11일 USS *Kearsarge*와 임무를 교대하고, 미국으로 향했다.

■ 일반제원

- 함급: 에식스급 항공모함 • 진수: 1942년 7월
- 취역: 1942년 12월 • 퇴역: 1947년 1월
- 재취역: 1951년 1월 • 퇴역: 1969년 6월 30일
- 배수량: (기준 배수량) 27,100 long ton/27,500 short ton
- 전장: 265.8m • 선폭: 28.3m • 흘수: 10.41m
- 추진: 4×기어 스팀 터빈, 4×축
- 속도: 33노트 • 항속거리: 26,100km • 승조원: 2,600명 • 함재기: 90기
- # 'long ton'은 영국 톤으로 톤당 2,240파운드이며, imperial ton 또는 displacement ton이라고도 부른다. 반면에 'short ton'은 미국 톤으로 톤당 2,000파운드이다.

[출처]
- USS Lake Champlain (CV-39) - Wikipedia.
- https://en.wikipedia.org/wiki/SCB-27.

⑭ 바이로코(USS *Bairoko*, CVE-115)

미 항모 바이로코는 한국전쟁에도 참전한 미 해군의 커먼스먼트베이급 호위항공모함(Commencement Bay-class escort carrier)으로 1945년에서 1955년까지 취역했다. 함정 이름은 2차대전 태평양의 '바이로코전투(Battle of Bairoko)'에서 유래했다. 이 전투는 2차대전 중 1943년 7월 솔로몬 제도의 바이로코 항구(Bairoko Harbor)의 요충지를 점령하기 위해 미국 육·해군이 일본군을 공격했던 전투로 약 1개월 후 미국이 승리하여 남서부 태평양 반격의 중요한 전환점이 되었다.

바이로코는 1945년 1월 건조되고 7월에 취역해, 2차대전에는 참전하지 못했다.

1949년 7월 28일, 하와이 진주만에 정박 중인 미 항모 USS *Bairoko*. (Wikipedia)

따라서 1949년 12월까지 평시 일반적인 임무와 훈련을 수행했다. 이 기간에 2회에 걸쳐 극동으로 항해한 적이 있었고, 1949년 12월 퇴역 준비를 위해 샌프란시스코에 입항했으며 1950년 4월 퇴역한 후 예비함대에 편입되었다.

한국전쟁이 발발하자 바이로코는 다시 취역해 참전했다. 한국전쟁에서 돌아온 후, 1953년 후반기에 서태평양 비키니환초(Bikini Atoll)에서 실시한 일련의 핵실험 (Operation Castle) 참여를 준비했다. 그 후, 1954년 7월 퇴역을 위한 준비를 시작해 1955년 2월 퇴역했고, 샌프란시스코의 태평양 예비함대 소속이 되었다. 그리고 1960년 4월 미 해군의 함정명단에서 완전히 삭제되었다. 바이로코는 한국전쟁에서 3개의 '전투훈장(Battle Star)'을 받았다.

참고: 커먼스먼트베이급(Commencement Bay-class) 항공모함

- 1941년 12월 일본의 진주만 기습 이후 미국의 2차대전 참전이 예상되자 미 해군은 다양한 유형의 수송선을 개조해 호위 항공모함 건조를 시작했다. 따라서 유조선들도 호위 항모로 개조되었으나 1944년 회계년도에 승인된 커먼스먼트베이급이 매우 성공적인 사업임이 입증되었다.
- 커먼스먼트베이급은 전장 151m에 만재 배수량 24,830톤 급 유조선(oil tanker)을 기반으로 하고 있어 호위함으로는 상당히 큰 편으로 경항모보다 커서 정규항모

와 맞먹었을 정도였다. 따라서 내부 연료 탑재 공간이 충분해 장거리 항해가 가능했고 승강기와 사출기도 2기로 함재기 운영에 용이했다.

■ 한국전쟁

한국전쟁이 발발하자 미 해군은 조종사 훈련과 한국 전역에 항공기 수송 소요가 발생했다. 바이로코는 즉시 현역으로 취역 준비를 했고 1950년 9월에 재취역했다.

바이로코는 1951년 12월 1일 한국 전역으로 가기 위해 샌디에이고를 출발해 12월 16일 일본 요코스카(Yokosuka)에 도착했다. 1952년 2월 11일, 해병대 Corsair 함재기를 탑재한 바이로코는 2월 16일 서해에서 작전을 개시했다. 그 후 9일 동안 북한의 예성강과 대동강 사이에서 초계 소탕(patrol sweep)과 임기표적(target of opportunity) 작전을 위해 함재기를 출격시켰다. 이 기간에 121회의 출격으로 공산군 지역의 교량, 포진지, 보급 차량들을 폭격하고 기총 공격을 했다. 그리고 바이로코는 2월 25일 연료, 탄약과 재보급을 위해 일본 사세보(Sasebo) 항으로 귀환했다.

3월에도 바이로코는 5일부터 13일까지, 그리고 3월 23일부터 4월 1일까지 2회에 걸쳐 서해로 출동해 전투 임무를 수행했다. 기간 중 139회 출격했고, 진남포 철도 조차장과 해안포 진지 등을 공격했다. 그러나 방어가 삼엄한 진지에 대한 공격으로 함재기 5대가 피해를 입기도 했다.

바이로코는 4월 첫째 주 사세보에서 연료와 보급품을 선적한 뒤 4월 9일 한반도 서해안에서 전투작전을 재개했다. 다음 8일 동안 해병 제312비행대대(VMF-312) Corsairs 전투기는 북한 서부의 적 표적을 공격하기 위해 165회 출격했다. 이는 주로 적의 건물, 북한군 병영 그리고 열차에 대한 공격이었다. 20대의 비행기가 지상의 소화기 및 대공포 사격으로 피해를 보았지만, 이번 작전에서 손실된 비행기는 다행히 2대뿐이었다.

1952년 5월 바이로코는 대잠작전(ASW) 훈련을 위해 오키나와(Okinawa)로 향했다. 그리고 5월 26일 미국으로 출발하여 6월 10일 샌디에이고에 도착했다. 2주 후 바이로코는 장기간 극동 전개로 노후된 장비를 수리하기 위해 롱비치(Long Beach)

조선소에 입항했다. 10월 1일 조선소에서 수리를 완료한 후 바이로코는 10월 4일 다시 샌디에이고로 향했다. 그곳에서 항공 수색 및 구축함 호위 그리고 대잠전 훈련을 포함한 통상 임무를 수행했다.

바이로코는 1953년 1월 12일 극동 전개를 위해 샌디에이고를 출발하여, 2월 18일 요코스카에 도착했다. 그리고 제7함대와 함께 대잠전 훈련을 위해 오키나와로 항해한 후 한국 전역으로 돌아왔다. 5월 14일, 바이로코는 서해에 도착하여 해병 제312비행대대(VMA-312) 함재기를 북한의 서해 해안을 봉쇄하기 위해 출격시켰다. 악천후에도 불구하고 함재기들은 전투 초계, 사진정찰, 그리고 적진을 공격하기 위해 183회 출격을 기록했다. 이 출격은 대동강 어귀 남쪽을 습격하는 지상군에 대한 근접항공지원도 포함했다.

5월 22일 사세보로 돌아온 후, 바이로코는 5월 30일-7월 27일 기간에 서해로 출동해 4회 이상 초계임무를 수행했다. 이 기간에 해병 제312비행대대(VMA-312)와 제332비행대대(VMA-332)의 Corsair 함재기들은 중공군 병력 이동과 교량 건설에 대한 교란작전을 실시하는 우군 유격대와 협조하여 임무를 수행했다. 또한, 6월 17일과 26일 사이에 바이로코의 함재기들은 유격대와 그들 가족이 북한 해안의 섬에서 탈출하는 것도 엄호했다. 바이로코의 마지막 임무는 북한 북서지역의 적 보급 활동을 저지하기 위한 각종 폭격이었다. 이러한 공격 임무는 정전협정이 효력을 발생하는 7월 27일 저녁까지 지속되었다.

1953년 8월 7일 극동 전개 임무를 끝낸 바이로코는 모항인 샌디에이고를 향해 출항하여 24일 도착했다.

■ **일반제원**

- 함급: 커먼스먼트베이급 호위항공모함
- 진수: 1945년 1월 25일 • 취역: 1945년 7월 16일
- 퇴역: 1950년 4월 14일 • 재취역: 1950년 9월 12일 • 퇴역: 1955년 2월 18일
- 배수량: (기준 배수량) 21,397 long ton/21,740 short ton
- 전장: 203.33m   • 선폭: 32.05m   • 흘수: 9.8m

- 추진: 2x축 기어 터빈 • 속도: 19.1kts • 승조원: 1,086명
- 함재기: 평균 30대 (Commencement Bay-class)
- # 'long ton'은 영국 톤으로 톤당 2,240파운드이며, imperial ton 또는 displacement ton이라고도 부른다. 반면에 'short ton'은 미국 톤으로 톤당 2,000파운드이다.

[출처]

- https://en.wikipedia.org/wiki/USS_Bairoko.
- https://www.history.navy.mil/research/histories/ship-histories/danfs/b/bairoko.html.

⑮ 앤티텀(USS *Antietam*, CV-36)

미 항모 앤티텀(USS *Antietam,* CV-36)은 미국 해군이 20세기에 가장 많이 건조한 디젤 항공모함인 에식스급 항공모함(Essex-class aircraft carriers) 24척 중의 하나로 2차대전 중 건조되어 종전 직전 취역했다. '앤티텀'이라는 이름은 미 남북전쟁 당시 치열한 전투 중의 하나로 북군에게 승리의 전환점이 되었던 1862년 메릴랜드의 '앤티텀 전투 (Battle of Antietam)'에서 이름을 따서 지은 미 해군의 2번째 함정 명칭이다.

항모 앤티텀은 1945년 1월 취역하여 2차대전에는 참전하지 못했으나 시험운항과 사전 훈련을 끝낸 다음 3년 이상을 극동에서 작전을 수행했다. 이 기간에, 한국의 서해에 전개하여 중국 본토의 연합군 점령지역과 만주, 그리고 한국을 지원하는 임무를 수행했다. 특히 서해에서 작전 임무의 후반부에는 중국 국민당과 공산당 간의 내전이 있었던 중국 본토에 대한 감시 임무(surveillance mission)를 담당했다.

1949년 초 앤티텀은 극동에서의 임무를 마 치고 퇴역하기 위해 미국으로 향했다. 그리고 1949년 1월 퇴역한 후, 캘리포니아 알라미다 (Alameda) 해군기지의 예비함대에 소속되어 있다가 1950년 여름 한국전쟁 발발하자 재취 역했다. 한국전쟁에서는 TF77에 배속되어 4회 에 걸쳐 한국 전역에 전개해 유엔 지상군을 지

1951년 일본 Yokosuka에 정박 중인 미 항모 USS *Antietam*(CV-36). (Wikipedia)

원하는 임무를 수행했다. 그리고 1950년대에는 공격항모(CVA)였다가 다시 대잠전항모(CVS)로 재분류되었다.

한국전쟁 이후에 앤티텀은 대서양, 카리브해, 지중해에서 작전을 수행했다. 그리고 1952년에는 최초로 사주갑판(angled deck) 설치를 위해 '좌현 스폰슨(port sponson)'을 장착했다. 앤티텀의 갑판은 초창기 스폰슨을 기초로 한 것이었다. 1957년에는 플로리다 펜서콜라의 해군 항공 훈련기지(Naval Air Training Station, Pensacola, Fla.)에서 항모 훈련 임무를 시작했다. 그리고 1963년 1월 다시 예비함대에 합류했다가 8월에 퇴역했다. 그리고 1973년 5월 해군 명단에서 삭제되고, 1974년 2월 고철로 매각되었다.

앤티텀은 한국전쟁에서 2개의 '전투훈장(Battle Star)'을 수여받았다.

참고: 에식스급 항공모함(Essex class aircraft carrier)

- 미국 해군이 20세기에 가장 많이 건조한 디젤 항공모함으로 미국 해군이 1942년에서 1991년까지 24척을 운용했다.
- 미국은 총 5곳의 조선소에서 1941년 5척, 1942년 4척, 1943년 9척, 1944년 7척, 1945년 1척으로 총 26척을 기공했고 24척을 진수했다.
- 특징은 대규모의 항공기 탑재를 전제로 설계되어, 넓어진 비행갑판, 효율적인 항공 운영을 위해 설계된 엘리베이터, 대공/장갑 방어력 향상 및 기계적 신뢰성 확보 등 2차대전 항모 중 가장 우수한 성능을 구비했다.
- 에식스급 항모의 일반적인 제원은 초도함인 CV-9 에식스의 경우, 배수량이 27,000톤, 전장은 약 270m, 최대 32knots, 웨스팅하우스 기어 증기터빈 4기(디젤엔진), 탑재 함재기 90-100기였다.

■ 한국전쟁

미 해군 항모 앤티텀은 캘리포니아 알라미다에 예비함대에 편입되어 있었으나 1950년 6월 25일 한국전쟁이 발발하자 12월 6일 재취역 준비에 들어가, 1951년 7월 다시 취역했다. 그리고 시험운항과 항모 작전 훈련을 마친 후 9월 8일 샌디에이고에서 극동을 향해 출항했다. 그리고 11월 말에 전투 임무를 위해 한국해역에 출동을 시작했다.

1952년 3월 한국에서 귀환 중인 미 항모 USS *Antietam* (CV-36). (Wikipedia)

앤티텀은 한반도 전투지역에 4회에 걸쳐 전개해 TF77에 배속되어 임무를 실시했다. 전개 기간에 앤티텀은 일본 요코스카(Yokoska)에 정박했다. 이 기간에 앤티텀의 비행전대(air group)는 유엔 지상군을 지원하는 다양한 임무를 수행했다. 주요 임무는 공중전투초계, 병참선 차단, 정찰, 대잠초계, 그리고 야간 임무 등이었다.

1951년 11월부터 1952년 3월 중순까지 앤티텀의 항모비행전대는 6,000회의 비행임무를 수행했다. 그리고 1952년 3월 21일 TF77과 4번째 임무를 종료하고 일본 요코스카로 돌아온 후에 미국으로 귀환 준비를 시작했다. 4월에 모항으로 귀항하여 태평양 예비함대에 합류했다.

■ 일반제원

- 함급: 에식스급 항공모함
- 건조: 1943년 3월 • 진수: 1944년 8월 • 취역: 1945년 1월
- 퇴역: 1949년 6월 • 재취역: 1951년 7월 • 퇴역: 1963년 5월
- 배수량: (기준 배수량) 27,100 long ton/27,500 short ton
- 전장: 271m • 선폭: 28m • 흘수: 8.71m
- 추진: 4×기어 스팀 터빈, 4×축 • 속도: 33노트
- 승조원: 3,448명 • 함재기: 90-100기
- \# 'long ton'은 영국 톤으로 톤당 2,240파운드이며, imperial ton 또는 displacement ton이라고도 부른다. 반면에 'short ton'은 미국 톤으로 톤당 2,000파운드이다.

[출처]

- USS Antietam (CV-36) (navy.mil).
- USS Antietam (CV-36) - Wikipedia.

⑯ 렌도바 (USS *Rendova*, CVE-114)

렌도바(USS *Rendova*, CVE-114)는 커먼스먼트베이급(Commencement Bay-class) 의 미 해군 호위항공모함(Escort Carrier)이다. 렌도바는 1943년 6월 2차대전 태평양 전쟁 시 솔로몬(Solomon)제도의 '렌도바섬상륙작전(Battle of Rendova)' 승리에서 명칭이 유래했다. 렌도바는 1944년 12월 진수한 후에 2차대전이 이미 끝난 1945년 10월에 취역했다.

그리고 1946년 1월 시험운항을 마치고 미 해군 태평양함대의 제1함대에 배치되어 훈련에 참여했다. 그러나 종전 후 미 해군의 전력 감축 계획에 따라 실전에서 물러나 최소 승무원(skeleton crew)으로 항모 유지만 하는 상태에 들어갔다가, 1947년 샌디에이고에서 정상적인 예비전력으로 회복(laid up)되었다. 그리고 항모사단의 기함으로 임무를 수행했다.

1951년, 미 해군 호위 항모 USS *Rendova*에 탑재된 미 해병 제212비행대대(VMF-212) F-4U Corsair 전투기. (Wikipedia)

렌도바는 1947년 초 재취역한 후, 하와이와 서태평양 지역에서 훈련 임무를 수행했고, 1948년에는 항공기 수송함(AT-6 Texan 훈련기의 터키 수송 및 중국 칭다오 친선방문 등)으로 사용되기도 했다. 그리고 1949년 초에는 중국 칭다오(Qingdao)와 일본 오키나와 사이의 중국해역을 초계하는 임무를 수행했다. 그 후 1950년 1월 퇴역해 태평양예비함대(Pacific Reserve Fleet)에 편입되었다.

그러나 1950년 6월 한국전쟁이 발발하자 1951년 1월 재취역하여 한국전쟁에 참전했다가, 1951년 12월 미국으로 귀환했다. 렌도바는 한국전쟁에서 2개의 '전투훈장(battle star)'을 수여받았다.

1951년 12월 22일 렌도바는 샌디에이고로 귀환한 후 1952년에는 훈련을 위해 태평양 제1함대에 재합류했다. 그 후 마샬군도의 핵실험를 지원했고, 1953년까지 예비함대 소속으로 훈련에 참여하다가 1954년에 다시 현역으로 취역하여 대잠전 항모 임무를 수행했다. 그리고 다시 1955년 2월 태평양예비함대 소속이 되었다가 6월 30일 퇴역했다. 그 후 1959년 렌도바는 항공기와 화물 운송용 함정으로 재분류되었고 1971년 미 해군 함정명단에서 삭제된 후, 1972년 12월 고철로 매각되었다.

참고: 커먼스먼트베이급(Commencement Bay-class) 항공모함

- 1941년 12월 일본의 진주만 기습 이후 미국의 2차대전 참전이 예상되자 미 해군은 다양한 유형의 수송선을 개조해 호위 항공모함 건조를 시작했다. 따라서 유조선들도 호위 항모로 개조되었으나 1944년 회계년도에 승인된 커먼스먼트베이급이 매우 성공적인 사업임이 입증되었다.
- 커먼스먼트베이급은 전장 151m에 만재 배수량 24,830톤 급 유조선(oil tanker)을 기반으로 하고 있어 호위함으로는 상당히 큰 편으로 경항모보다 커서 정규항모와 맞먹었을 정도였다. 따라서 내부 연료 탑재 공간이 충분해 장거리 항해가 가능했고 승강기와 사출기도 2기여서 함재기 운영에 용이했다.

■ 한국전쟁

1950년 6월 한국전쟁이 발발하자, 렌도바는 1951년 1월 재취역했고, 4월에는 작전 가능 상태가 되어 7월 3일 아시아로 출항했다. 8월 2일 일본 요코스카(Yokosuka)에 도착한 후, 전투 훈련을 위해 오키나와(Okinawa)로 향했다.

그리고 9월 20일 다시 일본 고베(Kobe)로 돌아와 자매함인 항모기동전대 95.1(Task Group 95.1)의 호위 항모 USS *Sicily*와 임무를 교대했다. 9월 22일 미국 보우트(Vought) 항공사 F4U Corsair 전투기를 보유한 해병 제212비행대대(VMF-214)를 탑재하고, 다음날부터 조종사의 항공모함 비행 훈련을 수행하면서 24일에는 일본 사세보(Sasebo)에서 탄약과 보급 물자를 선적했다.

9월 25일, 렌도바는 일본을 떠나 한반도 서해의 작전지역으로 출동했다. 작전지역 도착하여 전투 준비가 완료되자, 영국 항모 HMS *Glory*와 임무 교대 후에 9월 26일, 서해에서 전투작전을 시작했다.

1952년, 미 해군 호위항모 USS *Rendova* (CVE-114). (Wikipedia)

렌도바의 함재기들은 한국 해안의 미군과 한국군을 지원했고, 탐색구조(SAR) 임무, 북한 항만 봉쇄 지원, 그리고 적 진지에 대한 정찰 비행을 수행했다. 그 후 2개월 동안 렌도바 함재기들은 1,743회 비행 임무를 실시했다. 특히 11월 17일에는 제212비행대대(VMF-212) 조종사들이 일일 64회 비행이라는 호위 항모 기록을 수립하기도 했다. 그리고 이 기간에 렌도바는 호주 항모 HMAS *Sydney*와 교대로 임무 수행했다.

1951년 12월 6일 렌도바는 한국 전개 임무를 마치고 바로 미국으로 바로 귀환했다.

- **일반제원**
  - 함급: 커먼스먼트베이급 호위항공모함
  - 진수: 1944년 12월 • 취역: 1944년 10월 • 퇴역: 1950년 1월
  - 재취역: 1951년 1월 • 퇴역: 1955년 6월
  - 배수량: (기준 배수량) 21,397 long ton/21,740 short ton
  - 전장: 169.8m • 선폭: 23m • 흘수: 9.8m
  - 추진기관: 4xboilers, 2×증기터빈, 2×프로펠러
  - 속도: 19노트 • 함재기: 33기 탑재
  - # 'long ton'은 영국 톤으로 톤당 2,240파운드이며, imperial ton 또는 displacement ton 이라고도 부른다. 반면에 'short ton'은 미국 톤으로 톤당 2,000파운드이다.

[출처]
- USS Rendova – Wikipedia.
- Rendova (CVE-114) (navy.mil).

⑰ 포인트크루즈 (USS *Point Cruz*, CVE-119)

포인트크루즈(USS *Point Cruz,* CVE-119)는 커먼스먼트베이급(Commencement Bay-class) 의 미 해군 호위항공모함(escort carrier)으로 2차대전 중에 유조선(oil tanker)을 개조하여 건조했다. 함정 명칭은 2차대전 시 태평양 전쟁 의 과달카날 전역(Guadalcanal Campaign)에 서 (1942년 11월) 치열한 전투가 많이 있었던 포인트크루즈(Point Cruz)의 이름에서 유래 했다.

1953년 7월, 일본 근해를 항해 중인 미 항모 USS *Point Cruz* (CVE-119). 비행갑판에 대잠 초계기 (TBM-3S, TBM-3W)와 HO4S 헬기가 주기되어 있다. (Wikipedia)

포인트크루즈는 1944년 12월 발주되어 1945년 5월 진수했고, 2차대전이 이미 끝난 1945년 10월에 취역한 후 시험운항에 들어갔 다. 그리고 1945년 10월에서 1946년 3월 사이에는 미국 서부해안에서 조종사 훈련을 수행했다. 그다음 해에는 서태평양 미국 군기지에 항공기를 이송하는 데 운용되었다.

1947년 3월에 예비함정으로 분류되었고 6월에 퇴역한 후 워싱턴주 브레머턴 (Bremerton) 해군기지의 태평양예비함대(Pacific Reserve Fleet)에 배속되었다. 그러 나 1950년 한국전쟁이 발발하자 재취역하여 해병대 전투기와 대잠초계기를 탑재하고 한국전쟁에서 초계 및 헬기 공수지원 임무를 수행했다.

포인트크루즈는 한국전쟁 정전협정 조인 이후에도 한국에서 임무를 수행하다가 1953년 12월 말 한국에서 샌디에이고로 귀환했다. 그 후 1955년 8월 서태평양으로 전개하여 제7함대 소속으로 임무를 수행하다가 1956년 1월 요코스카(Yokosuka)를 떠나 2월 초 캘리포니아 롱비치(Long Beach)로 귀항했다. 이곳에서 다시 예비함정으 로 분류되었고, 8월에 퇴역해 브레머턴의 태평양 예비함대 소속이 되었다.

1965년 이후에는 동남아에서 항공기 수송선으로 전환되어 베트남전쟁에서 미군을 지원했다. 그 후 1970년 미 해군 함정 명단에서 삭제되었다.

참고: 커먼스먼트베이급(Commencement Bay-class) 항공모함

• 1941년 12월 일본의 진주만 기습 이후 미국의 2차대전 참전이 예상되자 미 해군은 다양한 유형의 수송선을 개조해 호위 항공모함 건조를 시작했다. 따라서 유조선들도 호위 항모로 개조되었으나 1944년 회계년도에 승인된 커먼스먼트베이급이 매우 성공적인 사업임이 입증되었다.

• 커먼스먼트베이급은 전장 151m에 만재 배수량 24,830톤 급 유조선(oil tanker)을 기반으로 하고 있어 호위함으로는 상당히 큰 편으로 경항모보다 커서 정규항모와 맞먹었을 정도였다. 따라서 내부 연료 탑재 공간이 충분해 장거리 항해가 가능했고 승강기와 사출기도 2기여서 함재기 운영에 용이했다.

■ 한국전쟁

1950년 한국전쟁이 발발하자 포인트크루즈는 재취역 준비에 들어갔다. 포인트크루즈도 전시 동원의 일부에 해당되었다. 포인트크루즈는 1951년 7월 재취역한 후, 헬기 항모로 전환하기 위한 대규모 개조작업이 진행되었다.

그 후 1953년 1월 한국해역에서 대잠전(ASW)에 투입되었다. 이 기간에 일본 사세보(Sasebo) 기지에 정박했다. 그리고 미 해병 제332비행대대(VMA-332)의 미 보우트(Vought) 항공사 F4U Corsair 전투기 또는 미 그루만(Grumman) 항공사의 TBF Avenger 잠수함 초계기를 탑재하여 임무를 수행했다.

1953년 7월, 한국해역 전개 중인 미 호위 항모 USS _Point Cruz_ (CVE-119)에 탑재된 미 해병 제332비행대대의 F4U-4 Corsair 전투기. (Wikipedia)

1953년 한국 전개 기간에 미 호위항모 포인트크루즈(USS _Point Cruz_, CVE-119)에 탑재된 미 해병대 제332비행대대(VMA-332)의 F4U-4 Corsair 전투기. (Wikipedia)

포인트크루즈는 1953년 초부터 정전협정이 체결되어 적대행위가 끝난 7월까지 한국의 해안을 초계비행했다. 정전협정 이후에도 포인트 크루즈의 헬기들은 인도 군인들을 판문점으로 공수했다. 인도 군인들은 판문점 공동경비구역(Joint Security Area)에서 전쟁포로 교환을 감시하는 임무를 맡았었다. 포인트 크루즈는 1953년 12월 말 샌디에이고로 귀항했다.

■ 일반제원

- 함급: 커먼스먼트베이급 호위항공모함
- 발주: 1944년 12월
- 진수: 1945년 5월 • 취역: 1945년 10월 • 퇴역: 1947년 6월
- 재취역: 1951년 7월 • 퇴역: 1956년 8월
- 배수량: (기준 배수량) 21,397 long tons/21,740 short tons
- 전장: 169.8m • 선폭: 23m • 흘수: 9.8m
- 추진기관: 4xboilers, 2×증기터빈, 2×프로펠러
- 항속거리: 22,900NM(44,300km)
- 승무원: 1,066명 • 속력: 19노트 • 함재기: 33기 탑재

\# 'long ton'은 영국 톤으로 톤당 2,240파운드이며, imperial ton 또는 displacement ton이라고도 부른다. 반면에 'short ton'은 미국 톤으로 톤당 2,000파운드이다.

[출처]

- USS Point Cruz – Wikipedia.
- Point Cruz (CVE-119) (navy.mil).

부산에 입항한 10만톤급 미국 니미츠급 핵추진 항공모함 시어도어루스벨트(USS *Theodore Roosevelt*, CVN 71). (조선일보 2024년 6월 29일)

부록Ⅲ

한국전쟁 유엔 참전국 항공작전

– 미국 이외 6개국 공군 · 해군 전투기/수송기의 항공작전 –

▣ 개요

▣ 유엔 참전 6개국의 항공작전

1) 호주(Australia): 공군과 해군 항모(HMAS Sydney)

2) 캐나다(Canada): 공군

3) 그리스(Greece): 공군

4) 태국(Thailand): 공군

5) 남아프리카연방(Union of South Africa): 공군

6) 영국(United Kingdom): 해군 경항모(6척)

▣ 개요

한국전쟁은 유엔이라는 '하나의 깃발 아래 (under one banner)' 미국을 위주로 유엔회원국이 국제평화와 안전을 유지하기 위하여 수행한 첫 전쟁이었다.

미국 정부는 유엔의 조치와 함께 독자적으로 군사적 대응에 나섰다. 처음에는 주한 미국인 철수를 돕기 위해 38도선 이남에서 미 해·공군의 사용을 제한적으로 승인하였고, 한국군에 대한 무기와 탄약 제공, 그리고 대만해협에 제7함대 파견만을 결정하였다. 그러나 유엔 안전보장이사회(유엔안보리)의 '6·25 결의'에도 불구하고 북한의 남침이 계속되자 일련의 군사 조치를 최초로 승인하였다. 하지만 이런 군사 조치에도 불구하고 전황이 호전되기는 커녕 오히려 급속히 악화하자, 트루먼 대통령은 유엔안보리의 '6·25 결의'를 근거로 하여 해·공군의 참전을 결정하였다. 그리고 1950년 6월 29일에는 맥아더 장군이 한국군 한강 방어 전선을 시찰 후 보고를 받고 미 국방부가 지상군의 파견을 맥아더 장군에게 일임하여 미국은 명실공히 육·해·공군의 참전을 결정하게 되었다.

한국에 전투부대를 보냈던 미국 이외 국가들의 참전은 주로 미국과 유엔사무총장 간의 협의로 이루어졌다. 전쟁 초기부터 미국은 보다 더 많은 유엔회원국이 미국 측에 동참해 한국전쟁에 참전하여 이 전쟁이 단순히 미국 대 소련 간의 전쟁이 아니라, '자유세계 대 공산세계' 간의 전쟁이 되기를 희망하였다.

일부 국가들은 '유엔의 집단행동에 의한 평화유지'에는 지지를 보냈지만, 병력 파견에 대해서는 확실한 답변을 피하였다. 미국 이외의 유엔회원국 중에서 유엔 결의에 따라 제일 먼저 군사지원을 약속한 나라는 영연방국가들이었다. 영국은 해군 기동부대 파견을 통보해 왔고, 호주는 해·공군의 파견 의사를 밝혔다. 네덜란드도 구축함 지원을 약속하였고, 타이완도 지상군 파견 의사를 전해왔다. 그러나 타이완의 파견 제의는 정치적 문제, 타이완의 전투력 약화 등을 이유로 미국에 의해 거부되었다.

영국·프랑스·네덜란드·벨기에·룩셈부르크는 북대서양조약기구(NATO)의 일원으로 유럽에서 미국의 확고한 역할을 유도하기 위해서는 아시아에서 미국과 함께 공산주의자들과 싸워야 한다고 생각하였다. 미국의 인접국이자 북대서양조약기구의 일원이었던 캐나다는 초기부터 북한의 남침 배후에는 소련의 팽창 욕구가 있다고 판단하고 유엔의 공동노력으로 이를 강력히 저지하고 미국을 비롯한 동맹국과의 결속을 강화해 두고자 참전을 결정하였다.

오스트레일리아와 뉴질랜드는 중국의 공산화 이후 동남아시아에서 점증하는 공산주의 팽창을 예의 주시하고 있었다. 필리핀과 태국은 지리적 위치로 인해 공산주의 위협을 호주와 뉴질랜드보다 더 심각하게 느끼고 있었다. 터키와 그리스도 소련과 그의 지원을 받는 공산주의 세력으로부터 압박을 받고 있었다. 그리고 한국으로부터 멀리 떨어져 있는 아프리카의 에티오피아와 남아프리카연방, 그리고 남아메리카 대륙의 콜롬비아는 유엔 활동에 큰 의미를 부여하고 참전하였다.

이처럼 한국전쟁에 전투부대를 파병한 대부분 유엔회원국은 그들 국가 주변에서 점증하는 공산주의 위협에 불안함을 느끼고 있었으며, 북한 공산주의자들의 한국에 대한 침략을 미래에 있을지 모를 공산주의자들의 자국에 대한 공격이나 전복 활동의 한 시발점으로 간주하였다. 이와 같은 각국의 상황이 반영되어 한국전쟁에는 미국을 비롯해 총 16개국이 전투부대를 파병하였다.[277]

참고: 유엔군 참전국/전투부대 16개국 군별 참전 일자[278]

1) 미국: 공군/해군/육군 (1950. 6. 27/1950. 7. 1/1950. 7. 5)

2) 영국: 해군/육군 (1950. 7. 1/1950. 9. 4)

3) 오스트레일리아: 공군/해군/육군 (1950. 7. 1/1950, 9. 28/1950. 10. 5)

4) 네덜란드: 해군/육군 (1950. 7. 19/1950. 12. 3)

---

277) 국방부 군사편찬연구소, 『6·25전쟁과 UN군』 (서울: 국방부 군사편찬연구소, 2015), pp.59-63.
278) 위의 책, pp.63-64.

5) 캐나다: 공군/해군/육군 (1950. 7. 28/1950. 7. 30/1951. 2. 15)

6) 뉴질랜드: 해군/육군 (1950. 7. 30/1951. 1 . 28)

7) 프랑스: 해군/육군 (1950. 7월/1950. 12. 13)

8) 필리핀: 육군 (1950. 10. 1)

9) 터키: 육군 (1950. 11. 12)

10) 남아프리카연방: 공군 (1950. 11. 5. 도착. 1950. 11. 19. 작전개시)

11) 태국: 공군/해군/육군 (1951. 6. 18/1950. 11. 7/1950. 11. 22)

12) 그리스: 공군/육군 (1950 12. 1/1951. 1. 5)

13) 벨기에: 육군 (1951. 3. 6)

14 룩셈부르크: 육군 (1951 . 3. 13)

15) 에티오피아: 육군 (1951. 7. 11)

16) 콜롬비아: 해군/육군 (1951. 5. 8/1951. 8. 1)

• **비고**
- 참전국 순서는 전투부대 파견국의 한국 도착일
- 육군의 일자는 한국에 도착하여 현지 적응훈련 후 전선 투입일
- 해군의 일자는 한국해역에서 작전 개시일

　한국전쟁 시 항공작전은 미 극동군사령부 극동공군의 지휘·통제 아래 수행되었다. 주요 전력은 극동공군의 항공전력과 함께 미 해군 항공모함 항공전력이 주를 이루었다. 그리고 그 밖에 유엔 참전국 공군의 전투기와 수송기가 극동공군에 배속되어 유엔 공군의 일원으로 임무를 수행했다. 참전국 중에 특히 영국 해군과 호주 해군의 항모는 극동해군의 제77기동부대(TF77)에 배속되어 항공작전을 수행했다.

　이러한 한국 전역의 항공작전에 대해 "미 공군의 한국전쟁 항공작전"은 별책[279]에서 이미 소개한 바 있었고, 또한, 이 책의 본문 내용에서는 미 해군 항공모함의 항공작전에 대해 정리했다. (영국 해군 항모에 대해서도 본문에서 일부지만 그 활동을 소개했다)

---

279) 장호근, 『미 공군의 한국전쟁 항공작전: 잘 알려지지 않은 숨은 이야기』 (서울: 인쇄의 창, 2023).

따라서 이곳 부록 Ⅲ "한국전쟁 유엔 참전국 항공작전"에서는 앞의 미 해·공군 항공작전에서 빠진 유엔 참전국의 항공작전을 간략히 정리하려고 한다. 따라서 미국 해·공군 항공작전을 제외했으나 영국 경항모 6척의 항공작전은 포함했다.

국가명의 영문 알파벳 순서로 다음 6개국 공군과 영국과 오스트레일리아의 해군 항모의 항공작전을 아래 순서로 정리했다.
　①오스트레일리아(Australia): 공군과 해군 항모(HMAS *Sydney*)
　②캐나다(Canada): 공군 ③그리스(Greece): 공군 ④태국(Thailand): 공군
　⑤남아프리카연방(Union of South Africa): 공군
　⑥영국(United Kingdom): 해군 경항모(6척)

▣ 유엔 참전 6개국의 항공작전

1. 오스트레일리아(Australia) 군의 항공작전

1950년 6월 27일(현지시간) 유엔안전보장이사회의 '한국에 대한 군사원조'안이 결의되자 오스트레일리아(이하, 호주) 정부는 이에 대한 지지를 선언하며 즉각적인 병력 파견에 나섰다.

6월 30일, 영연방 극동해군사령부에 파견한 2척의 구축함을 미 극동해군사령부에 파견한데 이어 7월 1일 제77전투비행대대(No, 77 RAAF Squadron, 이하 제77대대)를 미 극동공군사령부로 급파하였다.

호주 의회 또한 이러한 정부의 조치를 만장일치로 승인하였다. 이에 따라 다음 날 일본 이와쿠니(Iwakuni) 기지에 주둔 중인 제77대대가 미 제5공군에 배속되어 작전 임무를 수행하게 되었다. 이런 가운데 미국 정부와 유엔으로부터 지상군 파병을 요청받은 호주 정부는 7월 26일 이를 수락한다는 사실을 발표하였다.

호주 해군은 1척의 항공모함을 포함한 총 9척의 각종 함정을 파견하여 해상초계, 해상봉쇄, 해안포격, 유격대 상륙작전 지원 등 다양한 임무를 수행하였다. 호주 해군이 파견한 함정은 항공모함 시드니(HMAS *Sydney*)를 비롯하여 구축함 바탄(HMAS *Bataan*), 프리깃함 숄헤븐(HMA *Shoalheaven*) 등이었다.

호주 공군은 정부 결정에 따라 7월 1일 일본에서 주둔군 임무를 수행하고 있던 제77대대를 한국에서 작전을 개시한 영국 극동공군사령부에 파견하였다. 제77대대는 유엔군 수송기와 폭격기 엄호비행, 38도선 이북에 대한 초계임무, 공산군 측 항공기와의 공중전, 지상군에 대한 근접항공지원, 항공폭격 등을 수행하였다. 호주 공군에서는 제77대대 이외에 제36수송편대, 제91혼성비행단, 제391기지대대, 제491정비대대, 제30통신부대, 제30수송부대 등이 참전하였다.

호주 해군 항공모함 함재기의 활동과 호주 공군의 항공작전에 대한 주요 활동을 설명하면 다음과 같다.

■ 호주 해군 항공모함 시드니(HMAS *Sydney*)의 주요 활동

호주 항모 시드니(HMAS *Sydney*, R17)는 영국의 마제스틱급(Majestic class) 경항공모함으로 1943년 영국에서 영국 해군(Royal Navy)를 위해 건조되어 1944년 진수했으나, 2차대전에는 취역하지는 못했다. 그 후 1947년 호주 해군이 구매한 후, 1948년에 호주의 '시드니'시(City of Sydney) 이름을 따서 '시드니'라는 함명으로 취역했다.

1951년 8월 말 호주 해군은 3개 항공대대를 탑재한 경항공모함 시드니(HMAS *Sydney*)를 한국해역에 전개하였는데, 당시 시드니는 호주의 유일한 항모였고 또한, 한국전쟁에 참전한 최초의 영연방 항모이기도 했다.

시드니는 1951년 말부터 1952년 초까지 한국해역에 출동해 임무를 수행했다. 그 후 1958년 퇴역하여 훈련함정, 고속 병력 수송함으로 임무를 수행하다가, 1962년에 항모로 재취역하여 1965~1972년 베트남전쟁에 참전하기도 했다. 시드니는 1973년에 완전히 퇴역했다.

참고: 마제스틱급(Royal Navy Majestic-class) 항공모함

- 영국은 1942년~1943년, 건조 비용을 고려해 성능이 제한된 호위항모 수준의 콜로세스급 (Colossus class) 경항모를 16척을 주문했었으나 8척만이 Colossus class로 건조되었다. 나머지는 정상 항모 크기인 Majestic class 항공모함으로 5척이 1961년까지 건조되어(나머지는 정비 항모: 2척, 취소: 1척) 2001년까지 운용되었다.

- 2차대전 중 영국 해군(Royal Navy) 용으로 건조된 영국의 경항공모함은 1944년 에서 2001년 사이에 8개국(영국, 알젠틴, 호주, 브라질, 캐나다, 프랑스, 인도, 네덜란드)의 해군에 취역했다.
- 한국전쟁에는 영국의 콜로세스급 경항모 HMS *Glory, Ocean, Triumph, Theseus, Warrior,* 그리고 호주의 마제스틱급 항모 HMAS *Sydney*가 참전했다.

1949년 멜버른 항에 도착한 호주 해군(RAN)의 경항공모함 HMAS *Sydney*. (Wikipedia)

한반도 해안의 호주 해군(RAN) 항모 HMAS *Sydney*에 탑재된 Firefly 전투기. (Wikipedia)

• 한국전쟁

1951년 3월 영국 해군은 HMAS *Sydney*의 한국전쟁 참전을 요청했다. 5월 14일 Sea Fury 전투기로 구성된 항모비행전대(CAG: Carrier Air Group)를 조직했다. 대잠 작전에 적합한 Firefly 전투기도 포함되었다. 해외 참전을 위한 훈련을 마친 후, 시드니 는 8월 31일 구축함들과 함께 한국을 향해 출발했다.

시드니는 한국해역에 도착 후, 극동해군 제77기동부대(TF77)에 배속되어 1차적으 로 서해안에서 작전을 시작했고 임무에 따라 동해로 출동하기도 했다. 시드니는 9일~10 일간의 전투 임무를 수행한 후, 일본의 사세보(Sasebo), 나가사키(Nagasaki), 그리고 히로시마(Hiroshima)에서 재정비 및 충전의 시간을 가졌다.

시드니는 한국해역에서 미 해군 항모와 교대로 임무를 수행했다. 처음에는 USS *Rendova,* 12월에는 USS *Badoeng Strait*와 함께 북한의 군부대, 병참선을 공중 폭격 했다. 2차적 임무로 공중 정찰, 포사격 관측(bombardment spotting), 전투초계(CAP) 대잠초계 임무를 수행했다.

시드니함 함재기들은 10월 초부터 공격작전에 돌입하여 10월 21일에는 제1영연방 군사단(the 1st Commonwealth Division)을 위해 처음으로 근접항공지원 임무를 실시했고, 11월 12일에는 1,000회의 출격을 기록했다. 그리고 12월에는 일본과 한국 사이의 수송 선단에 대한 공중 호위 임무도 실시했다. 대부분의 임무에서 호주 해군 함재기들은 서해안 도서의 대공포 진지, 화물수송 소형범선(junk) 집결지를 공격함과 동시에 한국 지상군과 비정규군에 대한 근접항공지원작전을 수행했다. 나중에는 복구에 시간이 걸리는 수자원 시설로 일차 표적이 변경되었다.

시드니는 7차에 걸친 122일간의 한국해역 출동 중에, 악천후 기상 일과 항구에 정박 및 이동 기간을 제외하면 항공작전 가능일은 42.8일에 불과했다. 이 기간에 Sea Fury 전투기는 1,623회의 비행, 그리고 Firefly 전투기는 743회의 임무를 실시했다. 전체적으로 호주 함재기들은 약 3주에 걸친 작전에서 총 472회를 출격하여 주로 공산군 군수보급소와 부대집결지 및 해상선박을 공격하였다. 이 과정에서 3명의 조종사가 전사했고, 13대의 함재기가 손실되었다. 이 중 9대는 적의 대공포에 의한 손실이었고, 4대는

1949년 경, Firefly 8대와 Sea Fury 7대가 호주 해군 항모 HMAS *Sydney* (R17) 상공을 비행하고 있다. (Wikipedia)

비행갑판에서 발생하거나 악기상에 의한 사고였다. 호주 해군 함재기들은 북한지역 교량 약 66개소와 철도차량 142개 등을 파괴했고, 그리고 3만여 명에 이르는 북한군 사상자를 만드는 전과를 수립했다.

1952년 초 지상전이 소강 국면에 접어들자 한반도 동·서 연해에서 해안 초계 및 적의 병참선 항공차단 임무를 수행하던 항공모함 시드니는 귀국길에 올랐다.

시드니의 항모비행전대(CAG)는 4개의 십자무공훈장(Distinguished Service Cross), 1개의 근무무공훈장(Distinguished Service Medal), 10개의 개인표장(Mentions in Despatches), 2개의 미국 무공훈장(U.S. Medal of Honour)을 수여받았다. 그밖에 승무원들에게는 호주와 한국, 그리고 유엔의 훈장과 표창이, 그리고 시드니 항공모함에게는 전투훈장(Battle Honour) "Korea 1951-51"이 수여되었다.

● **일반사항**
- 함급: 마제스틱급(Majestic class) 경항공모함
- 진수: 1944년 9월
- 취역: 1948년 12월 - 퇴역: 1958년 5월

- 재취역: 1962년 3월   - 퇴역: 1973년 11월

- 배수량: 15,740톤(standard), 19,550톤(deep)

\# deep load: 최대 무장과 필수품(stores), 그리고 최대 연료를 탑재한 배수량

- 전장: 190m   - 선폭: 24m   - 흘수: 7.6m

- 추진: 4×보일러, 2×축, single 터빈, 40,000SHP   - 속도: 24.8 노트

- 승조원: 1100명(평시) 1300명(전시)   - 함재기: 최대 약 38기

• **탑재 전투기**

영국 Fairey 항공사의 Firefly 함재기. (NAVER) 영국 Supermarine 항공사의 Seafire 함재기. (NAVER) 영국 Hawker 항공사의 Sea Fury 함재기. (Public Domain)

◦ Firefly는 2차대전 후반에 등장한 영국 해군의 복좌 프로펠러 함재기로 전투기, 공격기, 정찰기로 운용되었다. 영국 Fairey 항공사에서 개발했으며, 1943년 후반부터 실전에 투입되었다. (Wikipedia)

◦ Seafire는 영국 Supermarine 항공사가 제작한 단발 프로펠러 단좌 함재기로 영국 공군 Spitfire의 함재기 파생형이다. 1942년부터 영국 해군에서 운용했다. 한국전쟁에서는 영국 항공모함 HMS *Triumph*에서 1950년 9월까지 운용되었다. (Wikipedia)

◦ Sea Fury는 영국 Hawker 항공사가 제작한 전투기로 영국 해군의 마지막 프로펠러 전투기이다. 이 전투기는 2차대전 중에 개발되어 종전 2년 후에 실전에 배치되었고, 영국 해군 항공모함을 비롯한 많은 국가에서 대지 공격기로 운용되었다. 한국전쟁에는 영국 및 호주 항모의 함재기로 참전했다. (Wikipedia)

[출처]

- 국방부 군사편찬연구소, 『6·25전쟁과 UN군』 (서울: 국방부 군사편찬연구소, 2015).
- HMAS Sydney (R17) - Wikipedia.
- "Military history of Australia during the Korean War."
  https://en.wikipedia.org/wiki/Australia_in_the_Korean_War.

■ 호주 공군의 주요 활동

호주 공군의 한국전쟁 참전 부대는 주력이 제91혼성비행단(No.91 Composite Wing, RAAF)의 제77전투비행대대(No,77 RAAF Squadron)였다. 이외에도 항공수송대대, 항공기 정비대대, 제391기지대대 등이 있었다. 특히 유엔 공군에게 전쟁 초기 한국으로 병력을 수송하는 임무는 중요한 공중수송 작전 중의 하나였다. 그리고 한국으로 호주와 영국군 병력을 수송하는 임무 이외에도 전장에서 계속 발생하는 환자를 일본으로 후송하는 작전(medical evacuation operations)도 호주 공군이 주로 담당하였다.

• 호주 공군 참전 부대

호주 공군의 한국전쟁 참전 부대/전력 (전투서열: Order of Battle)은 아래와 같았다.

① 전투폭격기(Fighter/bomber)
  - 제77 전투비행대대(No. 77 Squadron RAAF): P-51D Mustang / Gloster Meteor (1950-55)
② 수송기(Transport)
  - 제30항공병참부대(No. 30 Communications Unit RAAF) : Douglas C-47 Dakota (1950-51)
  - 제30항공수송부대(No. 30 Transport Unit RAAF): Douglas C-47 Dakota (1951-53)
  - 제36항공수송대대(No. 36 Transport Squadron RAAF): Douglas C-47 Dakota (1953-55)
③ 기타 부대(Other units):

- 제391기지대대: No. 391 (Base) Squadron RAAF (1950-55)
- 제491항공정비대대: No. 491 (Maintenance) Squadron RAAF (1950-54)

North American 미 항공사의 P-51D Mustang. (wikipedia) 한국전쟁에서부터는 "P-51" 추적기(Pursuit)에서 전투기(Fighter) "F-51"로 명칭이 변경되었고 유엔군의 주요 전투폭격기로 활약했다.

한국전쟁 시 호주 공군 도색의 제77전투비행대대(No.77 Sq. RAAF)의 Meteor F.8 전투기. 영국 Gloster 항공사가 제작한 2차대전 시 연합군의 유일한 제트 전투기이기도 했다. (Wikipedia)

Douglas 미 항공사의 C-47 Dakota. 1945년 노르망디 상륙작전 시 영국에서 출격했던 호주 공군(RAAF)의 C-47A로 작전 당시 미 공군(USAF) 도색과 침공표식(Invasion Stripe)이 동체와 날개에 보인다. (Wikipedia)

• 제77전투비행대대

호주 공군 참전 부대의 주력인 제77전투비행대대(이하, 제77대대)에 대한 개요, 참전 과정 그리고 한국전쟁에서의 주요 항공작전과 결과는 아래와 같다.

제77대대(No. 77 Squadron)는 현재 호주 New South Wales 주, Williamtown 시의 호주 공군(RAAF: Royal Australian Air Force)기지에 있는 비행대대 중의 하나다. 2차대전 종전 후, 제77대대는 1945년 9월 P-51(F-51) Mustang으로 기종을 전환했다. 일본이 항복했을 때, 제81비행단(No. 81 Wing, RAAF)이 영연방 점령군(BCOF: British Commonwealth Occupation Force)의 일원으로 일본에 주둔했다. 호주 공군의 제77대대는 종전 후 일본 이와쿠니(Iwakuni)에 주둔하고 있었다. 1946년 3월 21일 제77대대는 호후(Hofu) 기지로 전개해 영연방 점령군과 합류했다. 이와쿠니와 인접해 있는 호후 기지에는 호주 공군의 제81비행단이 영연방 점령군으로 주둔했다. 이 기지는 일본의 항복 직전에 가미카제 특공대가 출격한 비행장으로 유명했다. (일본 혼슈의 야마구치현 중남부에 호후 기지가 있고, 동부에 이와쿠니 기지가 있다.)

1948년 11월 제77대대는 호주 공군에서 가장 규모가 큰 작전부대가 되었다. 299명의 장병, 40대의 Mustang, 그리고 호주 CAC(Commonwealth Aircraft

Corporation) 항공사가 제작한 3대의 Wirraways 다목적 훈련기, C-47 Dakoda 수송기 2대, 그리고 Auester 경비행기 2대를 보유했다. Dakoda와 Auester은 대대의 보급을 위해 공중수송 임무를 수행했다.

• 제77대대의 한국전쟁 참전

1950년 6월 25일 제77대대 장병들은 호주로 귀환을 준비하고 있었다. 그러나 한국전쟁 발발로 기다려야만 했다. 그리고 곧바로 한국을 지원하기 위해 유엔군에 합류했다. 호주 정부가 공군의 참전을 결정한 1950년 7월 1일부로 제77대대는 미 극동공군 산하인 미 제5공군(US Fifth Air Force)에 배속되었고, 제5공군의 작전 통제를 받았다. 제77대대는 1950년 7월 2일 이와쿠니(Iwakuni) 비행장에서 최초비행을 시작했다. 여기서 시작한 호위비행과 공중초계 작전은 미국이 아닌 유엔의 참전 부대가 시작한 최초의 작전이었다.

전쟁 초기에는 주로 근접항공지원작전으로 지상군을 지원하는 임무를 수행했다. 그리고 아군이 부산방어선(Pusan Perimeter)을 방어하는 동안 북한군 집결지 등에 네이팜탄 공격으로 적의 최후공세를 저지하는데 기여하기도 하였다. 이 기간에 제77대대는 공중에서 적과 조우한

한국의 호주 공군 제77대대본부(No.77 Sqn HQ in Korea) (호주 공군)

경우는 없었다. 그러나 지상 대공포는 자주 만났다. 제77대대 전투기는 폭탄, 로켓, 네이팜탄으로 무장하고 후퇴하는 유엔 지상군을 지원했다. 이에 따라 제77대대는 8월 한 달간 40명의 조종사가 812회를 출격하여 북한군 전차 35대, 트럭 182대, 기타 차량 44대, 기관차 4대와 보급 및 연료창고 다수를 파괴하는 전과를 올렸다.

제77대대는 38도선 이남의 비행기지들이 긴급 복구되자, 1950년 10월 13일 일본 이와쿠니 기지로부터 동해안의 포항 기지(K-3)로 이동하였다. 이로써 제77대대는 유엔군의 북진 작전을 효과적으로 지원할 수 있게 되었다. 또한, 유엔군의 북진에 따라 제77대대는 1950년 11월 17일 포항기지에서 함흥 인근의 연포 기지(K-27)로 이동하여 지상군 작전을 엄호하고 공중초계와 후방차단 작전을 수행했다. 그러나 제77대대는

중공군 참전으로 유엔군 철수가 결정되자, 12월 3일에 다시 수영 기지(K-9)로 철수하였다. 이 기간에 대대는 총 868회를 출격하여 많은 전과를 올렸으나. F-51 Mustang 전투기 1대가 적의 대공포화에 격추되기도 했다.

1951년에 접어들어 성능이 우수한 적 MiG-15 출현과 대공화력이 강화되자, 제77대대는 1951년 4월에서 7월 사이에 F-51 Mustang[280]에서 영국 글로스터(Gloster) 항공사의 Meteor 제트기로 기종을 전환했다.

호주 공군은 제77대대의 F-51 Mustang을 교체하기 위해 처음에는 F-86 Sabre를 주문했다. 그러나 미 공군보다 우선순위가 낮아 1954년까지도 호주 공군에 인도(delivery)될 수가 없었다. 따라서 호주 정부는 Meteor 직선익 제트전투기를 영국에서 구매하기로 했다. 호주 정부로서는 선택의 여지가 없었다. 최초 주문은 단좌 Mk.8 요격기(interceptor) 36대와 복좌 Mk.7 훈련기(trainer) 4대였다.

1951년 4월 6일, 제77대대의 F-51 Mustang이 마지막 비행을 한 후 이와쿠니 기지로 귀환했다. 그리고 다음 날부터 Meteor 전투기로 기종전환을 시작했다. 기종전환 후 제77대대는 미티어 전투기 22대를 한국의 김포 기지(K-14)로

김포기지에 주기된 호주 공군의 F-51 Mustang과 Meteor 전투기 (호주 공군)

전개해, 미 공군 제4전투비행단(the 4th Fighter Interceptor Wing)의 작전 통제 아래 7월 29일부터 임무를 시작했다. 1951년 8월 16일까지 제77대대의 미티어는 미 공군 F-86 Sabre 전투기와 함께 압록강 인근까지 공세적인 임무를 수행했다. 그리고 B-29 폭격기를 엄호했다.

---

280) Mustang 전투기는 한국전쟁에서 부터는 "P-51" 추적기(Pursuit)에서 전투기(Fighter) "F-51"로 명칭이 변경되었다.

• 제77대대 Meteor 제트기 항공작전

1951년 8월 29일, 제77대대는 북한 정주 상공에서 초계임무를 수행하던 중 6대의 MiG-15 전투기 편대를 만나 첫 번째 공중전을 전개하여 격퇴하였으나, Meteor 1대가 격추되는 손실이 발생하였다. 이어서 9월 중순에 청천강 지역 상공을 초계하던 Meteor 12대가 안주 상공에서 MiG-15 15대와 대규모 공중전을 벌여 MiG-15 전투기 1대를 격추하는 전과를 거두었다.

1952년에 접어들어 미그기의 남하 활동이 잦아지고 유엔 공군기와 공중전도 빈번해졌다. 제77대대는 5월 4일 북한 사리원 상공에서 초계임무를 수행하던 중 9대의 미그기와 조우하여 1대를 격추했고, 5월 8일에도 북한 사리원 상공에서 미그기 1대를 격추했다. 그러나 5월 중에 대대원 조종사 2명이 전사하는 인명피해가 있었다.

한반도 상공에서 전투 초계 중인 호주 공군 Meteor 전투기. (호주 공군)

제5공군은 Meteor 전투기의 성능을 고려하여 공대공 전투 투입에는 제한하기로 하고 '미그 회랑(MiG Alley)'의 전투 출격을 감소시키기 시작했다. 따라서 공대공 임무보다는 근접항공지원과 항공후방차단 임무에 치중하게 되었다. 유엔 공군은 1952년 6월부터 항공후방차단작전에서 북한 내 수력발전시설, 산업, 보급시설 등 구체적이고 결정적인 표적 공격으로 전환하였다. 이에 따라 제77대대의 출격 횟수도 늘어나게 되었다.

제77대대는 1952년 8월 29일 (특수임무를 위해 420대의 폭격기와 전투기로 구성된 전폭기 부대에 배속되어) 평양공습에 참여한 데 이어 서해안에서 공산군 부대집결지와 보급창고를 공격하였다. 그러나 이 과정에서 가장 많은 조종사를 잃었다. 또한, 1953년 3월 16일 원산 남쪽에서 150여 대로 추정되는 공산군 보급 차량을 공격하여 파괴하고 적의 병영건물 5동을 완파하는 전과를 올렸다.

1953년이 되면서 제77대대는 휴전회담을 앞두고 매일 북한 상공을 누비며 공산군의 군사 및 산업시설을 공격하였다. 그리고 1953년 7월 27일 정전협정 체결로 참전 임무를 종료하였으나, 그 후에도 제77대대는 1954년 10월, 호주로 철수하기 전까지 김포 기지(K-14)와 군산 기지(K-8)에서 임무를 수행했다.

• 작전 결과

제77대대의 한국전쟁 참전자 사상률은 25% 정도에 이르렀다. 참전 장병 4명 중 한 명은 전사하거나 포로가 되었다. 조종사는 41명이 전사했고(이 중 6명이 영국 공군의 교환 조종사) 조종사 7명이 전쟁포로가 되었다. 그리고 거의 60대의 항공기가 손실되었다. 이중 Meteor가 40대 이상으로 대부분 적의 대공포에 의한 손실이었다.

1954년 6월 23일 호주 공군의 제77전투비행대대 조종사들이 군산기지에서 Meteor 비행 후 돌아오는 모습. (Wikipedia)

제77대대는 18,872회의 비행을 실시했다. (Mustang 3,872회, Meteor 15,000회) 그 결과 MiG-15 5대를 격추했고, 3,700개소의 건물과 1,408개 차량 파괴, 그리고 98개 열차와 객차, 16개의 교량을 파괴했다고 주장했다.

호주는 유엔 참전국 중에서 세 번째로 전투부대를 한국전쟁에 파병한 국가였으며, 육군과 해군, 그리고 공군을 모두 파견하였다. 호주의 병력 파견은 연인원 17,164명으로, 휴전 직후인 1953년 7월 31일에는 2,282명에 이르렀다. 또한, 호주군은 지상은 물론 해상 및 공중에 이르기까지 여러 전투와 작전에 참여하였다. 이 과정에서 340명이 전사 또는 사망하고 1,216명이 부상했으며 28명이 포로가 되는 인명피해를 입었다.

2차대전 시 연합군의 유일한 제트전투기 영국 공군 Meteor. (Wikipedia)

참고: 호주 공군 제트기 Meteor

• 영국 Gloster 항공사에서 제작한 영국 최초의 제트기이자 연합국 진영 최초의 제트기로 1944년에 초도 비행 후 실전에 배치되었다. 한국전쟁 때는 호주 공군소속 전투기로 참전했다.

• 쌍발 단좌 터보제트기로 F-86보다 공중전 성능은 우수하지 못하여 주로 지상 공격 임무에 운용되었다.

호주 공군 제77전투비행대대의 작전기지 이동 경로

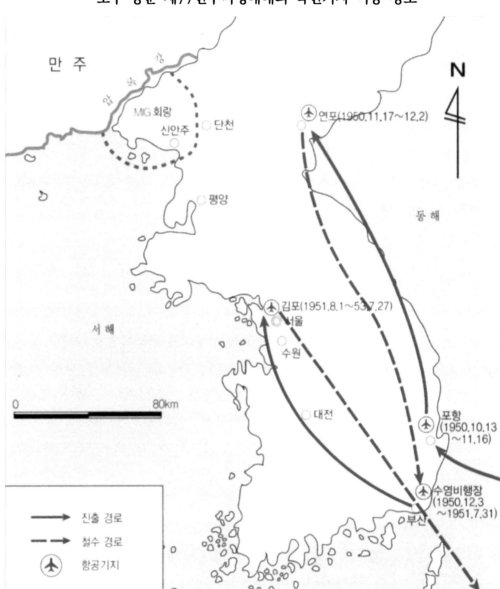

(출처) 군사편찬연구소, 『6·25전쟁과 UN군』 2015, p.317.

- **일반 제원(Meteor F. Mk.III)**

   - 승무원: 1명
   - 기장: 12.57m - 기폭: 13.11m - 기고: 3.96m - 중량: 4,771kg

- 엔진: 롤스로이스 W.2B/37, 제트 추력 2000파운드 x 2
- 최대속도: 해수면에서 782km/h   - 항속거리: 2160km
- 최대고도: 13,100m
- 무장: 20mm 기관포 4문, 3인치 60파운드 로켓 16발 장착 454kg 폭탄 2발

[출처]

- 국방부 군사편찬연구소, 『6·25전쟁과 UN군』 서울: 국방부 군사편찬연구소, 2015.
- 공군본부, 『6·25전쟁의 기억: 6·25전쟁의 호주 공군』 충북: 대한민국 공군본부, 2010.
- "Order of Battle of australian forces during the Korean War." https://en.wikipedia.org/wiki/Order_of_battle_of_Australian_forces_during_the_Korean_War.
- "Gloster Meteor," https://en.wikipedia.org/wiki/Gloster_Meteor.
- "No. 77 Squadron RAAF," No. 77 Squadron RAAF – Wikipedia.

2. 캐나다(Canada) 군의 항공작전

■ 캐나다 군의 참전 결정과 전개

　　1950년 6월 한국전쟁 발발 당시 캐나다는 한국과의 외교 관계가 전혀 이루어지지 않았었다. 그런데도 미국과 유엔이 북한군의 남침을 응징하려는 조치를 강구하자 적극적인 지지를 표명하였다. 그러나 캐나다는 2차대전 종전 후 평시 수준으로 군을 축소했고 보유 전력도 캐나다 국내 방위 목적으로 훈련되었었다. 따라서 캐나다 정부는 먼저 해군을 파병하기로 결정하였다. 해군은 자국 영해방어에도 부담이 덜한 상황이었고. 비교적 신속히 파견할 수 있었기 때문이었다. 이런 결정에 따라 캐나다 해군은 유럽순방을 준비하고 있던 구축함 중 3척을 선발하여 파견하였다. 이 전함들은 7월 30일 한국해역에 진입하여 미 극동해군사령부에 배속되었다.

　　또한, 캐나다 정부는 해군 함정 파견에 이어 공군의 항공수송대를 파견하기로 결정하였다. 이에 따라 1950년 7월 21일 캐나다 공군은 제426항공수송대대(426 Squadron, 이하, 제426대대)에 병력 및 보급물자를 일본으로 수송하는 임무를 부여하였다. 한편

참전을 자원하는 경험이 있는 조종사를 미 공군에 파견하였다.

　　해군과 공군을 차례로 파병한 캐나다는 1950년 7월 20일 미국으로부터 1개 여단 규모의 지상군 파병을 요청받았다. 이에 따라 캐나다 육군은 한국에 파견할 지원병을 모집하여 '캐나다 제25여단'을 미국에서 창설하였다.

■ 캐나다 공군의 항공작전

　캐나다 공군이 한국전 참전을 위해 제일 먼저 결정한 것은 항공수송부대 파견이었다. 여기에는 병력과 물자 수송뿐만 아니라 환자 수송도 포함되었다. 따라서 비행 간호사가 실전에 참여하여 활동하였다. 그리고 2차대전에서 공중전투 경험이 있는 다수의 전투 조종사가 자발적으로 미 공군에 지원하여 한국전쟁에 참여하기도 했다. 특히 눈에 뜨이는 것은 캐나다가 면허 생산한 전투기와 수송기 등의 무기체계를 캐나다 공군이 한반도 상공 실전에서 미 공군과 함께 직접 운용하였다는 사실이었다. 이러한 캐나다 공군(Royal Canadian Air Force)의 역사적 사실을 간략히 소개하면 아래와 같다.

• 항공수송(Transport)

　한국전쟁 발발 후 2주 만에 제426항공수송대대(426 Squadron)는 호크 작전(Operation Hawk)에 참여하기 위해 미 위싱턴주 맥코드 미 공군기지(McChord AFB)로 이동할 준비를 긴급히 시작했다. 호크 작전은 한국전쟁 공수작전에서 캐나다군이 담당할 부분이었다.

　제426대대는 여객기 북극성(North Star) 12대를 보유하고 있었고 미 공군의 미군항공수송서비스(MATS: Military Air Transportation Service)와 통합하여 작전을 수행할 계획이었다. 제426대대는 일본 전개를 위해, 꼭 필요한 국내 비행 이외에는 모두 비행을 중지했다.

　일본까지의 비행 항로는 북태평양 항로(North Pacific route)와 중앙태평양 항로(mid Pacific route)가 있었으나 당시의 항법 보조장비, 항로의 기상조건, 장거리 비행시간을 고려할 때, 어려움이 항상 있었다.

　1950년 7월 26일 제426대대는 미국 맥코드 공군기지(McChord AFB)로 이동

하여 작전에 착수하였다. 제426대대는 6
대의 수송기로 편성되었다. 대대에 부여된
임무는 병력과 물자를 맥코드 기지와 일본
하네다(Haneda, Japan) 사이를 왕복하
며 공중 수송하는 작전이었다. 이를
"Hawk 작전"이라 불렀다. 제426대대는
미 공군의 미군항공수송서비스(MATS)와
함께 임무를 수행했다.

캐나다 공군 제436항공수송대대의 North Star 수송기. 미
Douglas 항공사 DC-4/C-54를 캐나다 Candair 항공사
가 면허 생산한 항공기. 1954년 경의 사진이다. (캐나다
공군)

제426대대는 8월 중순까지 12명의
조종사가 6대의 수송기로 월 3,000시간
이상을 비행하며 임무를 수행하였다. 당시 대대가 비행한 항로는 맥코드 기지-앵커리지
-알류산 열도-하네다 기지로 기상변화가 심한 장거리 항로였다.

1950년 9월, 유엔군의 북진으로 전황이 유리하게 전개되자 대대의 임무도 월 15회
로 축소되었고, 작전기지도 맥코드에서 캐나다의 도발(Dorval) 공항으로 변경되었다.
이후 물동량이 점점 감소되어 1952년 중반 무렵에는 월평균 8회 정도로 축소되었다.
제426대대 공수작전은 정전협정이 체결된 이후까지 지속되다가 1954년 6월 9일 비행
을 마지막으로 종료되었다.

그 결과 작전 기간 중 599회의 왕복 비행을 통해 34,000 비행시간을 기록하였으며,
13,000명의 병력과 3백만kg의 화물을 안전하게 공중수송하였다.

그리고 그 밖에 캐나다의 항공인(airmen)들도 한국전쟁에 참전했다. 여기에는 캐나
다태평양항공사(CPA: Canadian Pacific Airlines)의 민간인 승무원들도 있었다. 그리
고 일부 캐나다인들은 미 육군과 공군에 직접 입대하기도 했다.

1953년 4월에는 C-119 Flying Boxcar가 캐나다 공군의 수송기 부대에 추가되었
다. 처음에는 C-119F 형 35대를 수령하였으나 나중에는 표준형인 C-119G 형으로
개선되었다.

5월에는 영국 드하빌랜드 항공사의 코메트(de Havilland Comet) 상용 제트 여객
기, 그리고 미 록키드(Lockheed) 항공사의 T-33 Shooting Star를 캐나다가 면허
생산한 T-33 Silver Star 제트훈련기도 추가되었다. 캐나다 공군에게는 매우 분주한
시기였다.

• 제트전투기와 전투 조종사 참전

캐나다 공군은 22명의 전투 조종사를 극동 공군에 파견하여 유엔 공군 작전을 지원하였다. 이들은 자발적으로 지원한 전투 조종사들(volunteer fighter pilots)로 한국에 파견되어 1952년 3월부터 1953년 11월까지 근무했다. 이들은 특별히 김포 기지(K-14)의 미 공군 제4전투요격비행단, 그리고 수원 기지(K-13)의 제51전투요격비행단에 배속되어 비행했다.

캐나다 공군(RCAF)의 CL-13 Sabre(F-86E) 제트기. 미국 North American 항공사의 F-86 Sabre 제트전투기를 캐나다의 Canadair 항공사가 면허 생산했다. (Wikipedia)

그리고 캐나다 공군은 자국 조종사의 전투경험 축적을 위해 한국에서 작전 중인 미 공군 전투비행단에 1~2명을 윤번제로 파견하였다. 이들은 6개월 근무 또는 50회 출격 중에서 먼저 도달하는 기간까지 한국에 있었다. 50회 출격은 일반적으로 3~4개월이 걸렸다. 이들 중 일부는 미그 회랑(MiG Alley) 공중전에서 적기를 격추하는 전과를 올리기도 했다. 이들은 캐나다가 면허 생산한 F-86E Sabre 제트기를 조종했다. 캐나다 공군 조종사의 기록에 의하면, 캐나다 조종사들이 수행한 전투 출격의 20%는 캐나다가 생산한 F-86 Sabre 탑승이었다.

캐나다 조종사들은 대략 900회 전투 출격 임무를 수행했고, 미그기 9대를 격추, 2대는 격추 가능성, 그리고 10대에 피해를 줬다고 주장했다. 그 결과 조종사들은 8개의 미국비행십자훈장(U.S. Distinguished Flying Crosses), 10개의 미공군훈장(U.S. Air Medals)을 수여 받았다. 그리고 이중 (대위)한 명은 유일하게 영연방십자훈장(Commonwealth Distinguished Service Cross)을 2차대전 이후 최초로 수여받았다.

• 비행 간호사(Flight Nurse)

1950년 11월, 첫 번째 캐나다 공군 비행 간호사(flight nurse)가 전쟁에 참여했고, 캐나다 공군 조종사가 미 공군에 교환 근무(exchange duty)를 시작했다.

환자 보살핌 상태를 주시하고 있는 캐나다 공군과 미 공군의 비행 간호 장교들. (캐나다 공군)

캐나다 육군이 참전한 시기는 1951년 2월이었다. 이어서 부상자가 발생하기 시작했다. 전쟁 초기 제426대대는 일부 미국인 부상자들을 후송에 포함하기도 했다. 캐나다 공군의 비행 간호사들은 앨라배마주 건터(Gunter) 미 공군기지에서 이론 및 실무 훈련을 7주간 이수하고 3개월간 남태평양 전역에서 항공의무후송 임무에 투입되었다. 이들은 제1453 의무항공수송대대(1453th Medical Transport Squadron)에서 임무를 수행했다.

비행 간호사들은 미국 및 캐나다 국적 부상병을 일본 하네다(Haneda) 비행장에서 호놀룰루를 거쳐 샌프란시스코 근처 트라비스(Travis) 공군기지로 후송하였다. 캐나다 비행 간호사 참전은 1950년 11월부터 1955년 3월까지 지속되었으며 40명의 비행 간호사가 참여하였다.

캐나다의 국내 환자 수송은 제435항공수송대대가 담당했다. DC-3 Dakota(C-47) 수송기를 보유한 제435대대는 맥코드(McChord) 미 공군기지에서 캐나다를 횡단하여 환자를 공수했다. 어떤 경우에는 제426대대가 이 임무를 수행하기도 했다. 미국 또는 태평양 전역에서 근무한 적이 있는 비행 간호사들이 캐나다 비행기지에 상주했고, 그리고 캐나다 국내의 환자후송비행임무(medical evacuation flights)에 항상 환자와 동행했다.

■ 그밖에 캐나다 육·해·공군의 항공작전 참여

• 그밖에도 캐나다 육군은 공지합동작전 지원을 위해 T-6 Mosquito 공중전방항공통제기(A/FAC)를 보유한 미 공군의 제6149전술항공통제전대(6149th Tactical Air control Group)에 후방석 탑승 통제관 16명 (back-seat forward air controller)을 파견했다.

• 그리고 캐나다 육군은 1952년 Auster Ⅵ 정찰용 경비행기 조종사를 한국에 주둔한 영국 공군에 파견했다. 영국 공군(RAF)는 전쟁 중에 임진강 유역의 포트조지(Fort George) AOP(Air Observation Post) 기지에서 항공정찰 및 감시임무를 수행했다.

영국 공군 제1903비행대의 Auster VI 관측용 경비행기. (캐나다 공군)

영국 공군 AOP 기지. 사진 아래 부분이 활주로다. (한국 공군)

AOP 기지 방호벽 내의 Auster VI. (한국 공군)

- 캐나다 해군(RCN)은 미 해군 오리스카니(USS *Oriskany)* 항공모함이 극동해군의 제77기동부대(TF77)에 배속되었을 때 전투 조종사를 파견했다.

미 해군 F9F Panther가 항모 USS *Oriskany* (CV-34)에 접근하고 있다. (미 해군)

USS *Oriskany*에서 작전을 수행한 캐나다 해군 (RCN)의 Sea Fury 전투기 (캐나다 공군)

■ 한국전쟁에서 활약한 캐나다 생산 항공기들

- 캐나다 공군은 한국전쟁에서 Canadair 항공사가 (미국 Dougls 항공사의 DC-4/C-54를) 면허 생산한 North Stars 여객기를 제426대대가 운용했다.
- 그리고 Canadair 항공사가 면허 생산한 Mk II Sabre (F-86E)의 구형 60대가 미 공군과 함께 비행했다.
- 드하빌랜드 캐나다 (de Havilland Canada)의 DHC-2 Beavers 수륙양용 경비행기 수백 대가 미 육군(L-20으로 알려짐)과 공군에서 활약했다. Beaver 연락기는 1948년 처음으로 18대가 미국으로 수출된 바 있었다. Beaver는 미군에 의해 '나르는 지프(flying jeep)'라는 평가를 받았으며 한국전쟁에서 다목적 능력을

유감없이 발휘했다.

■ 참전 결과

캐나다 드하빌랜드(de Havilland) 항공사의 DHC-2 Beaver Mk1 수륙양용 다목적 경비행기. 미 육군의 L-20 Beaver와 유사하다. (Wikipedia)

전쟁 중 캐나다군은 연간 평균 약 5,000~6,000명의 병력 파견을 유지했다. 정전협정이 체결된 직후인 1953년 7월 31일에도 6,146명이 참전하고 있었다. 캐나다는 3년간의 전투가 끝난 후에도 1957년까지 한반도 평화 유지를 위해 총 27,000명의 인원을 파견했다. 군별로는 육군(Canadian Army)이 23,000명, 해군(RCN)이 3,000명, 그리고 공군(RCAF)이 1,000명이었다.

한국전쟁에서 캐나다 항공인들은 총 2,200회 이상의 전투 임무를 수행했고, 1,500회 이상의 태평양 횡단 왕복 공중수송 작전을 수행했다. 그리고 캐나다 공군의 비행간호사들은 태평양과 캐나다 본토 상공에서 약 250회의 환자 후송 임무에 참여했다.

한국전쟁 참전으로 캐나다 군인 516명이 전사 또는 사망했고 약 1,200여 명이 부상했으며, 33명이 전쟁포로가 되었다. 이들 대부분은 육군이었다. 또한, 행방불명된 육군 16명을 포함한 33명이 무명용사 묘지에 안장되어 있다.

캐나다 참전 용사들은 예상보다 많은 57개의 영연방과 미국의 훈장, 메달, 그리고 표창장을 수여받았다.

[출처]

- 국방부 군사편찬연구소, 『6·25전쟁과 UN군』 서울: 국방부 군사편찬연구소, 2015.
- 공군본부, 『6·25전쟁의 기억: 6·25전쟁의 캐나다 공군』 충북: 대한민국 공군본부, 2010.
- "The RCAF in the Korean War." The RCAF in the Korean War - News Article - Royal Canadian Air Force - Canada.ca.
- "Canadian airmen and airwomen in Korea." Canadian airmen and airwomen in Korea - Royal Canadian Air Force - Canada.ca.
- "RCAF in the Korean War, 1950-1950." https://www.silverhawkauthor.com/post/rcaf-in-the-korean-war-1950-1953.

- "Canadair," https://en.wikipedia.org/wiki/Canadair.

3. 그리스(Greece) 군의 항공작전

■ 그리스 군의 참전 결정과 전개

제2차 세계대전이 종료된 후 그리스는 국내 공산주의자들의 반란으로 수도 아테네를 제외한 대부분 국토를 내어주는 등 1944년부터 1949년까지 내전을 겪어야 하였다.

한국전쟁이 발발하자 그리스 정부는 내란을 수습한 지 1년도 채 못 된 어려운 상황에도 지원군의 파병을 결정하고 이를 유엔에 통보하였다. 이러한 배경에는 그동안 공산주의자들의 만행을 체험한 그리스 국민의 지지가 뒷받침되었다. 1950년 7월 20일 그리스 정부는 C-47 수송기 공군부대 파견을 제의한 후 9월 1일에 1개 보병여단 파병을 추가로 통고하였다.

보병대대는 1950년 11월 16일 미군 수송선으로 출항해 12월 9일 부산 항에 도착하였다. 그리스 대대는 부산에 도착한 후 현지 적응훈련을 마치고 곧바로 미 제1기병사단에 배속되어 1951년 1월 초부터 전투에 참여하였다.

그리스는 한국전쟁 참전 국가 중 5번째로 많은 병력을 파병한 국가였고 유엔군사령부(UNC)에 지원을 약속한 8번째 국가였다. 그리스 원정군(Hellenic Expeditionary Force)은 그리스 공군(RHAF: Royal Hellenic Air Force) 비행편대(Hellenic Flight)와 그리스 육군보병대대(Hellenic Army Infantry Battalion)로 구성되었다.

그리스군의 출정식 사진. (Public Domain)

■ 그리스 공군의 주요 활동

그리스 공군(RHAF)은 C-47 수송기 7대와 장병 67명으로 구성된 제13항공수송편대(the 13th Hellenic Air Force Flight, 이하, 제13편대)를 창설하였다. 이 수송기 편대는 1950년 12월 1일 일본 이타즈케(Itatske) 공군기지(현 후쿠오카 공항)에 도착한 후. 미 제5공군에 배속되었다. 제13편대는 1950년 12월부터 1951년 5월까지 미 공군 제21병력수송대대(the 21st Troop

Carrier Squadron. 이하, 미 공군 제21대대)에 배속되었다. 그리고 1951년 5월부터 1955년 4월까지는 김포 기지(K-14)에서 작전을 수행했다.

• 전반기 작전상황

1950년 12월 1일 60시간의 항해 끝에 일본의 이타즈케 공군기지에 도착한 그리스 공군 제13편대는 미 공군 제315전투공수비행사단 제21대대에 배속되었다. 그리고 12월 3일, C-47 수송기 7대와 함께 한국에 도착해 대구 기지(K-2)에서 작전을 시작했다.

12월 4일, 제13편대는 미 공군 제21대대와 함께 함흥 남쪽 연포 기지(K-27)로 이동한 후, 장진호 전투 당시 하갈우리-고토리 일대에서 위기에 처한 미 제1해병사단에 보급품을 수송하고 전사상자를 후송하는 임무를 수행하였다. 그리고 12월 초, 흥남철수작전을 지원한 후, 수영 기지(K-9)로 이동하였다.

1951년 4월 유엔군 반격에 따라 제13편대는 다시 대구 기지(K-2)로 이동하여 장비 및 보급품과 전사상자를 공수

그리스 공군(RHAF)의 핵심 전력은 Douglas 미 항공사의 C-47 Dakota 수송기(롤스로이스 엔진의 영국형)였으며, 개별 수송기에는 그리스 신화의 여러 신의 이름을 붙여 그리스 공군의 용맹함을 표현하였다. (한국 공군)

했다. 그리고 5월 15일 김포 기지(K-14)로 북진하여 미 공군 제21대대의 통제하에 임무를 계속 수행하였다.

이때 제13편대의 C-47 항공기가 비교적 소형 수송기인 점을 이용하여 협소한 간이 활주로나 연락기용 활주로에 이착륙할 수 있어 격오지에 물자 및 병력을 수송할 경우가 많았다. 따라서 7월 중 제13편대는 아군의 전략적 요충인 서해 백령도 항공수송 작전을 수행하여 병력과 보급품을 지원하였다.

• **후반기 작전상황**

1952년 1월 15일 제13편대는 보다 신속하고 효율적인 지원을 위해 일본 규슈의 후쿠오카 인근 아시야(Ashiya, 芦屋) 기지에서 한국의 서울 여의도 기지(K-16)로 전개하였다. 3월에 접어들자 출격이 증가하여 연말까지 총 899회의 비행실적을 기록하였다.

이 과정에서 제13편대에는 불행한 사고도 있었다. 12월 22일 편대장이 직접 조종하는 수송기가 부상병 6명을 싣고 수원 기지(K-13) 활주로를 이륙하는 순간 미 공군 F-80 제트기와 충돌해 기체가 완파되고 편대장을 비롯한 11명이 전사하였다.

1953년에 들어서도 제13편대는 병력과 장비 및 보급품을 전방으로 계속 공수하였다. 제13편대는 지상 보급이 곤란한 산악지역이나 폭설로 도로가 단절된 지역은 물론이고, 적의 대공포화가 심한 지역에도 과감하게 공수 임무를 수행하였다. 6월 이후 휴전협정 체결이 임박해지면서 적의 공세가 강화됨에 따라 아군의 전사상자도 급증하였다. 따라서 제13편대 활동도 증가했다.

1953년 7월 27일, 휴전이 성립된 이후에도 제13편대는 C-47기 5대로 공수작전을 계속하였다. 그리스 공군의 제13편대는 제1진이 1955년 4월 1일에, 그리고 제2진이 4월 28일에 한국을 떠났다. 그리스 공군 제13편대가 한반도를 떠난 1955년도는 한반도 비무장지대가 안정되던 시기였다.

■ **그리스 군 참전 결과**

그리스 군은 참전 기간 중 약 1,000명 선의 병력 파견을 유지했다. 정전협정이 체결된 직후인 1953년 7월 31일에도 병력 현황은 1,263명이었다. 1개 보병대대와 1개의 수송기 편대를 파견한 그리스는 연인원 4,992명을 한국전선에 주둔시켰다. 그리고 그리스 군은 전쟁 중에 192명이 전사 또는 사망하고 543명이 부상당했으며, 3명이 포로가 되는 인명피해를 입었다.

이 중에서 그리스 공군은 전쟁 기간 중 397명의 연 병력이 참전했다. 그리고 제13편대는 2,983회의 출격으로 13,777시간의 비행시간을 기록하였다. 그 결과 9,000명의 환자 후송과 병력 70,568명 그리고 장비 및 보급품 5,036,913kg을 공수했다. 그러나

그리스 공군 표식의 Douglas C-47A Skytrain/Dakota(DC-3) 2008년 사진. (그리스 공군)

9,240명의 전사상자를 기록했고 2대의 C-47 수송기를 손실했다.

제13비행편대는 1953년 10월에 대한민국대통령부대표창(ROK Presidential Unit Citation)도 받은 바 있었다. 그리고 장진호철수작전에서 미 해병 부상자를 공수한 공로가 인정되어 1954년 7월에 미국대통령부대표창(U.S. Presidential Unit Citation)도 수여받았다.

[출처]

- 국방부 군사편찬연구소, 『6·25전쟁과 UN군』서울: 국방부 군사편찬연구소, 2015.
- 공군본부, 『6·25전쟁의 기억: 6·25전쟁의 그리스 공군』충북: 대한민국 공군본부, 2010.
- "Greece – United Nations Command." United Nations Command 〉Organization 〉Contributors 〉Greece (unc.mil).

4. 태국(Thailand) 군의 항공작전

■ 태국 군의 참전 결정과 전개

한국전쟁이 발발하자 북한의 남침에 대응하여 유엔사무총장이 유엔 회원국에게 한국의 지원을 호소했다. 태국은 아시아 국가 중 가장 먼저 이에 호응한 국가였다. 그러자 미국은 태국에 경제원조와 세계은행의 차관을 약속했다. 또한, 1950년 6월 30일 태국은 자국산 미곡으로 한국에 식량 원조를 하겠다고 유엔에 통고하였다. 그리고 태국은 한국에 4만톤의 쌀을 보냈다. 그리고 태국 정부는 7월 14일 전투부대의 파병을 요청하는 유엔사무총장의 각서를 접수하고 지상군 파견을 결정하였다. 연이어 해군의 파병과 공군의 수송기 비행대대 파병도 결정했다. 이로써 태국은 육·해·공군을 모두 파견한 국가가 되었다.

273

1950년 10월 1일 프리깃함 2척과 수송선 1척으로 편성된 태국 해군부대에 한국 파병 준비 명령이 하달되었고, 해군에 지상군 병력의 해상 수송 임무가 부여되었다. 이에 따라 태국함대는 10월 22일 지상군 1개 대대 병력과 적십자 의무요원들을 태우고 방콕항을 출항하였다.

태국 정부는 지상군과 해군을 파견한 데 이어 1951년 6월 18일 C-47 수송기 3대로 편성된 수송기 비행편대와 외과 의사 2명 및 간호사 3명으로 구성된 항공의무대를 일본 다치카와 (Tachikawa)에 위치한 미 공군 제315비행사단(전투공수)에 파견하여 항공수송 임무를 수행하도록 하였다.

태국의 한국전쟁 유엔 원정군 휘장(emblem). (Public Domain)

■ 태국 공군의 주요 활동

태국 공군(RTAF: Royal Thai Air Force)의 미 더글러스(Douglas) 항공사의 C-47 Skytrain이 한국전쟁에 참전했다. 1951년 6월 18일 C-47 수송기 3대로 편성된 "태국 공군 수송기대대(Transporter Squadron of Royal Thai Air Force)"는 돈무앙(Don Muang) 국제공항을 출발하여 6월 23일 일본의 다치카와 미 공군기지에 도착했다. 그리고 미 제315비행사단(전투공수) 제374병력수송비행단 제21비행대대에 배속되었다. 태국 공군 수송기대대가 도착한 6월의 전황은 매우 유동적이었고, 긴급 보급품과 환자의 후송 작전도 빈번하였다. 따라서 태국 공군 수송기대대는 주로 한국에서 일본으로 중환자들을 후송하는 임무를 수행했다.

당시 미 공군의 C-47은 주로 물자 및 병력수송에 적합한 구조로 병상이나 의료 설비가 탑재되어 있지 않았다. 또한, 미 공군 C-54 수송기도 활주로가 짧은 한국 비행장에서는 운용이 어려웠다. 이에 비해 태국 공군의 C-47은 C-54보다 소형이고 의료장비가 구비되어 있어 긴급 환자 후송 임무를 전담하였다.

태국의 의료지원은 태국 공군 의무 파견대(Thai Air Force Medical Detachment), 적십자사 의료봉사 파견대(Red Cross Medical Service Detachment), 그리고 이동 외과병원(Mobile Surgical Hospital) 인원이 포함되었다.

태국 공군(RTAF)은 한반도에서 다음 3개의 팀을 운영했다.

① 1951년에 총 22명의 연락장교단(Air Liaison Officers Team)을 처음으로 유엔군사령부(UNC)에 파견했다.

② 1950년 12월 26일, 29명의 항공간호단(Air Nursing Team)이 처음으로 임무를 시작해 1974년까지 잔류했다.

③ 총 29개의 태국 공군(RTAF) 공중수송임무팀(airlift mission team)이 한국에서 1951년부터 1971년까지 근무했다.

1952년 지상전이 38선 중심으로 교착되자 태국 공군의 수송기대대도 다른 유엔공군과 함께 전방 지역으로 긴급 물자 수송 임무를 수행했다. 태국 공군은 한국의 대구 기지(K-2), 김포 기지(K-14), 군산 기지(K-8), 김해 기지(K-1) 등에서 임무를 수행했다. 그러나 1952년 5월부터는 그리스 공군이 한국 내에서의 물자 수송을

한국전쟁에 참전했던 태국 공군 C-47 Skytrain 3대 중 한 대인 Tail Number 224354 수송기 사진. (한국 공군)

주로하고, 태국 공군은 일본 내에서의 물자 수송으로 임무를 분담하였다.

1952년 5월 1일 태국 공군은 제1차 교대 장병을 파견하여 최초의 파견병력과 임무를 인수하게 하였다 이후 태국 공군 수송기는 휴전 시까지 일본 내의 각 공군기지 간 병력 및 보급품 공수 임무를 담당하였다. 정전협정 체결 이후에도 태국 공군의 C-47 수송기 3대는 일본 다치카와(Tachikawa) 미 공군기지에 잔류하면서 주요 항로에서 공수 임무를 수행하고 1964년 11월 6일 귀국하였다.

참전 기간 중 태국 수송기대대는 미국 동성무공훈장 3회와 항공훈장 3회, 유엔군사령관 및 태국 정부의 각종 표창을 수여받았다.

■ 참전 결과

참전 기간 중 태국 군의 병력 파견은 약 1,200명 선을 유지했다. 정전협정이 체결된

직후인 1953년 7월 31일의 병력 현황은 1,294명이었다. 1개 보병대대와 3척의 프리깃함 및 수송선 1척, 그리고 1개 수송기대대를 파견한 태국은 전쟁 기간 중 연인원 6,326명을 한국전선에 주둔하였다. 태국 군은 전투를 수행하는 과정에서 129명이 전사 또는 사망하고 1,139명이 부상당했으며, 5명이 실종되는 인명피해를 입었다.

[출처]

- 국방부 군사편찬연구소, 『6·25전쟁과 UN군』 서울: 국방부 군사편찬연구소, 2015.
- 공군본부, 『6·25전쟁의 기억: 6·25전쟁의 태국 공군』 충북: 대한민국 공군본부, 2010.
- Thailand in the Korean War - Wikipedia.
- United Nations Command 〉 Organization 〉 Contributors 〉 Thailand (unc.mil).

5. 남아프리카연방(Union of South Africa)[281] 군의 항공작전

■ 남아연 군대의 참전 결정과 전개

1950년 6월 25일 한국에서 전쟁이 발발한 직후인 6월 27일 유엔안보리가 대한군사원조 결의안을 가결하자, 아프리카 남단에 위치한 남아프리카연방(Union of South Africa, 이하, 남아연)은 1950년 7월 1일 지지성명을 발표하였다. 그러나 남아연 정부는 한국까지의 거리를 고려할 때 현실적이고 효율적인 군사지원은 공군력의 지원이라고 판단하고 1950년 8월 4일 남아연 공군(SAAF: South Afirican Air Force)의 전투비행대대 파병을 결정했다.

당시 남아연 군대는 남아프리카 상비군(South African Permanent Force)으로 해외파병이 불가능하여 한국전쟁 참전은 지원병 형식으로 이루어졌다. 남아연 공군의 파병부대는 남아연 공군의 제2전투비행대대(the SAAF's No. 2 Squadron, 이하, 제2대대)로 장교 49명과 기타 계급 206명으로 구성되었고, 한국전쟁 참전을 위해 일본에 도착한 후에 유엔공군 즉 미 공군의 지휘를 받게 계획했다.

---

281) '남아프리카연방(1910-1961)'은 현재의 '남아프리카공화국(Republic of South Africa)'의 전신이다. 따라서 1950년 한국전쟁 참전 시의 국명은 "남아프리카연방"이어서 본 내용에서는 이를 따라 표기했다.

■ 남아연 공군의 제2전투비행대대: '나르는 치타(Flying Cheetah)'

1950년 8월 초, 남아연 정부가 파병을 결정하자 2차대전 중에 용맹을 떨쳐 '나르는 치타(Flying Cheetah)'라는 별명을 보유한 남아연 공군 제2전투비행대(이하, 제2대대)는 본격적으로 참전 준비에 들어갔다. 그리고 제2대대는 참전 준비를 완료 후, 9월 26일 더반(Durban) 항을 출항해 일본 요코하마(Yokohama)로 향했다.

남아연(SAAF) 제2전투비행대대(2 Squadron) 마크와 마스코트 "Flying Cheetah" (한국 공군)

제2대대는 2차대전 중 동부아프리카, 에티오피아, 이탈리아 및 중동지구 전선의 공중전에서 적기 102대를 격추한 기록을 보유하고 있었다. 이러한 과거 실전 참전 역사로 많은 조종사와 승무원 그리고 지원 요원들이 전투경험을 보유하고 있었다. 당시에 제2대대에는 18명의 장교가 행정직에 있었고, 32명의 조종사 그리고 그 밖의 계급 127명이 대대원으로 구성되었으며 2차대전 에이스 조종사가 대대장으로 전투비행대대를 지휘했다.

남아연 제2대대가 배속될 미 공군 제18전투폭격비행단(18th Fighter Bomber Wing, 이하, 제18비행단)에는 2개의 미 공군 비행대대가 있었다. 그러나 남아연 공군에 대한 미국인들의 최초 반응은 매우 미온적이었다. 그러나 남아연 조종사들의 전투경험과 조종기술을 알고 난 후에 미국인들의 마음은 우호적으로 변했다. 이러한 변화는 남아연 조종사들이 2차대전에서 연합군(주로 영국군)과 함께 싸운 경험으로 형성된 전투능력에 대한 미국인들의 기대이기도 했다. 제2대대는 신임 조종사가 작전에 투입될 경우 전투경험이 있는 조종사와 짝을 이루어 임무를 수행하게 했다. 이러한 배려로 제2대대는 미국인 동료에게 믿음을 줄 수 있었다.

결론적으로 남아연 공군이 파견한 제2대대는 훈련이 잘되고 경험이 풍부한 조종사를 보유하고 있었다. 많은 조종사가 2차대전에 참전해 공중전투, 근접항공지원, 지상 폭격을 경험했었다. 신기술의 새로운 MiG-15 제트기가 등장한 전역에서 남아공 전투비행대대의 최초 전투는 그들의 훈련과 경험을 시험하는 전장이었다.

■ 남아연 공군의 주요 활동

북한의 남침으로 시작된 한국전쟁은 전쟁 초 유엔군이 부산방어선까지 후퇴했었으나 인천상륙작전 성공으로 압록강까지 전진했었다. 그러나 중공군 개입으로 동부와 서부 모든 전선에서 후퇴했다가 다시 38선을 회복했다. 그리고 38도선 부근에서 전선이 교착되었다. 이렇게 전선이 이동함에 따라 유엔 공군도 북으로 이동하여 북한의 비행장에서도 작전을 수행해야만 했다.

따라서 남아연 공군의 제2대대도 부산에 있는 수영 기지(K-9)에서 이륙한 후 임무를 완수하고, 북진하는 지상군을 지원하기 위해 평양(동)의 미림 기지(K-24)에 착륙하기도 했다. 제2대대는 지상군 전선의 이동에 따라 유엔 공군의 일원으로 근접항공지원작전, 정찰, 전투기 호위와 항공후방차단작전 등과 같은 임무를 종전할 때까지 성공적으로 수행했다.

이러한 주요 작전 활동을 전·후반기로 나누어 좀 더 상세히 정리하면 아래와 같다.

• **전반기 작전**

1950년 11월, 제2대대는 일본에 도착하자 미 극동공군에 배속되었고, 11월 4일, 일본의 중부의 존슨 기지[Johnson AFB, Japan, 현 이루마(Iruma, 入間) 항공자위대 기지]에서 간단한 훈련을 시작했다.

11월 6일, 제2대대는 미 공군으로부터 F-51D Mustang 전투폭격기 16대를 인수한 후 기체교육 및 현지 적응훈련에 들어갔다. 11월 15일, 제2대대는 장교 13명과 사병 21명으로 구성된 선발대를 한국의 수영 기지(K-9)로 이동하기 시작하면서 임무를 개시했고, 미 공군 제18비행단의 작전지휘 아래 들어갔다.

11월 16일 제2대대는 F-51D Mustang 전투폭격기 4대로 청천강 북쪽 북한군 병력 집결지 및 야전 보급소를 폭격하였다. 이는 남아연 공군이 한국전쟁에 참전한

전진 기기 지상 주기장의 남아연 공군 F-51D Mustang 사진. 동체에 "나르는 치타(Flying Cheatah)" 표식이 보인다. (한국 공군)

이래 최초의 출격이었다.

1950년 11월 19일 미 공군 제18비행단에 배속되어 북한지역에 대한 폭격 임무를 수행한 남아연 제2대대는 11월 20일 밤 북한지역으로 이동하라는 명령을 받았다. 이는 11월 24일로 계획된 유엔군의 최후공세, 일명 '크리스마스 공세'를 위한 조치의 일환이었다. 제2대대는 11월 22일 평양 미림 기지(K-24)로 이동하여 11월 23일부터 한·중 국경선의 공중초계와 항공후방차단작전을 수행하였다. 미림 비행장은 F-51 전투기의 이착륙을 위해 임시로 복구되었으나 활주로 상태는 여전히 최악이었다. 그 밖에 여러 악조건 하에서도 제2대대는 매일 청천강 북쪽 군우리와 개천 상공으로 출격하여 유엔 지상군의 '크리스마스 공세'를 지원하는 한편, 신의주-신안주 도로를 따라 남하하는 공산군 보급 차량 대열을 폭격하였다.

11월 24일에 중공군의 전쟁 개입으로 유엔 지상군이 후퇴하면서 38도선 북단에 있던 공군 전술부대들이 시차를 두고 남쪽으로 철수하기 시작했다. 제2대대도 12월 2일 평양 미림 기지에서 철수를 개시하여 4일 수원 기지(K-13)에 도착했다. 수원 기지에서 제2대대는 지상군 철수 작전 엄호와 유엔군이 유기한 각종 장비 폭파 임무를 수행하였다.

1950년 12월 13일, 남아연 제2대대는 정식으로 독립 전투비행대대로 임무가 부여됨에 따라 12월 17일에 일본 존슨 기지(Johnson AFB)에 잔류하던 본대가 진해 기지(K-10)로 이동하였다. 이 무렵 청천강을 넘어 평양을 점령한 중공군이 개성-철원까지 진출하자 남아공 제2대대는 연일 개성-평양 상공으로 출격하여 중공군 부대집결지와 수송 차량을 공격하였다.

1951년 1월 4일, 중공군 신정 공세로 수도 서울이 다시 공산군 수중에 넘어가게 되자 수원 기지에 있던 남아연 제2대대 선발대도 본대가 있는 진해 기지(K-10)로 이동하였다. 이로써 남아연 제2대대는 진해 기지를 거점으로 하여 1953년 1월까지 약 2년 동안 항공작전을 전개하게 되었다.

극동공군은 중공군 공세가 둔화하자 적의 병참선 차단에 중점을 두게 되었다. 1951년 1월 19일부터 시작된 극동공군의 항공후방차단작전은 가용전력을 총동원해 북한 서북부와 중부 국경에 이르는 모든 철교와 철도 조차장을 파괴하는 것이었다. 13일 동안 계속된 이 작전에서 남아연 제2대대는 주로 중부 전선의 차단 작전에 참여하였다.

남아연 제2대대는 참전 이후 1951년 1월 말까지 총 출격 868회에 비행시간 총 1,948.20시간을 기록하였다.

1951년 2월 11일, 중공군이 '2월 공세'를 감행하자 유엔 지상군은 지평리-원주선을 확보하고 적의 돌파구를 막기 위해 공군의 집중적인 근접항공지원을 요청하였다. 이에 따라 남아연 제2대대 소속 F-51 전투기는 2월 14일부터 16일까지 미 제5공군의 F-51 10개 편대와 함께 지평리-원주 일대에 기총소사와 폭격을 가해 중공군 공세를 격퇴하는 데 결정적인 역할을 하였다. 그 결과, 2월 27일 대대장을 포함한 5명의 남아연 조종사들이 미국의 공군십자훈장(Distinguished Flying Cross)을 수여받았다.

1951년 4월 23일, 수영 기지(K-9)에서 진해 기지(K-10)로 복귀한 남아공 제2대대는 중공군의 4월 공세 기간 중 임진강과 한강 상공으로 출격하여 적의 공세를 분쇄하는 데 큰 역할을 담당하였다. 참전 후 약 5개월간 '나르는 치타(Flying Cheetah)'로서의 참모습을 발휘한 남아연 제2대대는 극동공군사령관으로부터 감사장을 받았다.

남아연 제2대대는 유엔군이 38도선으로 진출하면서부터 원거리로 출격하는 유엔 공군기를 지원하기 위해 5월 7일 수원 기지(K-13)에 전진기지 요원을 파견하였다. 이로써 남아연 대대는 진해 기지에서 출격한 F-51기들이 수원 기지에서 탄약과 연료를 중간 보급받게 되어 일일 평균 2회의 출격을 더 할 수 있게 되었다.

1951년 7월 8일, 남아연 제2대대는 한국전쟁에 참전한 이래 최초로 MIG-15 제트기와 공중전을 전개하였다. 대대장이 2기 F-51 편대를 이끌고 강동비행장 폭격 임무를 완수하고 복귀하려던 중 갑자기 나타난 4대의 MiG-15와 조우했다. 적기는 남아연 F-51 편대에 공격을 시도했지만 별다른 실효를 얻지 못하자 기수를 북쪽으로 돌렸다.

• 후반기 작전

남아연 제2대대는 1952년 2월 유엔공군의 항공후방차단작전인 '포화(Saturate) 작전'에 참여하여 청천강 북쪽 철로와 교량 폭격 임무를 실시하였다. 이 시기에 제2대대의 F-51 편대가 압록강 남쪽 미그 회랑에서 공중초계 임무를 수행하던 중, 미그기 5대와 우연히 만나 공중전을 벌인 끝에 1대를 격추했다. 그러나 남아연 제2대대 F-51기 1대도 피해를 보았다. 이것은 제2대대로서는 두 번째 미그기와의 공중전이었다.

유엔 공군은 6월 23일에 포화 작전, 적의 산업시설이나 군수공장, 보급품 집적소 등을 중점적으로 폭격하는 '압박(Pressure) 작전'으로 변경하였다. 이에 따라 대대는 함경남도에 있는 북한 제1·제2의 인공호수인 부전호와 장진호를 폭격한 데 이어, 7월 11일에는 길주의 텅스텐 광산과 평양을 폭격하였다. 그리고 연이어 14일에는 함흥 인근의 화학 공장, 29일에는 제2차 평양 폭격에 참여하였다. 이러한 항공후방차단작전은 9월과 10월에도 계속되었다.

1953년 일본의 Tsuiki 공군기지의 남아연 공군 F-86F Sabre. 동체에 "Flying Cheetah" 표식이 보인다. (미 공군)

1953년 1월 2일, 제2대대는 횡성 기지(K-46)에서 오산 기지(K-55)로 이동했다. 그리고 3월 11일 F-86F Sabre 제트기로 기종을 전환한 후 처음으로 압록강 남쪽으로 전투 초계비행 임무를 수행했다. 그리고 5월 1일, 유엔 공군이 평양을 대대적으로 폭격할 때 남아연 제2대대도 함께 출격하였다.

공산군의 7월 공세가 끝나고 휴전회담이 막바지에 이르자 유엔 공군은 휴전이 발효되기 이전에 북한 내 모든 비행장을 사용 못 하게 파괴를 하기로 결정했다. 이에 따라 유엔 공군은 7월 18일부터 10일간 북한의 의주, 평양, 사리원, 원산, 회령, 함흥 비행장 등을 폭격하였다. 제2대대도 신의주 비행장 폭격에 참여하여 6대의 항공기를 파괴했다.

남아연 제2대대는 1953년 7월 27일 밤 출격을 끝으로 한반도에서 항공작전을 종료하였다. 정전협정이 조인되자 남아연 제2대대는 비상대기와 교육 훈련에 주력하다가 9월 7일부터 항공기를 미국에 반납하고 10월 29일 오산 기지(K-55)를 떠났다.

남아연 공군 제2대대의 작전기지 이동 경로

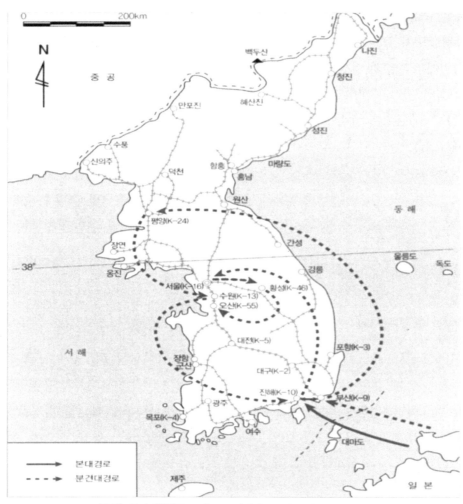

(출처) 군사편찬연구소, 『6·25전쟁과 UN군』 2015, p. 357.

• **참전 결과**

남아연은 1950년 9월 26일부터 1953년 12월 29일까지 참전 기간 중 1개 전투비행대대 병력으로 연인원 총 826명을 파견하고, F-51 Mustang 전투기 95대와 F-86 Sabre 전투기 20대를 운용하여 유엔 공군의 항공작전을 지원하였다. 남아연 제2대대는 참전 기간 중 수영(K-9), 미림(K-24), 수원(K-13), 진해(K-10), 서울(K-16), 횡성(K-46), 오산(K-55) 기지 등 최전방기지에 배치되어 항공후방차단작전과 지상군 근접항공지원은 물론 적진 깊숙한 표적에 대한 전략폭격작전도 수행하였다.

1953년 7월 27일, 전쟁이 끝났을 때 제2대대는 총 12,405회라는 놀라운 출격기록을 수립하였다. 또한, 이러한 출격을 통해 공산군 전차 44대와 야포 221문, 대공포 147문 및 보급품 저장소 500여 개소 등을 파괴 및 파손시키는 전과를 올렸다. 그러나 전쟁 중에 F-51 Mustang 74대를 손실했고 F-86 Sabre도 4대를 잃었다. 그리고 조종사 전사 34명, 포로 8명, 기타 사망 2명이라는 희생을 남겼다.

남아연 제2대대는 이러한 공로로 대한민국 무공훈장 11회와 미국의 은성훈장 2회를 비롯한 각종 훈장 1,109회, 남아프리카 전쟁 기장 7,979회, 유엔 훈장 797회를 수여받았다.

[출처]

- 국방부 군사편찬연구소, 『6·25전쟁과 UN군』 서울: 국방부 군사편찬연구소, 2015.
- 공군본부, 『6·25전쟁의 기억: 6·25전쟁의 남아프리카공화국 공군』 충북: 대한민국 공군본부, 2010.
- South Africa and the Korean War (1950-1953).
  South African Embassy, Seoul (southafrica-embassy.or.kr).
- The South African Air Force in Korea_ an evaluation of 2 Squadron's first combat engagement, 19 November until 2 December 1950.pdf.

6. 영국(United Kingdom) 해군의 항공작전

■ 영국군의 참전 결정과 전개

북한의 남침 소식을 접한 영국(United Kingdom)은 미국에 이어 두 번째로 전투부대를 파견하고, 영연방국가를 비롯한 우방국에 대해 유엔군 창설에 협조하도록 외교적인 노력을 기울였다. 1950년 6월 27일(현지시각) 유엔안보리의 한국에 대한 군사원조 제안에 지지를 표명한 영국은 다음 날 홍콩에 주둔하고 있던 극동함대의 일부 함정을 파견하기로 결정하였다. 이에 따라 영국 해군(Royal Navy)은 6월 29일 경항공모함 1척, 순양함 2척, 구축함 3척 그리고 프리깃함 3척 등 총 8척으로 편성된 함대를 파견하여 미 극동해군사령부 통제 하에 한국해역에서의 해상 작전에 참여하였다.

그리고 영국은 7월 26일 제29보병여단 파병을 결정하고 이를 공식 발표하였다. 이어서 8월 20일에 제29보병여단에 우선하여 홍콩에 주둔 중인 2개 보병대대를 파견하기로 결정하였다. 이는 당시 한반도 전선 상황의 심각성과 이동 거리상의 문제 등을 고려한 조치였다.

영국은 이들 외에도 본국에 대기하고 있던 제41해병독립특공대에서 225명을 선발하여 증강된 중대 규모의 특수임무부대를 편성하여 파견하였다. 이들은 일본에 있는 미 극동해군에 배속되어 미 해병대와 연합으로 공산군의 병참선과 해안선에 대한 기습공격작전 등을 수행하였다. 영국 육군(British Army)은 8월 28일 한국에 도착했다. 또한, 제29보병여단도 10월 초 전투편성이 완료되어 제대 별로 영국에서 출발하였다.[282]

■ 영국 해군 함재기의 항공작전

한편, 영국 해군의 참전은 홍콩에 주둔하던 극동함대(Far East Fleet, Royal Navy)가 미 극동해군 작전지휘 하에 들어가면서 시작되었다. 전쟁이 발발했을 때 영국 해군 극동함대의 제1항모단(1st Aircraft Carrier Squadron)은 일본에서 홍콩으로 항해 중이었으나 다시 일본으로 회항했다. 2차대전 후, 제1항모단은 HMS *Triumph*와 HMS *Unicorn* 항공모함과 그 밖에 여러 전함으로 구성되어 있었다.

영국 함대는 전쟁 기간 중 주로 한반도 서해상에서 작전 활동을 전개하였다. 영국과 호주의 항공모함은 미 해군 항모와 번갈아 가며 한국 서해안에서 작전을 수행했고 미 제7함대 항모는 동해에 머물렀다. 이 기간에 2주 동안 작전을 수행한 후, 일본의 사세보(Sasebo), 구레(Kure) 또는 고베(Kobe)로 돌아와 2주 동안 재보급, 휴식, 그리고 정비를 했다. 특히 영국 함대는 인천상륙작전에서 전과를 올렸고, 계속해서 서해안지역 전략 도서방어에 주력하였다.

정전협정이 체결되자 영국 함대는 서해안 도서 철수 작전을 지원하였다. 그리고 1955년 3월 한국 해군이 서해안 작전 지휘권을 전담함에 따라 영국 함대는 전면적으로 철수하였다.

---

282) 국방부 군사편찬연구소(2015), pp.165-167.

영국 공군(RAF)은 일본 본토 밖의 비행기지에 위치한 선더랜드(Sunderland) 장거리 초계/정찰용 비행정 비행단(a wing of long-range patrol/reconnaissance flying boat bomber)을 파견하여 유엔의 항공작전을 지원했다. 인천상륙작전에는 2개의 선더랜드 비행정(flying boat) 대대가 초계와 정찰에 동참했다.

한국전쟁에는 미국 항공모함 이외에 유엔함대의 일원으로 영국 극동해군의 경항모 6척이 참전하였고, 호주 해군의 항모 HMAS *Sydney*도 미 극동해군 TF77의 작전 통제 아래 한국전쟁에서 임무를 수행했다.

■ 영국 해군 항공모함

미 해군 항모에 대해서는 앞(부록 II)에서 설명하였고, 호주 항모 HMAS *Sydney*도 앞의 호주 군 항공작전에서 요약하여 소개한 바 있었다. 따라서 여기에서는 영국 해군 항모에 탑재했던 전투기를 먼저 설명하고, 전쟁 기간 중 순차적으로 참전한 영국 해군의 극동함대 항공모함 6척의 활약을 다음 순서로 간략히 소개하려고 한다.

① HMS *Triumph* ② HMS *Ocean* ③ HMS *Theseus*
④ HMS *Glory* ⑤ HMS *Unicorn* ⑥ HMS *Warrior*

[# HMS: Her Majesty's Ship, •HMAS: His Majesty's Australia Ship,]

참고: 영국 해군 항공모함 탑재 전투기

영국 해군 항공모함의 함재기로 주요 전투기는 아래와 같았다.

∘ Firefly는 제2차 세계대전 후반에 등장한 영국 해군의 복좌 프로펠러 함재기로 전투기, 공격기, 정찰기로 운용되었다. 영국 Fairey 항공사에서 개발했으며 1943년 후반부터 실전에 투입되었다. (Wikipedia)
∘ Seafire는 영국 Supermarine 항공사가 제작한 단발 프로펠러 단좌 함재기로 영국 공군 Spitfire의 함재기 파생형이다. 1942년부터 영국 해군에서 운용했다.

한국전쟁에서는 영국 항공모함 HMS *Triumph*에서 1950년 9월까지 운용했다. (Wikipedia)

◦ Sea Fury는 영국 Hawker 항공사가 제작한 전투기로 영국 해군의 마지막 프로펠러 전투기이다. 이 전투기는 2차대전 중에 개발되어 종전 2년 후에 실전에 배치되었고, 영국 해군 항공모함을 비롯한 많은 국가에서 대지 공격기로 운용되었다. 한국전쟁에는 영국 및 호주 항모의 함재기로 참전했다. (Wikipedia)

영국 Fairey 항공사의 Firefly 함재기. (NAVER) | 영국 Supermarine 항공사의 Seafire 함재기. (NAVER) | 영국 Hawker 항공사의 Sea Fury 함재기. (Public Domain)

① 영국 해군 경항모 트라이엄프(HMS *Triumph*, R16)

트라이엄프(HMS *Triumph*, R16)는 영국 해군의 콜로서스급(Royal Navy Colossus-class) 경항공모함이다. 콜로서스급은 10척이 건조되었으며, 트라이엄프는 9번째 함이다. 영국 해군 항공모함은 6척이 한국전쟁에 참전했다. 트라이엄프는 개전 초기 1950년 6월 30일, TF77에 소속되어 최초로 작전에 합류했다. 트라이엄프는 만재배수량 2만톤으로 한국의 독도함과 유사했다.

1950년 3월, 훈련을 위해 필리핀 수빅만을 출항하는 영국 항모 HMS *Triumph* 갑판 위에 Seafire(앞), Firefly(뒤) 함재기가 보인다. (Wikipedia)

참고: 콜로서스급(Royal Navy Colossus-class) 경항공모함

- 영국의 콜로세스급(Colossus class) 경항모는 '1942년 설계 경항공모함(1942 Design Light Fleet Carrier)' 또는, '영국 경항모(British Light Fleet Carrier)' 라고 한다.

- 이 항공모함은 경항모이긴 하지만 건조 비용 제한으로 호위 항모 수준의 성능만 구비했다. 그리고 설계와 제작도 모두 민간 조선소에서 시행했다. 1942년과 1943 사이에 16척의 Colossus class 항모를 주문하였으나 8척만이 Colossus class로 건조되었다. 나머지 5척은 정상 항모 크기인 Majestic class 항공모함으로 설계 변경 후 1961년까지 건조되어 2001년까지 운용되었다. 그리고 2척은 정비 항모 로 제작되었고, 1척은 취소되었다.

- 영국의 경항공모함은 2차대전 중 영국 해군(Royal Navy) 용으로 건조되어 1944 년에서 2001년 사이에 8개국(영국, 알젠틴, 호주, 브라질, 캐나다, 프랑스, 인도, 네덜란드) 해군에 취역하였다.

- 한국전쟁에 참전한 영국의 HMS *Glory, Ocean, Triumph, Theseus, Warrior*는 콜로세스급(Colossus class) 경항모였고, 호주의 HMAS *Sydney*는 마제스틱급 (Majestic class) 항모였다.

- 일반제원: 배수량(기준: 13,200톤/만재: 18,000톤), 길이(210m), 속도(25kts), 승무원(1,050명), 함재기는 최대 52대(초기에는 52대의 프로펠러기를 탑재했으 나, 후기에는 21대의 제트기)를 탑재했다.

● 한국전쟁

1950년 6월, 트라이엄프는 영국 극동함대의 일원으로 일본으로 항진 중에 홍콩 근해에서 한국전쟁 발발 소식에 접하고 전투 준비를 시작했다. 그리고 다음 날 미군 기지였던 일본 오키나와(Okinawa)에서 연료 보급을 받고 한반도 서해로 향했다.

트라이엄프는 당시 극동에 있는 영국의 유일한 항모로 전쟁 초기에 큰 역할을 했다. 미 함대와 합류 후에 트라이엄프 항모비행전대의 프로펠러 전투기 Firefly와 Seafire(영 국 공군 Spitfire의 함재기 파생형)는 1950년 7월 3일 미 해군 밸리포지(USS *Valley Forge*) 항공모함과 함께 평양과 해주 비행장을 폭격했다. 이는 전쟁 중 최초로 실시한

항공모함 함재기의 북한 표적 공격이었다. [본문 참조]

그 후 7월과 8월에 일본에서 재보급을 받고 TF77의 작전 통제 아래 서해와 동해를 항해하면서 함재기들은 전투 초계(CAP)와 대잠작전, 그리고 서해안의 사진정찰 임무를 수행했다. 그 외에도 북한 연안으로 출동하여 북한의 소형 포함을 격침하거나 지상의 연료 탱크 등을 파괴하여 북한군을 교란했다.

1950년 9월에는 인천상륙작전에도 참여했다. 인천상륙작전 실시 전의 양동작전으로, 9월 5일, 공군 폭격기들이 군산항으로 연결되는 도로와 교량을 폭격하기 시작했다. 이 작전에 트라이엄프의 함재기들도 합세했다. 그리고 9월 8일, 트라이엄프는 동해로 이동하여 원산 부근 양동작전에도 합류했다.

9월 12일, 트라이엄프는 인천상륙작전에 참여하기 위해 영국 해군 구축함들과 함께 일본 사세보(Sasebo) 항을 출항했다. 그러나 상륙작전의 비밀을 유지하기 위해 당시 함정 승무원들은 목적지를 알지 못한 채 출발했다. 트라이엄프의 함재기들(Seafire, Firefly)은 상륙작전 개시 수일 간 공격기 보호를 위한 공중엄호 임무를 수행했다. 그리고 영국 공군의 2개 Sunderland 비행정 대대도 초계와 정찰에 동참했다.

상륙 후에 트라이엄프는 대잠 초계임무를 수행하고 함재기들은 항공후방차단작전과 북한 표적 탐지작전(spotting operations)을 수행했다. 특히 표적 탐지작전에서 Firefly 함재기들은 북한군의 무기 은익처(hidden cache of weapons)를 발견하여 폭격했다. 이 작전은 대단히 성공적이었다.

인천상륙작전 후 1950년 9월 21일 트라이엄프는 수리를 위해 일본 사세보 항(Sasebo)에 입항했다. 그리고 9월 25일 홍콩으로 출발했다. 트라이엄프의 임무는 영국 항모 테세우스(HMS *Theseus*)가 대체했다.

● **일반제원**

- 함급: 영국 콜로서스급 (Royal Navy Colossus-class) 경항모
- 진수: 1944년 11월　　• 취역: 1946년 5월　　• 폐함: 1981년(스페인)
- 배수량: (standard) 13,350톤
- 전장: 212m　　• 선폭: 24m　　• 흘수: 7.2m
- 추진: 2xParsons geared 스팀 터빈
　　　　4xAdmiralty 3-drum 보일러 40,000shp

- 속도: 25노트 (46 km/h) • 항속거리: 12,000해리 (22,000 km)
- 승조원: 1,300명   • 함재기: 48대

② 영국 해군 경항모 오션(HMS *Ocean*, R68)

항모 오션(HMS *Ocean*)은 1945년 8월에 취역한 영국 해군의 콜로서스급 경항공모함(Royal Navy Colossus-class light fleet aircraft carrier)이다. 콜로서스급은 10척(이 중에서 2척은 정비 항모)이 건조되었으며, 오션은 3번 함이었다.

콜로서스급은 영국 해군의 작전 요구를 맞추기 위해 신속히 건조한 비교적 소형 항모로 해군 표준 항모라기보다는 경제성을 고려한 소형 항모였다. 따라서 자체 보호 무기와 장거리 대공포는 장착되지 않았다.

오션은 1945년 8월 취역 후, 시험운항을 마치고 지중해 함대(Mediterranean Fleet)에 배속되었다. 그리고 1946년에는 병력 수송함, 소방함, 병원선 지원함으로 운용되다가, 1948년에는 팔레스타인(Palestine) 철수 작전에서 영국 병력 후송을 지원하기도 했다.

오션은 1952년과 1953년 2차례 한국에 전개했었다. 그리고 1954년 8월 수에즈 운하 사건(Suez Crisis)에도 참여하다가, 1958년에 예비함으로 분류되었고 1962년에 폐기되었다.

1952년 한국해역에서 영국 경순양함 HMS *Belfast*와 함께 항해하고 있는 영국 해군 경항모 HMS *Ocean*. (Wikipedia)

한국과 일본 사이의 해협을 통과하는 영국 해군 경항모 HMS *Ocean*. (Wikipedia)

참고: 콜로서스급(Royal Navy Colossus-class) 경항공모함

- 영국의 콜로세스급(Colossus class) 경항모는 '1942년 설계 경항공모함(1942 Design Light Fleet Carrier)' 또는, '영국 경항모(British Light Fleet Carrier)'

라고 한다.

- 이 항공모함은 경항모이긴 하지만 건조 비용 제한으로 호위 항모 수준의 성능만 구비했다. 그리고 설계와 제작도 모두 민간 조선소에서 시행했다. 1942년과 1943 사이에 16척의 Colossus class 항모를 주문하였으나 8척만이 Colossus class로 건조되었다. 나머지 5척은 정상 항모 크기인 Majestic class 항공모함으로 설계 변경 후 1961년까지 건조되어 2001년까지 운용되었다. 그리고 2척은 정비 항모로 제작되었고, 1척은 취소되었다.

- 영국의 경항공모함은 2차대전 중 영국 해군(Royal Navy) 용으로 건조되어 1944 년에서 2001년 사이에 8개국(영국, 알젠틴, 호주, 브라질, 캐나다, 프랑스, 인도, 네덜란드) 해군에 취역하였다.

- 한국전쟁에 참전한 영국의 HMS *Glory*, *Ocean*, *Triumph*, *Theseus*, *Warrior*는 콜로세스급(Colossus class) 경항모였고, 호주의 HMAS *Sydney*는 마제스틱급 (Majestic class) 항모였다.

- 일반제원: 배수량(기준: 13,200톤/만재: 18,000톤), 길이(210m), 속도(25kts), 승무원(1,050명), 함재기(최대 52대로 초기에는 52대의 프로펠러기를 탑재했으나 후기에는 21대의 제트기를 탑재했다.

● **한국전쟁**

오션은 1952년 5월부터 10월까지, 그리고 1953년 5월부터 11월까지 2차례 한국 전쟁에 참전했다. 1952년 7월에는 평양 인근의 표적을 차단하는 'Pressure Pump 작전'에 참여했다. 그리고 8월에는 오션 항모에서 출격한 영국 Hawker 항공사의 Sea Fury가 MiG-15와 공중전에서 1대를 격추하기도 했다.

오션은 주로 해주에서 남서쪽으로 60마일 떨어진 서해 해상에 위치해 임무를 수행 했다. 주요 임무는 서해 도서방어로 해안의 적을 제압하는 근접항공지원작전, 그리고 북한의 도로, 교량, 물자 집적소를 임의로 공격하는 무장정찰 임무가 대부분이었다. 그러나 간헐적으로 서울 북동부의 영연방 사단과 미 해병 여단을 위한 근접항공지원 작전을 수행했다.

● **일반제원**

- 함급: 영국 콜로서스급 (Royal Navy Colossus-class) 경항모
- 진수: 1944년 7월   • 취역: 1945년 8월   • 퇴역: 1960년
- 폐함: 1962년
- 배수량: (standard) 13,350ton, (full load) 18,000ton
- 전장: 190m   • 선폭: 24m   • 흘수: 5.64m
- 추진: 2x Parsons geared 스팀 터빈, 4×Admiralty 3-drum 보일러, 40,000shp
- 속도: 25노트 (46 km/h)
- 항속거리: 12,000해리 (22,000 km) at 14kts
- 승조원: 1,300명   • 함재기: Seafire, Firefly 등 48대

③ 영국 해군 경항모 테세우스(HMS *Theseus*, R64)

항모 테세우스(HMS *Theseus*, R64)는 1944년 7월에 취역한 영국 해군의 콜로서스급 경항공모함(Royal Navy Colossus-class light fleet aircraft carrier)이다. 콜로

서스급은 10척(이중 2척은 정비 항모)이 건조되었으며, 테세우스는 8번째 항공모함이었다. 함정 명칭은 그리스 신화의 영웅 Theseus에서 유래했다.

테세우스는 2차대전 참전을 위해 건조되었으나 1946년 1월에 취역하였다. 취역이후 한국전쟁 발발 이전까지는 훈련함으로 운용되다가 극동 배치를 위해 시험운항과 추가 정비를 완료한 후 싱가포르에 주둔한

1944년 영국 해군 경항모 HMS *Theseus*의 후미 모습. (Google)

영국 태평양 함대(British Pacific Fleet)에 합류해 1947년에 항모비행대대(Aircraft Carrier Squadron)의 기함이 되었다.

그리고 한국전쟁 참전 후, 1952년 본국 함대(Home Fleet)에 합류하여 지중해에서 NATO 훈련 등에 참여했다. 그리고 1953년에 엘리자베스 2세 대관식의 관함식(Fleet Review)에도 참여했다. 1956년 수에즈 위기(Suez Crisis)에는 영국 경항모 HMS

*Ocean*과 함께 특공대 수송 임무에 참여하기도 했고 그 후 예비함으로 분류되었다가 1962년 5월 폐함되었다.

참고: 콜로서스급(Royal Navy Colossus-class) 경항공모함

- 영국의 콜로세스급(Colossus class) 경항모는 '1942년 설계 경항공모함(1942 Design Light Fleet Carrier)' 또는, '영국 경항모(British Light Fleet Carrier) 라고 한다.

- 이 항공모함은 경항모이긴 하지만 건조 비용 제한으로 호위 항모 수준의 성능만 구비했다. 그리고 설계와 제작도 모두 민간 조선소에서 시행했다. 1942년과 1943 사이에 16척의 Colossus class 항모를 주문하였으나 8척만이 Colossus class로 건조되었다. 나머지 5척은 정상 항모 크기인 Majestic class 항공모함으로 설계 변경 후 1961년까지 건조되어 2001년까지 운용되었다. 그리고 2척은 정비 항모 로 제작되었고, 1척은 취소되었다.

- 영국의 경항공모함은 세계 제2차대전 중 영국 해군(Royal Navy) 용으로 건조되어 1944년에서 2001년 사이에 8개국(영국, 알젠틴, 호주, 브라질, 캐나다, 프랑스, 인도, 네덜란드) 해군에 취역하였다.

- 한국전쟁에 참전한 영국의 HMS *Glory, Ocean, Triumph, Theseus, Warrior*는 콜로세스급Colossus class) 경항모였고, 호주의 HMAS *Sydney*는 마제스틱급 (Majestic class) 항모였다.

- 일반제원 : 배수량(기준: 13,200톤/만재: 18,000톤), 길이(210m), 속도(25kts), 승무원(1,050명), 함재기(최대 52대로 초기에는 52대의 프로펠러 항공기를 탑재 했으나, 후기에는 21대의 제트기를 탑재했다.

● 한국전쟁

1950년 한국전쟁 초기에 테세우스는 정상적인 항모 작전을 위해 한국에 전개했 다. 1차 출동에서 서해안 남포시의 방공망 제압(SEAD: Suppression of Enemy Air Defenses)과 통신망 파괴 임무를 수행했다. 2차 출동 시에는 전투공중초계 (CAP: Combat Air Patrol)에만 참여했다. 이유는 항모의 사출기(aircraft catapult) 고장으로 이륙 중량이 제한되어 전투기에 로켓과 폭탄을 장착할 수 없었기 때문이었다.

3차 출동은 영연방(Commonwealth) 해군과 연합작전 임무였다. 따라서 일본 사세보(Sasebo)에 주둔한 영연방 함정과 합류하여 함재기들은 교량 폭파, 북한군 공격 등의 임무를 성공적으로 수행했다. 주로 남포시 부근에서 작전을 수행했다.

1950년 12월 4차 출동에서는 북한의 표적을 찾아 지상의 적 차량을 공격했고, 유엔 지상군을 근접항공지원했다. 그리고 중공군이 전쟁에 개입하자 함재기의 표적은 지상의 중공군이 되었다. 테세우스는 4차에 걸친 출동에서 함재기는 1,630 비행시간과 1,400발의 로켓을 발사를 기록했다.

1951년 영국 경항모 테세우스(HMS *Theseus*)가 한국에 출동했다가 일본 사세보(Sasebo) 항으로 귀환하고 있다. (Wikipedia)

1951년 1월 5일 시작된 제5차 출동에서는 오산 남쪽에서 전투 중인 미 제25사단을 지원했다. 1월 15일 테세우스는 1,000회 무사고 착륙 기록을 수립했다. 테세우스 항모전대(CAG)의 조종사와 승무원에게는 처음 수립한 작전 기록이었다.

제6차 출동은 1951년 1월 말에 시작되었는데, 여러 가지 크고 작은 사고가 발생했다. 함재기 한 대가 조종 불능 상태에 돌입하여 바다에 추락한 사고에 이어, 또 다른 함재기 한 대가 동두천 상공에서 적의 대공포에 피격되어 계곡에 불시착했다. 헬기가 출동해 구조할 때 테세우스의 함재기가 구조작전 상공에서 초계작전을 수행했다. 그리고 2월 2일에는 Sea Fury 한 대가 착륙 중, 바퀴의 타이어가 터져 항공기 동체에 손상을 가져왔다. 이로써 무사고 착륙은 1,463회에서 끝났다.

제7차 출동은 Firefly 전투기 편대가 무장 정찰 임무 중에 공중에서 폭탄 투하 실패로 치명적인 손상을 입고 귀환하는 사고로 시작했다. 이러한 유사한 사고는 원주 지역에서 미군에 대한 근접항공작전에서도 있었다.

1951년 3월, 8차 출동 시에는 서해 진남포 지역 초계를 다시 시작했다. 테세우스의 함재기들이 모함으로 귀환 중 2회의 항공기 추락이 발생했다. 첫 번째 사고에서는 사상자가 없었으나 두 번째에는 있었다.

제9차 출동은 1951년 3월 24일 수원(Suwon) 상공에서 적 항공기 격추로 시작했다. 무장 정찰과 근접항공지원작전이 계속되었고 적 함정 6척을 공격했다.

테세우스의 제10차 출동은 1951년 4월 8일, 동해에서 미 항모 USS *Bataan* 그리고 연합국 전함들과 함께 시작했다. 4월 10일 Sea Fury 2대가 미군 Corsair 전투기의 공격을 받은 오인사격(friendly fire) 사고가 발생했다. Sea Fury 1대가 심각한 손상을 입었다. 다행히 다른 1대는 회피기동으로 피해를 보지 않았다. 또 다른 Sea Fury 2대가 근처에서 무장정찰 임무를 수행하다가 도움 요청을 받고, 오인 사고지역에 접근하던 도중에, 대공포로 1대가 격추되고 조종사는 포로로 잡혔다. 다른 1대는 격추된 항공기를 탐색하다가 역시 적의 대공포에 격추되었으나 조종사는 포로가 되지 않고 탈출했다.

1956년 수에즈 위기에서 영국 특공대 헬기 공수작전에 참여한 영국 항모 테세우스(HMS *Theseus* R64). (Google)

그 외에 2대가 또 격추되었다. 대공포에 피격된 첫 번째 항공기는 테세우스에서 40마일 지점의 바다 위에 착수했고, 바로 헬기에 의해 구조되었다. 역시 대공포에 피격된 두 번째 항공기는 논에 불시착한 후, 물 없는 마른 강으로 미끄러져 들어갔다. 그러나 지상의 북한군으로부터 총격을 받는 상황이었다. 테세우스의 함재기들이 구조작전을 위한 항공 초계작전을 수행했다. 한편 Sea fury 2대가 구조 헬기를 엄호하면서 조종사가 추락한 지점 상공으로 이동했다. 그리고 38분 후에 중상을 입은 조종사를 구출했다. 그 후에도 테세우스 함재기들은 북한지역 표적을 지속적으로 공격했다. 그 후 1952년 1월 15일 미 항모 USS *Bataan*이 귀환하게 되어 미 해군과 영국 해군 간의 연합작전(allied task force operations)은 종료되었으나 테세우스는 서해에서 임무를 계속 수행했다. 이즈음 테세우스의 함재기 1대가 엔진 결함으로 해상에 불시착(ditch)하는 사고가 있었다. 조종사는 55분 동안 험한 파도를 견디어 내었고 구조되었다.

이틀 후 테세우스의 임무는 종료되었고 자매함인 USS *Glory*와 임무를 교대하고 본국으로 귀환했다. 그 후에 1956년 수에즈 위기(Suez Crisis) 시에 영국 경항모 HMS *Ocean*과 함께 특공대 헬기 공수 임무에 참여하기도 하다가 그 후 예비함으로 분류되었다가 1962년 5월 폐함되었다.

● **일반제원**

- 함급: 영국 콜로서스급 (Royal Navy Colossus-class) 경항모
- 진수: 1944년 7월　　• 취역: 1946년 1월
- 퇴역: 1960년　　　　• 폐함: 1962년
- 배수량: (기준) 13,400톤, (만재) 18,000톤
- 전장: 212m　　　　• 선폭: 24m　　　　• 흘수: 7.2m
- 추진: 4x Parsons geared 스팀 터빈, 4×Admiralty 3-drum 보일러
- 속도: 25노트 (46 km/h) • 항속거리: 12,000해리 (22,000 km) at 14kts
- 승조원: 1,300명 • 함재기: 48대 (Seafire, Firefly, Sea Fury 등)

④ **영국 해군 경항모 글로리(HMS *Glory*, R62)**

　항모 글로리(HMS *Glory* R62)는 1945년 4월 취역한 영국 해군의 콜로서스급 경항 공모함(Royal Navy Colossus-class light fleet aircraft carrier)이다. 글로리는 영국 이 건조한 콜로서스 급 10척 (이 중 2척은 정비 항모) 중, 2번째 함이다.

　글로리는 1943년 11월 진수해, 1945년 4월 취역했다. 취역 후에 Corsair 비행전대 를 탑재하고 태평양 전역을 향해 출발했으나, 전쟁이 종료되어 감에 따라 호주 시드니 (Sydney)의 영국태평양함대(British Pacific Fleet)에 합류했다. 그리고 홍콩 수복(the retaking of Hong Kong), 그리고 호주와 캐나다 영연방 병력의 자국 귀환을 지원했다.

1946년 영국 해군 경항모 HMS *Glory*. (Wikipedia)

　그 후에 글로리는 영국 극동함대 에 배치되어 있다가 1947년 영국으 로 귀환 후 예비함으로 분류되었으 나 1949년 11월 예비역에서 다시 현역 복귀했다. 그리고 1년 후인 1950년 12월에는 완전한 작전 가능 상태로 다시 환원되었다.

참고: 콜로서스급(Royal Navy Colossus-class) 경항공모함

- 영국의 콜로세스급(Colossus class) 경항모는 '1942년 설계 경항공모함(1942 Design Light Fleet Carrier)' 또는, '영국 경항모(British Light Fleet Carrier)' 라고 한다.
- 이 항공모함은 경항모이긴 하지만 건조 비용 제한으로 호위 항모 수준의 성능만 구비했다. 그리고 설계와 제작도 모두 민간 조선소에서 시행했다. 1942년과 1943 사이에 16척의 Colossus class 항모를 주문하였으나 8척만이 Colossus class로 건조되었다. 나머지 5척은 정상 항모 크기인 Majestic class 항공모함으로 설계 변경 후 1961년까지 건조되어 2001년까지 운용되었다. 그리고 2척은 정비 항모로 제작되었고, 1척은 취소되었다.
- 영국의 경항공모함은 세계 제2차대전 중 영국 해군(Royal Navy) 용으로 건조되어 1944년에서 2001년 사이에 8개국(영국, 알젠틴, 호주, 브라질, 캐나다, 프랑스, 인도, 네덜란드) 해군에 취역하였다.
- 한국전쟁에 참전한 영국의 HMS *Glory, Ocean, Triumph, Theseus, Warrior*는 콜로세스급(Colossus class) 경항모였고, 호주의 HMAS *Sydney*는 마제스틱급(Majestic class) 항모였다.
- 일반제원: 배수량(기준: 13,200톤/만재: 18,000톤), 길이(210m), 속도(25kts), 승무원(1,050명), 함재기(최대 52대로 초기에는 52대의 프로펠러기를 탑재했으나, 후기에는 21대의 제트기를 탑재했다.

글로리는 완전히 작전 가능 상태로 환원되자 3차에 걸쳐 한국전쟁에 전개했었다. 1차는 1951년 4월에서 9월까지였고, 2차는 1952년 1월에서 5월에서 5월까지였다. 그리고 3차는 1952년 11월에서 1953년 5월까지였다. 글로리는 3차례에 걸친 한국전쟁 전개에서 Firefly와 Sea Fury 전투기를 운용하여 유엔 지상군에게 강력한 근접항공지원을 제공했다.

한국전쟁에서 임무를 수행한 후에 글로리는 1954년 선박수송(vessel ferry), 병력수송(troop carrier), 헬기 항모로 전환한 후에 1956년 취역을 마치고 예비 전력으로 분류되었다가 1961년 폐기되었다.

- **일반제원**
  - 함급: 영국 콜로서스급 (Royal Navy Colossus-class) 경항모
  - 진수: 1943년 11월 • 취역: 1945년 4월
  - 퇴역: 1956년 • 폐함: 1961년
  - 배수량: (기준) 13,190 long ton/13,400 short ton
  - 전장: 212m • 선폭: 24m
  - 흘수: 7.16m
  - 추진: 2x Parsons geared 스팀 터빈, 4×Admiralty 3-drum 보일러, 40,000shp.
  - 속도: 25노트 (46km/h) • 항속거리: 12,000해리 (22,000km) at 14kts
  - 승조원: 1,300명 • 함재기: 48대 (Seafire, Firefly, 등)

1951년 한반도 연안의 영국 해군 경항모 HMS *Glory*. (Wikipedia)

⑤ **영국 해군 지원 경항모 유니콘(HMS *Unicorn*, I72)**

항모 유니콘(HMS *Unicorn*, I72)은 1930년대 말 영국 공군의 항공기 정비함 (maintenance aircraft carrier)인 동시에 경항공모함(light aircraft carrier)으로 2차대전 중에 건조가 시작되어 1941년 11월 진수/취역했으나 항모 건조가 완료된 시기는 1943년 3월이었다.

취역 후 1943년에는 이탈리아 지역의 상륙작전에서 공중 엄호를 지원했고 그해 말에는 인도양의 동부함대(Eastern Fleet)로 이전되어 1944년 영국태평양함대(BPF: British Pacific Fleet)가 조직될 때까지 항모의 작전을 지원했다.

1945년 초에는 영국태평양함대(BPF) 지원을 위해 호주로 이동하기도 했고 5월에는 연합군의 오키나와 침공 작전(Allied Invasion of Okinawa)을 지원했다. 그리고 유니콘은 BPF 항공모함의 항공기 지원과 수리 시간을 절약하기 위해 1945년 8월 일본이 항복할 때까지 뉴기니와 필리핀에 전개 기지를 두고 지원을 했었다.

그 후 유니콘은 1946년 1월 영국으로 귀환하여 퇴역한 후 예비함으로 분류되었다. 그러나 종전 후 동부함대가 극동함대(Far East Fleet)로 재편성되자 1949년 극동함대 의 경항공모함 HMS *Triumph*를 지원하기 위해 재취역했다.

한국전쟁 참전 후 유니콘은 1953년 영국으로 귀환했고 그 후 예비함으로 분류되었다가 1958년에 폐기되었다.

1950년 일본 사세보(Sasebo) 항에 정박중인 유엔군 함정들. 맨 앞이 HMS *Unicorn*(I72)이고 3번째가 미 항모 USS *Valley Forge* (CV-45), 4번째가 USS *Leyte* (CV-32)다. (Wikipedia)

1951년 한국 임무를 마치고 일본 사세보항에 정박 중인 영국 해군 항공기 정비 항공모함(Aircraft Maintenance Carrier HMS *Unicorn*, I72). (Wikipedia)

● **한국전쟁**

1950년 한국전쟁이 시작되었을 때, 유니콘은 싱가포르에서 정비 요원들을 비롯하여 항공기와 부품을 하역하고 있었다. 영국으로 귀환 후, 예비함으로 분류될 준비를 위해서였다.

그러나 한국에서 전쟁이 발발하자 영국 해군본부는 유니콘에게 한국에서 작전 중인 영국 해군과 영연방 항공모함을 지원할 것을 명령했다. 따라서 유니콘은 대체 항공기와 보급품을 운송하는 보급 항모(replenishment carrier) 임무를 수행하게 되었다. 이에 따라서 유니콘은 전쟁 기간 중 영연방 작전(Commonwealth operations) 지원을 위해 항공기, 병력, 장비와 물자를 수송하는 임무를 주로 담당했다.

1950년 7월 11일, 유니콘은 싱가포르를 출항해 20일 일본 사세보(Sasebo) 항에 도착했다. 그리고 영국 해군 HMS *Triumph* 항모에 Seafire 7대와 Firefly 5대를 인계했다. 그리고 8월에는 영국 육군 Middlesex 연대 제1대대, 그리고 제27여단을 홍콩에서 부산으로 수송했다. 그리고 12월에는 400명의 병력, 그리고 항공기와 관련 부품 및 장비를 수송했다. 수송 임무 항해 중에는 함재기 조종사의 항모 착륙 연습

(deck-landing practice)을 하기도 했다.

그리고 1951년 3월에는 호주공군(RAAF)의 Meteor 전투기를 일본 이와쿠니(Iwakuni)로 수송했다. 7월에는 HMS *Ocean* 항공모함이 작전 중일 때 비상에 처한 함재기의 착륙을 위해 예비 착륙 항모(spare flight deck) 역할도 했다. 9월에 유니콘은 HMS *Ocean* 항모로부터 Sea Fury 전투기 4대를 빌려 HMS *Ocean* 함재기들이 지상 폭격 임무를 하는 동안 전투 초계(CAP) 임무를 수행한 적도 있었다.

한국전쟁에서 항모 유니콘의 임무 중에 흥미로운 작전이 있었다. 유니콘은 해안감시 요원(coastwatchers)의 정보를 이용하여 항모에 장착된 포로 해안을 포격했다. 유니콘은 전쟁 중에 이런 작전을 수행한 유일한 항공모함이기도 했다.

1953년 7월 정전협정이 조인된 후, 7월과 8월에도 유니콘은 HMS *Ocean*과 함께 휴전을 감시하기 위해 북한지역에 대한 초계 임무를 수행했다. 그리고 10월에 귀국길에 올라 11월에 영국에 도착했다. 그 후 다시 예비함으로 분류되었다가 1958년 폐기 함정 명단에 수록되었고 1959년 고철로 판매되었다.

● **일반제원**
- 함급: 항공기 정비 항공모함(Maintenance aircraft carrier), 경항공모함
- 주문(order): 1939년 4월   • 진수: 1941년 11월
- 취역: 1941년 11월 (1943년 3월 완성)   • 퇴역: 1946년 1월
- 재취역: 1949년 중반
- 퇴역: 1953년 11월   • 폐함: 1959년
- 배수량: (standard) 16,510 long ton/16,770 short ton
         (deep load) 20,300 long ton/20,600 short ton
- 전장: 195.1m • 선폭: 27.51m   • 흘수: 7m(deep load)
- 추진: 2x Parsons geared 스팀 터빈, 4×Admiralty 3-drum 보일러, 40,000shp
- 속도: 24노트   • 항속거리: 7,000해리 at 13,5kts
- 승조원: 1,200명   • 함재기: 33대

⑥ 영국 해군 경항모 워리어 (HMS *Warrior*, R31)

항모 워리어(HMS *Warrior*, R31)는 2차대전 중 영국 해군이 발주한 콜로서스급 경항공모함(Colossus-class light aircraft carrier) 10척 중에서 1942년 마지막으로 건조된 영국 해군의 항공모함이다. 그러나 1945년에 건조 완료 후 1946년부터 1948년까지 캐나다 해군(RCN)에 임대되었다. 그리고 1948년에 영국에 반환된 후에 영국 해군(RN)에 취역하였다.

1945년 항모의 속도 시험운항 중인 HMS *Warrior* R31. (Wikipedia)

그 후 워리어는 새로운 항공모함 장비의 개조 시험에 동원되었다. 새로운 항모 착륙(deck landing) 시험을 위해 유연 비행갑판(flexible flight deck)을 설치한 후 착륙 바퀴가 나오지 않은 항공기(undercarriage-less aircraft)의 착륙 가능성을 시험했다. 에어백과 고무판으로 제작한 유연 갑판의 함재기 착륙시험은 성공적이었으나 실제 사용되지는 않았다. 이 시험은 1948년에서 1949년 3월까지 수행되었고, 시험이 끝나자 워리어는 예비함으로 분류되었다가 1949년 9월 퇴역했다. (퇴역 후, 한국전쟁 등에 참여했다가 1958년 아르헨티나에 매각되어 1959년 아르헨티나 해군에 다시 취역했다.)

참고: 콜로서스급(Royal Navy Colossus-class) 경항공모함

- 영국의 콜로세스급(Colossus class) 경항모는 '1942년 설계 경항공모함(1942 Design Light Fleet Carrier)' 또는, '영국 경항모(British Light Fleet Carrier)'라고 한다.

- 이 항공모함은 경항모이긴 하지만 건조 비용 제한으로 호위 항모 수준의 성능만 구비했다. 그리고 설계와 제작도 모두 민간 조선소에서 시행했다. 1942년과 1943 사이에 16척의 Colossus class 항모를 주문하였으나 8척만이 Colossus class로 건조되었다. 나머지 5척은 정상 항모 크기인 Majestic class 항공모함으로 설계 변경 후 1961년까지 건조되어 2001년까지 운용되었다. 그리고 2척은 정비 항모로 제작되었고, 1척은 취소되었다.

- 영국의 경항공모함은 2차대전 중 영국 해군(Royal Navy) 용으로 건조되어 1944년에서 2001년 사이에 8개국(영국, 알젠틴, 호주, 브라질, 캐나다, 프랑스, 인도, 네덜란드) 해군에 취역하였다.
- 한국전쟁에 참전한 영국의 HMS *Glory, Ocean, Triumph, Theseus, Warrior*는 콜로세스급(Colossus class) 경항모였고, 호주의 HMAS *Sydney*는 마제스틱급(Majestic class) 항모였다.
- 일반제원 : 배수량(기준: 13,200톤/만재: 18,000톤), 길이(210m), 속도(25kts), 승무원(1,050명), 함재기(최대 52대로 초기에는 52대의 프로펠러기를 탑재했으나, 후기에는 21대의 제트기를 탑재했다.

워리어는 1949년 9월에 퇴역했으나 1950년 6월 한국전쟁이 발발하자, 다시 현역으로 복귀했다. 그리고 한국전쟁 기간에 극동으로 병력과 항공기를 수송하기 위해 개조되어 8월부터 수송 임무를 시작했다. 그 후 중동 해역 등에서 임무를 수행하다가 한국전쟁의 정전협정이 조인된 이후였던 1954년에도 한반도 해역을 초계하기 위해 다시 극동으로 전개했다. 그리고 9월에는 북베

영국, 캐나다, 아르헨티나에서 장기 취역한 HMS *Warrior* R31. (Public Domain)

트남 반공 피난민 철수작전에 참여하기도 했다.

1955년 영국으로 귀환해 또 다른 시험을 위해 신장비를 장착했다. 이번에는 5도 사주갑판(angled flight deck of 5 degrees) 시험과 신형 사출기(catapult), 그리고 개선된 착륙 장치(arrester wire system)였다. 그밖에도 신형 레이더 장비를 장착해 훈련과 시험 항공모함으로 운용되었다.

워리어는 얼마간 훈련 항모로 임무를 수행하다가 다시 태평양으로 전개해 영국의 수소폭탄 실험에 참여했다. 그리고 1958년 2월 영국 해군에서 퇴역한 후, 아르헨티나에 판매되었다.

아르헨티나 해군에는 1959년 취역해 임무를 수행하다가 1970년 퇴역해 예비함으로 분류되었고, 1971년 고철로 매각되었다.

● **일반제원**

- 함급: 영국 콜로서스급 (Royal Navy Colossus-class) 경항모[영국 해군]
- 건조: 1942년 12월 • 진수: 1944년 5월
- 취역: 1945년 4월 (1946년: 캐나다 임대)[캐나다 해군]
- 취역: 1946년 3월 • 퇴역: 1948년 3월[영국 해군]
- 취역: 1948년 11월
- 1958년 2월, (1958: 아르헨티나에 판매)[아르헨티나 해군]
- 취역: 1959년 7월 • 퇴역: 1970년 • 폐함: 1971년
- 배수량: 18,300 long ton/18,600 short ton
- 전장: 192m • 선폭: 24.4m • 흘수: 7.1m
- 추진: 2x Parsons geared 스팀 터빈, 4×Admiralty 3-drum 보일러, 40,000shp
- 속도: 25노트 (46km/h)
- 항속거리: 12,000해리 (22,000 km) at 14kts
- 승무원: 최대 1,300명 • 함재기: 최대 42대

■ **영국 해군 항공모함의 참전 결과와 의의**[283]

영국은 전쟁이 발발한 1950년 6월 25일부터 정전협정이 조인된 1953년 7월 27일까지 유엔군의 일원으로 56,000명의 군 병력을 파견했었다. 영국은 미국 다음으로 많은 병력을 파견한 국가였다.

영국은 본래 해군력에 초점을 맞추어 유엔군에 합류하였다. 영국 함대는 해전에서 그 어떤 해군보다 앞서 미국에 이어 두 번째로 중요한 역할을 했다. 영국 해군의 최우선 과제는 상황을 안정시켜 공산군의 진격을 저지하고 유엔 지상군과 공군이 한반도에 안전하게 주둔하는 것이었다. 이에 영국 해군은 미 해군과 협력하여 연합군을 한국으로 수송하였고, 적의 해상 진출을 막았으며, 해안에서 적군과 보급로를 공격하는 임무를 수행하였다.

---

283) 국방부 군사편찬연구소(2015), pp.190-192; 한국해양전략문제연구소, "추격과 선도 사이: 한국전쟁에서의 영국 해군과 연합군 작전," 『KIMS Periscope』 제39호 2024년 5월 21일, pp.2-4.

특히 영국 해군은 해군 기동 전대에 경항모 6대를 교대로 전개해 동해와 서해에서 극동해군 제77기동함대(TF77)의 작전 통제 아래에서 임무를 수행했다. 전쟁 초기 극동 해군은 한반도 작전해역인 동해와 서해가 소련 영토와 중국 본토에 인접해 있어 적의 위협을 크게 우려했다. 그러나 적의 해상과 공중위협은 제한적이었고, 잠수함의 위협도 없었다. 그러나 중국 및 소련의 해·공군기지가 인접해 있어 초계를 계속했다. 연합군이 바다를 사용하는데 가장 큰 장애물은 해안포와 특히 기뢰였다.

영국 함대는 주로 서해안에서 미국의 지휘 아래 작전을 맡게 되었다. '서부기동전대'가 수행한 임무는 첫째, 해안을 봉쇄하고, 해상에서 전쟁 수행에 관련된 적의 해안포, 비행장, 지뢰 매설지 등의 표적에 대한 사격이거나 함재기의 공격이었다. 둘째, 적군과 병참선, 특히 철도와 교량을 공격으로 해안에 있는 유엔군을 지원하는 임무였다. 셋째, 전쟁 중 연합군이 전진 기지로 활용한 여러 작은 섬에 대한 보급과 방어작전 지원 임무였다.

한국전쟁에서 항공모함을 기반으로 한 항공력(carrier-based air power)은 지상의 기지와 달리 움직이는 비행장으로서의 가치와 이점을 보여주었다. 그리고 영국과 미국 항공모함의 긴밀한 연합작전 능력을 확인시켜 주었다. 그러나 한국전쟁에서 영국 해군은 2차대전 후 함대 항공전력에 대한 미흡한 투자와 낮은 우선순위로 여러 가지 부족함을 드러내기도 했다. 그런데도 영국 해군은 전쟁 기간에 23,000회 출격을 수행해 큰 공헌을 했다. 영국 함대가 없었다면 미국 해군 항공모함이 서부 해안 임무도 전담해야 하는 상황이 전개되었을 것이었다. 또한, 종전 후 미국 해군과 유사하게 영국 해군 항모의 미래도 심각하게 위협받던 시기에, 한국전쟁은 영국 해군의 항공모함 가치를 입증하는 기회가 되었다.

영국의 경우 1950년 11월 3일 선발대가 처음으로 한국전선에 투입된 이래 병력 파견은 꾸준하게 이루어져 1951년 6월 30일에는 파병 인원이 8,278명을 기록하였다. 영국은 한국전쟁 기간 중 2개 보병여단과 1개 해병특공대 그리고 항공모함 1척이 포함된 17척의 함정을 파견하는 등 연인원 56,000명을 참전시켰다. 영국군은 1,078명이 전사하고 2,764명이 부상당했으며, 179명이 실종되고 978명이 포로가 되었다. 영국군 전사자 중 885명은 현재 부산 유엔기념공원(UNMC)에 안장되어 있다.

영국군은 지상군이 1954년부터 점진적으로 철수를 개시하여 1957년에 완료하였고, 해군은 1955년 3월에 귀국길에 올랐다. 영국 군은 전쟁 후에도 유엔군사관찰자 (UNMO: United Nations Military Observer)로 1957년까지 주둔했다.

영국 군은 육군과 해군, 그리고 해병대를 파견하여 막강한 군사력을 과시하는 한편 미군과의 공조를 통해 전쟁에 참여했다. 또한, 영국군의 참전은 영연방국가인 캐나다, 오스트레일리아, 뉴질랜드, 남아프리카연방, 인도 등의 참전에 상당한 영향력을 미쳤다.

[출처]

- 국방부 군사편찬연구소, 『6·25전쟁과 UN군』 서울: 국방부 군사편찬연구소, 2015.
- 한국해양전략문제연구소, "추격과 선도 사이: 한국전쟁에서의 영국 해군과 연합군 작전," 『KIMS Periscope』 제39호 2024년 5월 21일.
- Knott, Richard C. "Attack from the Sky: Naval Air Operation in the Korean War," *The United States Navy in the Korean War* edited by Edward J, Marolda, U.S. Naval Institute, Annapolis Maryland, 2007.
- United Kingdom in the Korean War – Wikipedia.
- 1st Aircraft Carrier Squadron (Royal Navy) - Wikipedia.
- "United Nations Command _ United Kingdom."
  https://www.unc.mil/Organization/Contributors/United-Kingdom/.
- HMS Triumph (R16) - Wikipedia.
- HMS Ocean (R68) - Wikipedia.
- HMS Theseus (R64) - Wikipedia.
- HMS Glory (R62) - Wikipedia.
- Pacific Wrecks - HMS Glory (R62).
- HMS Unicorn (I72) - Wikipedia.
- HMS Warrior (R31) - Wikipedia.
- HMS Warrior (R31) - Military Wiki – Fandom.
- 1942 Design Light Fleet Carrier – Wikipedia.

2015년 10월, 독도함에서 해상사열을 참관 중인 국민 참관단의 모습 (Public Domain). 한국전쟁 당시 영국
해군 경항공모함의 크기는 현재 한국해군 독도함의 크기와 유사했다.

미 해군의 한국전쟁

항공작전

초판 1쇄 인쇄 2025년 3월 31일
초판 1쇄 발행 2025년 4월 2일

지은이 | 장호근
인 쇄 | 도서출판 인쇄의창
주 소 | 서울시 용산구 한강대로 40길 33 성산빌딩 2층
전 화 | 02)793-4332, 010-7676-4332

이 책은 무단전재 또는 복제행위는 저작권법 제97조 5항에 의거
5년 이하의 징역 또는 5,000만원 이하의 벌금에 처하게 됩니다.